21 世纪电子商务专业核心课程系列教材

电子商务数据库技术
（第三版）

潘　郁　主编

李世收　陆敬筠　李　婷　胡　桓　参编

U0293435

北京大学出版社
PEKING UNIVERSITY PRESS

内 容 提 要

  本书根据电子商务本科专业教学计划的要求编写而成，较全面地介绍了电子商务信息管理的模型和关系数据库的相关理论，以及基于 Web 的数据库技术的基本概念、开发方法和工作内容。 本书重点阐述 SQL 语言和集成开发工具，电子商务数据库系统设计、安全和保护，以及电子商务基础数据库等基础知识，详细地介绍了当前流行的关系数据库管理系统的主要技术内容；并且通过实验教学和案例分析，为读者全面了解数据库技术在电子商务中的应用，运用计算机网络从事经济商务活动，应用、维护和开发电子商务网站打下坚实的基础。

  本书以实用为目的，内容丰富，直观易懂，针对性强，适于作为电子商务相关专业或经济管理类相关专业本专科生、MBA、研究生的教材和自学参考书，也可供广大从事电子商务和网络数据库应用和开发的人员使用。

图书在版编目（CIP）数据

  电子商务数据库技术/潘郁主编. —3 版. —北京： 北京大学出版社，2016.10
  （21 世纪电子商务专业核心课程系列教材）
  ISBN 978-7-301-27582-5

  Ⅰ.①电… Ⅱ.①潘… Ⅲ.①电子商务—关系数据库系统—高等学校—教材 Ⅳ.①F713.36 ②TP311.138

  中国版本图书馆 CIP 数据核字（2016）第 225761 号

书　　　名	电子商务数据库技术（第三版）
	DIANZI SHANGWU SHUJUKU JISHU
著作责任者	潘　郁　主编
策 划 编 辑	周　伟
责 任 编 辑	姚成龙　巩佳佳
标 准 书 号	ISBN 978-7-301-27582-5
出 版 发 行	北京大学出版社
地　　　址	北京市海淀区成府路 205 号　100871
网　　　址	http://www.pup.cn　新浪微博：@北京大学出版社
电 子 信 箱	zyjy@pup.cn
电　　　话	邮购部 62752015　发行部 62750672　编辑部 62754934
印 刷 者	北京溢漾印刷有限公司
经 销 者	新华书店
	787 毫米 × 1092 毫米　16 开本　19.5 印张　486 千字
	2002 年 2 月第 1 版　2004 年 6 月第 2 版
	2016 年 10 月第 3 版　2018 年 9 月第 3 次印刷
定　　　价	39.00 元

未经许可，不得以任何方式复制或抄袭本书之部分或全部内容。
版权所有，侵权必究
举报电话：010-62752024　电子信箱：fd@pup.pku.edu.cn
图书如有印装质量问题，请与出版部联系，电话：010-62756370

前　言

20 世纪 90 年代人类社会信息化进程的一个重大变化就是 Internet 的出现。现在 Internet 已经从单纯的学术科研网络向综合性商业网络发展,运用 Internet 进行电子商贸活动风靡全世界。我国从 1999 年开始,特别是 1999 年下半年,掀起了电子商务的热潮。同时,有关介绍电子商务的论文和著作大量出版。要使电子商务持续稳定地发展,社会上急需掌握电子商务实务与计算机网络运行环境的复合型人才。为此,我们组织编写了电子商务系列教程。电子商务系列教程由系列教材组成,从各个方面阐述了从事电子商务所需的基本知识和技术基础。《电子商务数据库技术(第三版)》是该系列教程之一。本书着重讲述电子商务数据库技术的基本组成部分和实现方式,力图覆盖 Web 数据库的技术和非技术层面。本书的编写本着从易到难、循序渐进、理论与实践并重的原则,力争突出"三基",做到概念清楚,深入浅出,面向实际应用,适用于教学,从而为读者运用计算机网络从事商务经济活动,应用、维护和开发电子商务网站打下坚实的基础。另外,在内容的选择上,我们还注意尽量反映这一领域的新方法、新技术,以使学生对数据库领域的前沿动态有初步的了解。

全书共分 10 章,主要介绍了以下内容。

(1)基于 Web 的数据库技术的基本概念、基本开发方法和工作内容,以及网络数据库技术在电子商务中应用的新发展。

(2)数据管理的模型和关系型数据库的相关理论,当前流行的数据库管理系统。

(3)T-SQL 语言以及数据库设计方法和安全保护技术基础知识。

(4)通过实验操作和案例分析,介绍数据库技术在电子商务中的应用。

本书由南京工业大学经济与管理学院潘郁教授主编,参加编写工作的有潘郁(第 1 章、第 8 章、第 9 章)、陆敬筠(第 2 章、第 3 章、第 4 章)、李婷(第 5 章、第 7 章)、胡桓(第 6 章)、李世收(第 10 章),最后由潘郁教授统稿审定。本书在编写过程中还得到了胡广伟、潘芳、王晓兰、宋航成等同志的帮助,姚国章教授为本书的出版作了大量工作,在此表示感谢。本书第一版于 2002 年 2 月正式出版。2004 年 6 月修改出版了本书的第二版。本次再版是为了适应科学技术的进步和社会发展的需求,在广泛收集意见和建议的基础上,结合长期的教学实践和科研应用,以夯实知识基础和强化技能训练为目标,增补和修改了电子商务数据库设计开发的系统训练及电子商务数据应用案例分析等内容。

本书运用了作者长期以来积累的科研成果和技术经验,同时也参考了国内外有关书籍和资料以及大量的网站信息,在每一章的末尾以参考文献的形式列出,对相关的作者和机构表示诚挚的谢意。由于作者水平有限,疏漏之处难免,敬请广大读者批评指正。此外,本书的完成得到了南京工业大学精品课程建设基金、南京工业大学教学改革与质量工程基金、南京工业大学优秀教材建设基金等项目的资助,这里谨致谢忱。

作　者
2016 年 5 月

目　录

第 1 章

电子商务中的数据库技术

联合国经济合作与发展组织在有关电子商务的报告中对电子商务的定义是：电子商务是发生在开放网络上包含企业之间、企业和消费者之间的商业交易。这可以看成是电子商务狭义的定义。其实，广义的电子商务除了电子交易之外，还包括利用计算机网络技术进行的全部商业活动，如市场分析、客户联系、物资调配、内部管理、企业间合作等，所以也有电子商业（Electronic Business）的提法。在电子商务进行的过程中，大量地运用 Web 技术，在计算机网络上以声音、图像、视频、虚拟现实等形态传播商务信息。数据库在 Web 网站交互界面的后台，对各类信息自动地进行管理。

本章主要内容包括：
1. 电子商务的基本结构框架；
2. 电子商务数据库应用开发过程。

1.1 电子商务的基本结构框架

电子商务以 Internet 为平台，从事各种带有商业性质的活动，常见的有以下几种类型。

1. 企业经营

企业经营是指生产、销售企业利用互联网进行的管理和营销等活动。

2. 网上银行

网上银行是指在网上进行金融活动的金融机构，主要从事电子货币的发放、网上支付及认证等服务。

3. 网上商店和网上购物

网上商店和网上购物是指主要在网上从事零售业务的商店，以及消费者在网上进行的购物活动。

4. 网络服务

网络服务是指网上的信息服务，如网上旅游、网上娱乐、网上教育等。

5. 其他

电子商务还包括与网上电子商务有关的认证机构、海关、税务等机构和部门。

电子商务是商务信息爆炸的客观选择,也是电子信息技术发展应用的重要成果。电子商务正在改变人们传统的商务活动,改变人们的消费方式,改变企业的生产方式和营销方式,并迅速改变着国际流通业,形成现代物流管理,对世界的经济金融状态和政府的行为产生深远影响,还将导致社会新问题的产生和对策研究,派生出新的行业和服务机构。

Internet 是电子商务的物理基础,把商务活动的各个方面及各个环节整合在一起。电子商务的基本结构框架如图 1.1 所示。

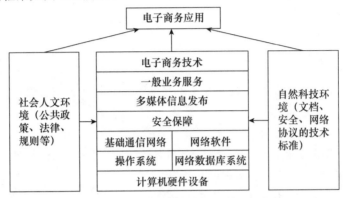

图 1.1　电子商务的基本结构框架

在电子商务的基本结构框架中,社会人文环境、自然科技环境和电子商务技术构成了电子商务应用平台的三个支柱。电子商务的社会人文环境和自然科技环境主要强调为实现电子商务应用而建立的公共政策、法律和安全、网络协议的技术标准等,这是保障电子商务实施的必要条件。

大部分的电子商务应用是基于 Internet 的。互联网上包括的硬件主要有工作站、服务器和终端、基于计算机的电话设备、集线器、数字交换机、路由器、调制解调器、电缆调制解调器和光电耦合器等。基础通信网络是电子商务的硬件基础设施,承担着电子商务信息传输的任务,包括远程通信网、有线电视网、无线通信网和计算机网络。远程通信网还包括电话、电报,无线通信网则包括移动通信和卫星网。运用公用数据通信网和公用电话交换网将多个局域网互联起来,构成覆盖全球的 Internet。经营计算机网络服务的是互联网服务供应商(Internet Service Provider,ISP)。国际上著名的 ISP 有 American Online、CompuServe,国内的有东方网景、瀛海威、北京电信等厂家。

Internet 在操作系统和网络软件的支持下,提供的主要技术有 WWW、电子邮件、FTP与 Telnet 等。目前一般采用客户机/服务器结构或者浏览器/服务器结构去开发用户端应用程序。用户可以很方便地访问 Internet,使用各种 Internet 提供的服务。Internet 最主要的应用系统是 WWW。WWW 服务器(Web Server)用于存储、管理 Web 页以及提供 WWW服务。在实际应用中,与 WWW 服务器配套的服务器有两类。一类服务器是代理服务器(Proxy Server),主要有防火墙和充当 WWW 服务的本地缓冲区的作用;另一类服务器是数据库服务器(Database Server),它也是 Internet 的重要组成部分。目前,WWW 服务器一般通过通用网关接口(Common Gateway Interface,CGI)同一个外部程序(又称 CGI 程序)进行通信,通过开放式数据库接口(Open Database Connection,ODBC)与数据库连接。开放式数据库接口是微软公司制定的一种数据库标准接口,目前已被大多数数据库厂家所接受。无论是大型数据库(如 Oracle、Informix、SQL Server),还是小型数据库(如 dBASE、Access、Visual FoxPro),都提供了相应的 ODBC 接口。各种常见的数据库都可以通过信息页的形式显示。信息页制作人员只要在 WWW 主页中嵌入 SQL 语句,用户就可以直接通过信息页去访问数据库文件。为了适应 WWW 与数据库链接的要求,很多公司纷纷推出了数据库 WWW 数据转换工具、数据库 WWW 开发工具、报表生成工具等。

电子商务活动中的信息通常以多媒体的形式在 Internet 上传播。多媒体是文本、声音和图像的综合。最常用的多媒体信息发布应用就是 WWW,可以用电子数据交换(Electronic Data Interchange,EDI)、超文本标记语言(Hypertext Markup Language,HTML)或 Java 将多媒体内容发布在 Web 服务器上,然后通过一些传输协议将发布的信息传送到接收端。

一般业务服务是实现网上商务活动的标准化服务,包括物流管理、视频点播、网上银行、电子市场、电子广告、网上娱乐、有偿信息服务、家庭购物和目录服务等。

上述技术内容构成了完整的电子商务运行平台。其中,数据库承担着对商务信息的存储、管理、查询、结算和处理等功能。数据库添加了 Web 访问能力后,就可以在 Internet 上发挥作用。如在 Web 站点发布产品信息时用不着制作上百个网页,只需准备一个模板页,然后与后台数据库链接,就可以使客户方便地浏览所需的产品信息。

1.2　电子商务数据库应用开发过程

1. 电子商务与 Web 集成的形式

电子商务彻底摆脱以纸张为介质的传统交易方式的关键是建立信息的虚拟组织,即将 Web 与数据库集成,主要有以下三种形式。

(1) 运用 Web 发布数据。

把 Web 作为发布工具使用,浏览器与动态超文本标记语言(DHTML)、应用服务器、数据库查询相互作用。Web 通过使用开放式数据库互联,由后台数据库动态生成,按照要求采用多种形式显示数据库数据。这条数据流的流向是从数据库到用户。

(2) 运用 Web 共享数据。

电子商务涉及在线商业交易,数据流是双向的。在展示和购物阶段中,大量的相关数据主要从数据库流向消费者。当交易完成时,也会有相关的数据从消费者流向数据库。使用数据库和 Web 可以实现人们双向地分享数据和数据结构。通常采用的技术是新闻组网络系统和邮件列表。

(3) 用数据库驱动 Web 站点。

通常情况下,对用户来说数据库是不可见的,它在后台支持着 Web 虚拟窗口。我们可以使用数据库来关联和自动创建 Web 页面,并保持其数据不断更新。

2. 数据库信息技术研究的热点

无论是销售商还是生产厂家,电子商务用户建立各种信息资源数据库的目的除了保障电子商务活动的正常运作以外,更重要的是要通过分析,找出对自身的经营、生产有用的信息。随着时间的推移,各类历史数据将会越来越多,那时仅靠人去分析是不可能的。数据仓库(Data Warehouse)技术和数据挖掘(Data Mining)技术是当前 Web 网站上数据库信息技术研究的热点。

(1) 数据仓库。

数据仓库,是指对大量散布在网络数据库中的数据进行组织,使之能形成一个可被检索、分析和报告的商业信息清单。数据仓库业务的目标是收集人们需求的信息,通过即时生产、快速反应零售和在线服务等方式,以时间竞争和时间管理为目的,使商业循环以越来越快的速度滚动。数据仓库同商务关系有关,像 EDI(信息、订购、支付)等交易业务是电子商务业务的核心,与此同时,提供信息则是其核心业务。很明显,数据仓库需求的是有关产品和服务的信息,电子商品目录和网页是这些信息的主要来源。不过,企业正在逐渐将产生的数据及其利用作为电子商务的一部分。数据仓库的核心是关系数据库,关系数据库与数据仓库并不完全相同,它不是现成的软件或硬件产品。确切地说,数据仓库是一种解决方案,它可以根据企业管理者的要求,自动将企业中不同的业务部门(如财务、制造、销售、服务等)需要的数据提取出来,存放在一个集中的数据仓库中,并与其他的管理人员共享数据,向决策者提供分析所需的数据,以此成为分析商务信息的一种有效手段。如数据仓库可以帮助企业真正地理解客户的需求,分析客户需要购买什么、需要何种服务、如何支付费用以及支付周期多少最为适宜。通过数据仓库的帮助,企业可以决定如何向客户提供他们所需要的产品和服务。据统计,成功的数据仓库技术可以达到 400%的投资回报。

(2) 数据挖掘。

电子商务交易和交易结果将自动产生大量的数据。从某种意义上讲,这些历史数据是免费的,但其中蕴含了很多尚未被利用的商业价值。所谓数据挖掘,就是对这些庞大的历史数据总体进行再分析,以选定目标客户、分辨市场定位、发现新的商业机会。由此可见,网络数据库在电子商务运作过程中扮演着重要的角色。

3. 电子商务数据库应用开发过程

企业要从事电子商务活动,首先要建立自己的数据库驱动 Web 站点。Web 站点就是企业在 Internet 上的商店。企业建立电子商务网站的步骤如图 1.2 所示。

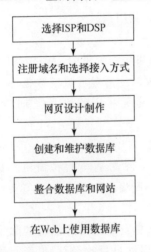

图 1.2 企业建立电子商务网站的步骤

(1) 选择 ISP。

企业开展电子商务时,首先要选择一个互联网服务提供商。ISP 是可以让用户与 Internet 互联并提供网络服务的主机系统。用户只有向 ISP 申请了账号后才能够得到 Internet 服务。ISP 可以分为互联网内容提供商(Internet Content Provider,ICP)和互联网接入提供商(Internet Access Provider,IAP)两类。ICP 专门为用户提供各种网上信息服务,如网络新闻、搜索引擎、网页制作、电子商务等。IAP 专门为用户提供上网服务。国外一般不强调 ICP 和 IAP 的区别,服务商一般都能为用户提供完整的 ISP 服务。

企业根据自己的实际情况选择 ISP 时,应当注意以下问题。

① ISP 能够提供的技术条件(如可用的网络带宽)和提供给用户使用的存储空间的大小。ISP 还可以提供给用户域名形式,级别高的域名有利于提高企业的形象。

② ISP 能够提供的网络设施与结构。ISP 的设施情况,如服务器的容量、主机速率、软件情况以及 CGI 支持等,将在很大程度上影响企业所建商业网站的质量。

③ ISP 能够提供的服务种类、技术实力、服务质量和信用。ISP 自身的行为往往是商业行为,因此,服务质量和信用就显得十分重要。在出现网络故障时,实力强大的 ISP 能够迅速解决问题,而势单力薄的 ISP 则可能会使企业延误商机。

④ ISP 综合使用成本。Internet 网络费用取决于 ISP 费用和电信费用。企业通过 ISP 和电话公司与 Internet 建立物理连接,接受提供的服务。

从事电子商务的企业除按上述要求选择 ISP 外,还必须选择能够提供数据库服务的 ISP。这类 ISP 是数据库服务提供商(Database Service Provider,DSP),其强项在提供企业所需要的数据库服务方面。

(2) 注册域名和选择接入方式。

域名是企业在 Internet 上的地址,并且具有商标的性质。只有通过注册域名,企业才能在互联网里确立自己的一席之地。国际域名在全世界是统一注册的,负责审批 Internet 域名的机构是位于美国的 Internet 网络信息中心及其下属的分支机构。为了保证和促进我国互联网络的健康发展,加强我国互联网络域名系统的管理,我国有关部门 2004 年制定颁布了《中国互联网络域名注册管理办法》,在中国境内注册域名应当依照该办法办理。该办法规定:国务院信息化工作领导小组办公室是我国互联网络域名系统的管理机构,中国互联网络信息中心工作委员会协助国务院信息办管理我国互联网络域名系统。企业在建立网站时,应当根据自身的实际情况选择网站接入 Internet 的形式。目前,许多的 ISP 都能提供虚拟主机、托管服务器和专线接入三种服务方式。

(3) 网页设计制作。

在申请注册了域名,并且确定了网站接入 Internet 的方式之后,接下来就是网站的设计和建设了。网站是由网页组成的,在对建立网站的目的和网站的内容通盘规划后,就可以开始设计制作网页。网页的设计制作离不开网页制作工具。目前的网页制作工具分为两种:一种以 Netscape 公司的 Navigator、Communicator 和微软公司的 Frontpage 为代表,称为可见型网页编辑工具;另一种以 HomeSite 为代表,称为非可见型网页编辑工具。初学者大都采用第一种网页编辑工具,因为它们有"所见即所得"的特性,容易掌握。而且它们不仅可以作为网页编辑器,还能管理站点,是一个将编辑、管理、出版集成在一起的 Web 工具软件。目前比较流行的网站制作软件是被称为"网页三剑客"的 Dreamweaver、Fireworks 和 Flash。当然,一个专业的网站制作人员还应该学会一门编程语言。PHP 或 ASP.NET 是现在主流的编程语言。

(4) 数据库设计和维护。

数据库驱动 Web 站点的核心是网络数据库软件。网站的后台数据库技术是网站建设的重要技术,几乎没有一个网站可以离开后台的数据库而独立存在。网站后台数据库性能的好坏关系整个网站的性能。因此,选择数据库软件首先必须能满足电子商务工作性能要求,此外,还必须为企业的数据库服务提供商和应用服务器所支持。数据库软件扩展出了许多不同类型,现分别介绍如下。

① 桌面型数据库软件。桌面型数据库软件包括 Microsoft Access、FileMaker Pro 和 Xbase(FoxBase 等)。经过应用和开发,这些产品已经扩展并强化到可以支持网络和多用户配置。

② 中小型面向对象型数据库软件。某些中小型面向对象型数据库软件由 Java 写成,许多这样的产品被专门设计用于在互联网上使用。

③ 大型分布型数据库软件。大型分布型数据库软件(像 DB2、Oracle、Informix、SQL Server 和 Sybase 这样的企业级数据库产品)作为数据库的主力已有多年了。这些产品近年来已经配备了与应用服务器的接口,而且某些还具备了应用服务器的功能。

④ 数据仓库型数据库软件。数据仓库型数据库软件与远端数据库结成了庞大的数据库系统。

所谓数据库设计,是指在现有的数据库管理系统(Database Management System, DBMS)上建立数据库的过程。数据库设计的内容是:对于一个给定的环境,进行符合应用语义的逻辑设计,以及提供一个确定存储结构的物理设计,建立实现系统目标并能有效存取数据的数据模型。数据库的数据是没有冗余的,并为多个应用程序服务。数据存储独立于应用程序,应用程序可以对其进行插入、检索、修改,也可以按照一种公用的和可控制的方法进行数据的结构化。用于电子商务 Web 站点的数据库需要与一个庞大的用户或存货清单数据库互动,还要与一个独立的包含销售信息、广告宣传册和宣传画等的数据库互动。通常电子商务 Web 站点的数据库具有下述特征。

① 对电子商务运营的各个方面确保数据安全。

② 对电子商务交易过程进行管理,多重数据库的存取必须做单一化处理。

③ 对用户确认已经完成,但由于硬件故障或软件故障而未能执行的交易可以弥补。

在创建网络数据库时必须满足以下条件。

① 要符合企业电子商务的需要,即能正确地反映企业用户的现实环境,要求能包含企业用户需要处理的所有商业数据,并能支持用户需要进行的所有业务处理。

② 能被某个现有的 DBMS 所接受。

③ 要具有较高的质量,如易于维护、易于理解、效率较高等。

但是,目前在数据库设计中还没有一个完善的设计模型,主要是凭借设计者的知识、经验和水平。所以,在针对同一个应用对象、采用同一个 DBMS 的情况下,对于不同的设计者来说,其性能可能相差很大。

当一个数据库被创建以后的工作都叫作数据库维护,包括备份系统数据、恢复数据库系统、产生用户信息表并为信息表授权、监视系统运行状况、及时处理系统错误、保证系统数据安全、周期更改用户口令等。

(5) 整合数据库和网站。

客户通过超文本传输协议(HyperText Transfer Protocol,HTTP)从 Internet 上获取资源,访问企业 Web 网站,向应用服务器和数据库服务器交互传送请求和数据。其中,HTML 格式的表单不仅是一种格式,也是用户输入数据和发送数据到网络服务器时普遍使用的方法。数据库与动态网页的整合应用是创建动态网页的另一个重点技术。从网页上取得数据后,运用数据库可以直接对数据加以储存,这样对于各种数据的需求与应用将更加便利。数据库也可以成为连接对外开放网站与企业内部管理系统间的数据交换中心。脚本语言扩展了 HTML,将数据库与 Web 网站整合在一起,使网页除了在浏览器里进行静态显示以外还可以做更多的事情。给 HTML 编写脚本不依赖于语言,因而可以将标准的 HTML 脚本语法与用 JavaScript、Visual Basic 或者其他脚本语言编写的脚本结合在一起。脚本语言用在数据库驱动的 Web 网站方面的三个最基本的用途如下。

① 脚本语言可以处理用户在表单中输入的数据,编辑、复制它们到隐含域等。

② 脚本语言可以增强界面效果,如在鼠标经过对象时将对象进行高亮显示,以及改变按钮的颜色等。

③ 脚本语言可以用来控制表单的提交和生成复杂的 URL 请求。

(6) 在 Web 上使用数据库。

ISP、数据库驱动 Web 站点、数据库和应用服务器在 Internet 标准和协议的协调匹配下整合在一起协调地运作。

1.3　本章小结

在完整的电子商务运行平台支持下,数据库承担着对商务信息的存储、管理、查询、结算和处理等功能,在 Internet 上发挥作用。网站的后台数据库技术是网站建设的重要技术,没有一个电子商务网站可以离开后台的数据库而独立存在。网站的后台数据库性能的好坏关系整个网站的性能。

1.4　本章习题

1. 对电子商务的概念可以从哪几个方面理解?

2. 网络通信设施在电子商务中起什么样的作用?

3. 电子商务应用的技术条件有哪些? 你认为你所处的环境是否具备电子商务应用的条件?

4. 有哪几种电子商务? 哪种电子商务在整个商务市场所占比例最大?

5. 举出几个你身边电子商务应用的例子。

1.5　本章参考文献

1. 杨坚争.电子商务基础与应用[M].7 版.西安:西安电子科技大学出版社,2010.

2. 周曙东.电子商务概论[M].3 版.南京:东南大学出版社,2011.

3. 邵兵家.电子商务概论[M].2 版.北京:高等教育出版社,2006.

4. 张思光.电子商务概论[M].北京:清华大学出版社,2011.

5. 李一军.电子商务[M].北京:电子工业出版社,2010.

6. 石鉴.电子商务概论[M].北京:机械工业出版社,2008.

7. 林强,黄云森.电子商务基础教程[M].2 版.北京:清华大学出版社,2005.

8. 母国光,等.电子商务基础教程[M].天津:南开大学出版社,2000.

9. 梁成华,等.电子商务技术[M].北京:电子工业出版社,2000.

10. 赵乃真.电子商务万事通[M].北京:人民邮电出版社,2000.

11. 王宇川,等.电子商务系统的开发与应用[M].北京:机械工业出版社,2006.

12. 司志刚,等.电子商务系统建设与应用[M].北京:机械工业出版社,2009.

13. 孙若莹,王兴芬.电子商务概论[M].北京:清华大学出版社,2012.

14. 王鑫鑫.电子商务概论[M].北京:北京大学出版社,2014.

第2章

数据库系统概论

没有卓越的数据管理,就没有成功高效的数据处理,也就更无法建立整个企业的计算机信息系统。以数据库为中心的数据库系统是当代数据管理的主要方式。数据库管理是现代计算机系统提供的最重要的功能,事实上,其重要性已经达到了这样的程度,即它已普遍成为购买计算机的主要出发点。从20世纪60年代中期开始萌芽到现在,数据库技术的重要性已愈来愈为人所熟知。数据库技术是计算机科学技术中发展最快的领域之一。数据库系统已在当代社会生活中获得了广泛的应用。现在,不仅在大型机、中型机、小型机、微型机等各种机型都配有数据库系统,而且各行各业的信息系统,乃至基于互联网的各类信息系统也都离不开数据库的支持。数据库技术渗透到工农业生产、商业、行政管理、科学研究、教育、工程技术和国防军事等各行各业,而且围绕着数据库技术形成了一个巨大的软件产业,也就是数据库管理系统和各类工具软件的开发和经营。

数据库技术发展到今天已经是一门成熟的技术,但却没有一个被普遍接受的、严格的定义。一般来说,数据库可以定义为以某种方式组织起来,使之可以检索和利用的信息的集合。数据库是相互关联的数据的集合,它采用综合的方法组织数据,具有较小的数据冗余,可供多个用户共享,具有较高的数据独立性和安全控制机制,能够保证数据的安全、可靠,并允许多个用户并发地使用数据库,及时、有效地处理数据,且能保证数据的一致性和完整性。

本章主要内容包括:

1. 数据库技术的发展;
2. 数据模型;
3. 数据库系统的结构;
4. 关系数据库管理系统实例;
5. 电子商务数据库技术新发展。

2.1 数据库技术的发展

随着社会的发展,人们需要掌握和处理的信息越来越多,然而,要想充分地开发与利用这些信息资源就必须对大量的信息进行识别、存储、处理与传递。尽管人脑在信息识别、信息分析与综合、推理及联想等方面具有很强的优势，但是在记忆信息、快速处理信息等方面的能力较弱。而以电子计算机为基础的数据库技术，由于其具有信息存储量大、处理和传输速度快、逻辑推理严密、重复性强而不会疲劳、能够有效合理地存储各种信息并能够准确快速地提供有用信息等特点，刚好弥补了人脑加工处理信息方面能力的不足，故其很快成为信息处理强有力的工具。

2.1.1 数据管理技术的演变

数据管理技术的发展是与信息技术的整体发展水平同步的。软、硬件技术和信息市场的客观需求共同推动着数据库技术的发展。存储器类型的不断推陈出新，以及呈几何级数攀升的 CPU 速度为数据库技术提供了良好的硬件基础，高级语言的出现带来了过程、控制、函数等概念，大大提高了处理各种数据的能力，从物质技术方面极大地推动了数据库技术的研究和发展。从客观需求来看，应用范围的不断扩大也提供了充足的动力，使得数据库技术从仅用于科学计算扩展到用于行政管理和技术控制，使得数据库技术的发展更加全面。

数据管理是数据库的核心任务，其内容包括对数据的分类、组织、编码、储存、检索和维护。数据管理技术随着计算机硬件和软件的发展而不断地发展。从数据管理技术的发展来看，到目前为止，数据管理技术经历了人工管理、文件系统和数据库系统三个阶段。

1. 人工管理阶段

20 世纪 50 年代中期以前为人工管理阶段，这是数据管理的初级阶段。当时计算机刚刚诞生不久，主要用于科学计算。从硬件来看，这一阶段没有磁盘等直接存取的存储设备，只有磁带、纸带、卡片等；从软件来看，该阶段没有操作系统和管理数据的软件，只有简单的管理程序。数据处理方式是批处理。

人工管理阶段数据管理的特点如下。

(1) 数据不保存。

由于该时期的计算机主要用于科学计算，通常不需要长期保存数据，只是在计算某一课题时将有关数据输入，用完后不保存原始数据，也不保存计算结果。

(2) 数据缺乏管理软件。

没有专门对数据进行管理的软件系统，程序员不仅要规定数据的逻辑结构，而且还要在程序中设计物理结构，包括存储结构、存取方法、输入输出方式等。

(3) 数据冗余度高。

数据与程序不具有独立性，一组数据对应于一个程序，数据是面向应用的。即使两个程序使用相同的数据，也必须各自定义、各自组织，数据无法共享、无法相互利用和互相参照，从而导致程序和程序之间有大量重复的数据。

在这个时期，数据的管理基本上是手工的、分散的，计算机还没有在数据管理中发挥应有的作用。所以，这种管理方式严重影响了计算机的使用效率。

人工管理阶段的数据和程序之间的关系如图 2.1 所示。

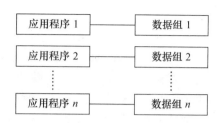

图2.1 人工管理阶段数据和程序之间的关系

2. 文件系统阶段

20世纪50年代后期到60年代中期为文件系统阶段。这一阶段计算机技术有了很大的发展,出现了计算机的联机工作方式,计算机开始大量用于管理。在硬件方面,外存储器有了磁盘、磁鼓等可以直接存储的设备。在软件方面,出现了操作系统以及包含于其中的文件管理系统,专门对大量的数据进行管理。不过文件系统也只是简单地存放数据,它们之间并没有有机的联系。数据的存储依赖于应用程序的使用方法,不同的应用程序仍然很难共享同一数据文件。另外,文件系统对数据存储没有一个相应的模型约束,所以数据冗余大。

文件系统阶段数据管理的特点如下。

(1)数据冗余度大。

文件系统中的文件都与某个应用程序相对应,数据仍是面向应用的,当不同的应用程序所需要的数据有部分相同也必须独立建立各自的文件,而不能共享相同的数据。

(2)数据不一致。

由于同一信息在不同的应用范围内采集,有可能造成采集标准不一样,在不同的应用程序中有不同的数据表示。

(3)程序和数据具有物理独立性,但不具有逻辑独立性。

文件系统可以提供存取方法使程序与数据之间进行转换,而不需要程序员进行维护,使得程序和数据具有物理独立性。文件系统中的文件是为某一个特定应用程序服务的,文件的逻辑结构相对于该应用程序是优化的。但这样使得系统难以扩充,一旦数据的逻辑结构改变则对应的应用程序必须修改。应用程序的改变也会影响文件的数据结构的改变,所以程序和数据之间缺乏逻辑独立性。

文件系统阶段数据和程序之间的关系如图2.2所示。

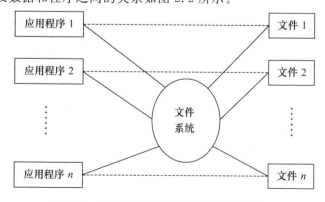

图2.2 文件系统阶段数据和程序之间的关系

3. 数据库系统阶段

数据库系统阶段是从 20 世纪 60 年代后期开始的。由于计算机用于管理,从而使数据量急剧增加,其中非数值数据占据的比例较大,而非数值数据比数值数据复杂得多,不仅要知道各项数据的本身内容,而且还需要知道它们之间的关系,这就需要一个高度组织化的数据管理系统。另外,随着计算机软、硬件技术的飞速发展,网络通信的出现使得各种用户共享一个数据集合成为可能,在这种情况下出现了数据库系统。在这一阶段中,数据库中的数据不再是面向某个应用或某个程序,而是面向整个企业(组织)或整个应用的。

数据库系统解决了人工管理和文件系统的弊端,它把数据的定义和描述从应用程序中分离出去,程序对数据的存取全部由数据库管理系统统一管理,从而保证了数据和程序的逻辑独立性。这样数据就可以供各种用户共享且具有最小冗余度,若建立了一个良好的数据库管理系统,就可以为多种程序并发地使用数据库提供及时有效的处理,并保证数据的安全性和完整性。

数据库系统阶段的特点如下。

(1) 使用复杂的数据模型来表示结构。

数据库通过数据模型来描述数据本身的特征以及数据之间的关系。数据库的管理不仅要考虑在一个程序中数据的结构,还要考虑在整个工程中应用处理的数据的结构。**数据的结构化是数据库的重要特征之一**,是其与文件系统的根本区别所在。

(2) 具有很高的数据独立性。

用户可以使用简单的逻辑结构来操作数据而不需要考虑物理结构,同时,物理结构的改变也不影响数据的逻辑结构和应用程序。

(3) 数据共享度高、冗余度小。

由于数据库是从整体上来描述数据的,数据不再面向某一应用,所以大大减小了数据的冗余度,从而节省了存储空间,减少了存取时间,避免了数据的不一致性。在具体使用时可以抽取整体数据的子集用于不同的应用系统。当应用改变时,只要重新选择子集或者稍加改变,数据即可有更多的用途。

数据库系统阶段数据和程序之间的关系如图 2.3 所示。

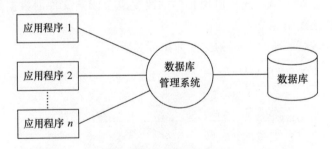

图 2.3 数据库系统阶段数据和程序之间的关系

2.1.2 数据库系统的发展过程

数据库系统的发展始终是以数据模型的发展为主线的,所以按照数据模型的发展情况,数据库系统的发展可以划分为以下三个阶段。

1. 第一代数据库系统

第一代数据库系统即层次数据库系统和网状数据库系统。第一代数据库系统主要支持层次模型和网状模型,其主要特点是:支持三级抽象模式的体系结构;用存取路径(指针)来表示数据之间的联系;数据定义语言(Data Definition Language,DDL)和数据操作语言(Data Manipulation Language,DML)相对独立;数据库语言采用过程性(导航式)语言。

第一代数据库系统的发展过程如下。

(1) 1964 年,美国通用电气公司的 Bachman 等人开发成功世界上第一个 DBMS——IDS(Integrated Data Store)系统,奠定了网状数据库系统的基础。

(2) 1969 年,美国 IBM 公司成功研制出世界上第一个商品化 DBMS 产品——IMS(Information Management System)系统,这是一个层次数据库系统。

(3) 1969—1970 年,美国 CODASYL(Conference on Data System Language)组织下属的 DBTG(DataBase Task Group)对数据库方法进行了系统的研讨,提出了 DBTG 报告,建立了以网状模型为基础的数据库系统概念。

2. 第二代数据库系统

第二代数据库系统即关系数据库管理系统(Relationship DataBase Management,RDBMS)。第二代数据库系统主要支持关系模型,这种模型有严格的理论基础,概念简单、清晰,易于用户理解和使用。因此,关系模型一经提出便迅速发展,成为实用性最强的产品。该系统的主要特点是:概念单一化,数据及其数据间的联系都用关系来表示;以关系代数为理论基础;数据独立性强;数据库语言采用说明性语言,大大简化了用户的编程难度。

第二代数据库系统的发展过程如下。

(1) 1970 年,美国 IBM 公司 San Jose 研究实验室的研究员 E. F. Codd 提出了关系模型,开创了关系数据库管理系统的研究,奠定了关系模型的理论基础。E. F. Codd 因此在1981 年获得了 ACM 图灵奖。

(2) 1974 年,美国 IBM 公司 San Jose 研究实验室研制成功 System R,并在 IBM System/370 机器上运行,这是世界上最早的、功能强大的关系数据库管理系统。以后该研究实验室又陆续推出了 SQL/DS 和 DB2 等商用化产品。

(3) 1980 年以后,RDBMS 的产品迅速推出,如 Oracle、Informix、Sybase、dBASE、FoxBASE、FoxPro 等。

(4) 1990 年以后,RDBMS 产品的版本不断更新,功能更强大,支持分布式数据库和客户机/服务器数据库以及客户机/浏览器/服务器数据库等,同时实现了开放式网络环境下异构数据库的互联操作,以及在整个企业/行业范围内的 OLTP(On-Line Transaction Processing,联机事务处理)应用支持。

3. 第三代数据库系统

第三代数据库系统即新一代数据库系统——面向对象的数据库系统(Object-Oriented Database, OODB)。第三代数据库系统是基于扩展的关系模型或面向对象模型,是尚未完全成熟的一代数据库系统。第三代数据库系统的主要特点是:支持包括数据、对象和知识的管理;在保持和继承第二代数据库系统的技术基础上引入新技术(如面向对象技术);对其他的系统开放,具有良好的可移植性、可连接性、可扩充性和可互操作性。

第三代数据库系统具有代表性的例子包括 Servio 公司的 Gemstone、Object Design 公司的 Objectstone、Objectivity 公司的 Objectivity/DB、Versant Object Technology 公司的 Versant、Intellitic International(法国)公司的 Matisse、Itasca Systems 公司的 Itasca、O2 Technology(法国)公司的 O2 等,它们都支持严格面向对象模型。与此同时,面临新的应用领域的挑战,许多商品化的关系数据库管理系统也对支持的数据模型进行了扩充,发展成了对象-关系数据库管理系统(ORDBMS)。

2.2 数据模型

在数据库中存储和管理的数据都来自客观事物,那么,如何把现实世界中的客观事物抽象为能用计算机存储和处理的数据呢? 这是一个逐步转化的过程,一般来说,它分为三个阶段,又称为三个世界,即现实世界、信息世界和机器世界。也就是说,从人们对现实生活中事物特性的认识到计算机数据库里的具体表示要经历三个领域,即现实世界—信息世界—机器世界。有时也将信息世界称为概念世界,将机器世界称为存储世界或数据世界。

在介绍几种数据模型之前,我们先介绍与其相关的一些概念。

2.2.1 基本概念

1. 数据模型的概念

(1)数据模型的内容。

数据模型是数据库系统的数学形式框架,是用来描述数据的一组概念和定义,包括以下几个方面的内容。

① 数据的静态特征,包括对数据结构和数据间联系的描述。

② 数据的动态特征,是一组定义在数据上的操作,包括操作的含义、操作符、运算规则及其语言等。

③ 数据的完整性约束,这是一组规则,数据库中的数据必须满足这组规则。

(2)不同数据模型的特征。

数据库系统的数据模型有很多种,大体可分成两类。一类是面向值的数据模型,如目前用得最多的关系模型。在关系模型中,数据库的数据被看作是若干关系,关系则被看作是简单的二维表格。另一类是面向对象模型,这是新一代的数据模型,如语义数据模型和时空数据模型。这一数据模型对现实环境的数据有很强的表现力,是适应计算机应用发展需要的新模型。早先的层次模型和网状模型用有向图描述数据及其联系,它们可归入不完善的面向对象模型。

不同的数据模型适合不同的应用环境,所以在众多的数据模型中不存在所谓的最好的数据模型。不同的数据模型在以下几个方面的特征不同,而正是这些不同决定了数据模型的适用范围。

① 面向对象和面向值。

传统的关系模型是面向值的数据模型,允许用说明性数据语言;面向对象模型则提供了对象标识,所以被称为面向对象的。

② 冗余处理。

所有的数据都以某种方式帮助用户避免多次重复存储同一数据。重复存储造成了数据冗余,冗余不仅浪费空间,而且可能因为同一数据在一处修改而另一处不变而造成数据的不一致。面向对象模型在数据冗余方面处理得更好。我们可以通过为一个对象建立一份副本,而在其他要用到该对象的地方通过对象标识或指针来指向这个副本。

③ 多对多联系的处理。

在网状模型中这个问题留给了物理设计层解决,而关系模型则禁止多对多联系。

（3）数据模型的类型。

在实际应用中,为了更好地描述现实世界中的数据特征,常常针对不同的场合或不同的目的采用不同的方法描述数据特征,统称为数据模型。一般来说数据模型有以下几种。

① 概念数据模型。

概念数据模型是面向数据库用户的现实世界的数据模型,与具体的 DBMS 无关。概念数据模型主要用来描述现实世界的概念化结构,它是数据库在设计的初始阶段摆脱计算机系统及 DBMS 的具体技术问题,集中精力分析数据、数据间联系等。概念数据模型必须转换成逻辑数据模型才能在 DBMS 中实现。最常用的概念数据模型是 E-R(Entity-Relation)模型,它是将现实世界的信息结构转换成数据库的数据模型的桥梁。

② 逻辑数据模型。

逻辑数据模型是用户从数据库所看到的数据模型,是具体的 DBMS 所支持的数据模型,如网状模型、层次模型、关系模型和面向对象模型等。逻辑数据模型既要面向用户,也要面向系统,一般由概念数据模型转换而来。

③ 物理数据模型。

物理数据模型是描述数据在存储介质上的组织方式的数据模型,它不仅与具体的 DBMS 有关,而且与操作系统和硬件有关。每一种逻辑数据模型在实现时都有对应的物理数据模型,一般来说都由 DBMS 自动完成物理数据模型的实现工作,设计者则只负责设计索引、聚集等特殊结构。

2. 其他的相关概念

（1）现实世界。

现实世界是指存在于人脑之外的客观世界。现实世界是客观存在的。在现实世界中存在着各种运动着的事物,一个客观存在并且可以识别的事物称为个体。个体可以是一个具体的事物,也可以是抽象的概念。每个个体都有自己的特征,这些特征是人们区分个体的根据。一个个体具有多方面的特征,通常选择人们感兴趣以及最能够表达该个体的若干特征来描述该事物。以单位职工为例,通常选用姓名、年龄、性别、籍贯、部门以及职务等来描述一个职工的特征。

在现实世界里,个体与个体之间存在着联系,这种联系是客观存在的。如职工和部门,职工在部门中就职。事物之间的联系也是多方面的,人们仅选择那些感兴趣的联系。

（2）概念世界。

概念世界又称信息世界,是现实世界在人们头脑中的反映,是对客观事物及其联系的一种抽象描述。概念世界不是现实世界的简单复制，而要经过选择、命名、分类等抽象过程产生概念数据模型。概念数据模型是现实世界到机器世界必然经过的中间层次。建立概念数据模型涉及以下几个术语。

① 实体。我们把客观存在并可以相互区别的事物称为实体。实体可以是实际事物，也可以是抽象事件，还可以是事物之间的联系。如一个职工、一个部门属于实际事物，一次订货、借阅若干本图书、一场考试则是比较抽象的事件。

具有相同类型和相同特征的实体集合称为实体集。属性的集合表征一种实体的类型，称为实体型，可以用工号、姓名、年龄、性别和部门等属性来表征"职工"这一实体型。实体型"职工"表示全体职工的整体，并不具体指某个职工。严格地说，实体集属于"型"这一级的概念，对应的实例一级的例子是当前属于该实体集的所有实体的集合。在讨论数据模型时应该用实体集。但为了叙述简单，有时人们常不加区分简单地用"实用"。在应该用实体集的地方，从上下文可以理解具体指的是"实体"还是"实体集"。本书也是这样的。

② 属性。属性是用来描述实体的某一方面特性的。如职工实体用若干属性（工号、姓名、性别、出生日期、职务，部门）来描述。属性的具体取值称为属性值，用以描述一个具体实体。如属性组合（0986，张洋，男，01/06/53，处长，审计部门）在职工花名册中就表征了一个具体的人。

③ 实体标识符。如果某个属性或属性组合的值能够唯一地标识出实体集中的每一个实体，则可以选择该属性或属性组合作为实体标识符。例如，"职工号"可以作为实体标识符；而由于可能有重名者存在，"姓名"就不宜作为实体标识符。

④ 联系。现实世界中的事物是存在普遍联系的。这种联系反映到信息世界里后可以分成两类，一类是实体内部各属性之间的联系，另一类是实体之间的联系。实体之间的联系用 E-R 模型来反映，对于实体内部各个属性之间的联系通常在数据库的规范化过程进行处理。

（3）机器世界。

信息经过加工编码进入机器世界，机器世界的处理对象是数据。机器世界常用到以下几个概念。

① 记录。相应于每一实体的数据叫记录。

② 字段。相应于属性的数据称为字段，或者叫数据项，又称数据元素或初等项。

③ 文件。相应于实体集的叫文件，它是同类记录的集合。

④ 记录型。相应于实体型的为记录型。

⑤ 关键字。相应于实体标识符的为关键字，关键字又称码。

上述概念的对应关系如下。

信息世界	机器世界
实　　　体 ⟷	记　　录
属　　　性 ⟷	字　　段
实　体　集 ⟷	文　　件
实　体　型 ⟷	记　录　型
实体标识符 ⟷	关　键　字

实体、属性与记录、字段均有型与值之分。如"职工"是一个实体型,"林玫""王芮"则是实体值。属性中的性别、年龄是属性型,而(男,女)(23,30)则分别为性别、年龄的属性值。记录型是数据项型的一个有序组;同理,记录值是数据项值的同一有序组。记录型是一个框架,只有给它的每个数据项取值后才能得到记录。

2.2.2 概念数据模型

1. E-R 模型

数据库设计工作比较复杂,它将现实世界的数据组织成符合具体数据库管理系统所采取的数据模型,一般情况下不可能一次到位。在实际应用中,很少直接采用传统数据模型进行数据库设计。P. P. S. Chen 于 1976 年提出了实体-联系方法。这种方法简单、实用,所以得到了非常普遍的应用,也是目前描述概念数据模型最常用的方法。它所使用的工具即为E-R 图。E-R 图所描述的现实世界的信息结构称为组织模式或企业模式,同时把这种描述结果称为 E-R 模型。E-R 模型可以进一步转换为任何一种 DBMS 所支持的数据模型。因此,提出 E-R 模型的目的有:① 企图建立一个统一的数据模型,以概括三种传统数据模型(层次模型、网状模型和关系模型);② 作为三种传统数据模型之间互相转换的中间模型;③ 作为超脱 DBMS 的一种概念数据模型,以比较自然的方式模拟现实世界。

E-R 模型不同于传统数据模型,它不是面向实现的,而是面向现实世界的。设计 E-R 模型的出发点是有效和自然地模拟现实世界,而不是首先考虑它在机器中如何实现。

2. E-R 图的基本画法

E-R 图具有以下三要素。

(1) 实体集。

用矩形框表示,框内标注实体名称。

(2) 属性。

用椭圆形框表示,并用连线与实体集连接起来。如果属性较多,为使图形更加简明,有时也将实体集与其相应的属性另外单独用列表表示。

(3) 实体集之间的联系。

实体集间的联系用菱形框表示,框内标注联系名称,并用连线将菱形框分别与有关实体集相连,并在连线上注明联系类型。

3. 实体集间的联系类型

实体集间的联系类型是指一个实体集中的每一个实体与另一个实体集中多少个实体存在联系,并非指一个矩形框通过菱形框与另外几个矩形框画连线。

实体集间的联系虽然复杂,但都可以分解为少数几个实体集间的联系,最基本的是两个实体集间的联系。联系抽象化后可以归结为以下三种类型。

(1) 一对一联系(1:1)。

设 A、B 为两个实体集。若 A 中的每个实体至多和 B 中的一个实体有联系,反过来,B 中的每个实体至多和 A 中的一个实体有联系,则称 A 和 B 是一对一(1:1)联系。如一个公司只有一个总经理,同时一个总经理不能在其他的公司兼任。注意"至多"一词的含义,一对一联系不一定都是——对应的关系。如图 2.4 所示为一对一联系。

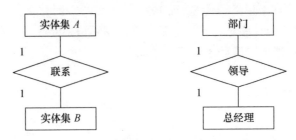

图 2.4　一对一联系

（2）一对多联系（1∶n）。

如果 A 中的每个实体可以和 B 中的几个实体有联系，而 B 中的每个实体至多和 A 中的一个实体有联系，那么 A 对 B 属于一对多（1∶n）联系。这类联系比较普遍，如部门与职工是一对多联系，因为一个部门有多名职工，而一名职工只在一个部门就职。又如，一个学生只能属于一个班级，而一个班级有很多个学生。如图 2.5 所示为一对多联系。

一对一联系可以看作是一对多联系的一个特殊情况，即 n＝1 时的特例。

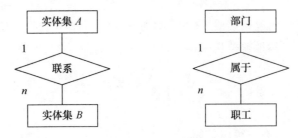

图 2.5　一对多联系

（3）多对多联系（m∶n）。

若 A 中的每个实体可与 B 中的多个实体有联系，反过来，B 中的每个实体也可以与 A 中的多个实体有联系，则称 A 对 B 或 B 对 A 是多对多联系（m∶n）。如研究人员和科研课题之间是多对多联系：一个人可以参加多个课题，一个课题可以由多个人参加。如图 2.6 所示为多对多联系。

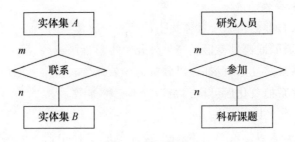

图 2.6　多对多联系

4. E-R 图中的联系类型

E-R 图中的联系类型有递归联系、二元联系和多元联系。

（1）递归联系。

递归联系即一个实体集与其本身的联系。如"机关职工"实体集，某些职工处在领导岗位上，他们与其他的职工是管理与被管理的关系。用 E-R 图表示的递归关系如图 2.7 所示。

图 2.7　递归关系

（2）二元联系。

二元联系即两个实体集之间的联系。图 2.4、图 2.5 和图 2.6 中的联系都是二元联系。

（3）多元联系。

多元联系是指三个及以上实体集之间的联系。例如，一个供应商可以向多个项目提供多种材料，一种材料可以被多个项目使用，由多个供应商提供，一个项目使用由多个供应商提供的各种材料。它们之间的多元联系如图 2.8 所示。

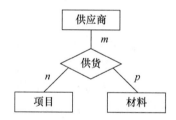

图 2.8　三个实体间的多对多联系

E-R 图为抽象地描述现实世界提供了一种有力工具，它所表示的概念数据模型是各种数据模型的共同基础，进行数据库设计时必然要用到此方法。

5. 绘制 E-R 图的步骤

绘制 E-R 图的具体步骤如下。

步骤一：确定所有的实体集。

步骤二：确定实体集之间的联系。

步骤三：选择实体集应包含的属性。

步骤四：确定实体集的关键字，用下划线在属性上表明关键字的属性组合。

步骤五：确定联系的类型，在用连线将表示联系的菱形框联系到实体集时，在线旁注明是 1 或 n（多）来表示联系的类型。

当 E-R 图比较复杂、实体集与联系都较多时，为了简洁也可以不在同一张图上画出属性，只在一张图上绘出实体集与联系的图形，另外再分别给出每个实体集或联系的属性。

怎样确定实体集、联系和属性,没有一个固定的方法,其取决于数据库设计人员对于所分析的应用模式中的对象的重要程度的理解。因此,一个数据库的E-R图不是唯一的,强调不同的侧面,按照不同的理解,可以得到不同的E-R图。

6. E-R图设计讨论

(1) 真实性。

E-R图是用于描述现实世界的概念数据模型,因此必须真实地反映现实世界,不能无中生有。对于复杂的实体集和联系,必须先弄清它们的"来龙去脉",对于它们的属性也要逐一考察,看是否确有必要考虑这方面的特征,以免给以后的数据库设计带来隐患。

(2) 简单性原则。

现实世界是很复杂的,事物之间都是普遍联系的。但是在绘制E-R图时需要对客观现实进行简化,只对与系统设计目的相关的部分进行建模。

(3) 实体集与属性确定规则。

由于实体集和属性之间并没有在形式上的明显界限,所以在确定实体集或属性时通常遵循着以下原则。

① 作为属性,不能再具有需要描述的信息,属性必须是不可再分的数据项,不能包含有其他的属性。

② 属性不能与其他的实体集具有联系,在E-R图中,只有实体集与实体集之间才能有联系。

2.2.3 逻辑数据模型

20世纪60年代末70年代初相继出现了层次模型、网状模型和关系模型,它们的特点是能有效地存储数据和处理数据,但其表达能力有限,不能描述和模拟现实世界中的复杂应用,基本上是面向机器的。所以,对于决策支持系统和计算机辅助制造这样的复杂应用,其描述能力和建模能力显然不足。随着面向对象技术和人工智能的发展,在传统的数据模型基础上产生了一批面向用户的语义模型,如前面所述的E-R模型和函数数据模型等。尽管如此,三大传统数据模型特别是关系模型仍是当今使用的主流模型。

1. 层次模型

在现实世界中,许多事物之间的联系可以用一种层次结构表示出来。如一个学校由若干个学院组成,一个学院由若干个系组成,一个系由若干个专业组成等。层次模型就是根据现实世界中存在的这些层次结构特点而提出的一种数据模型。层次模型是三大传统数据模型中出现最早的一个。基于层次模型的数据库管理系统IMS是IBM公司于1968年推出的世界上第一个数据库管理系统。

层次模型是用树型结构来表示实体集之间联系的模型。层次模型可以看作是一棵以记录型为节点的有向树,它把整个数据库的结构表示成一个有序树的集合,而这些有序树的每一个节点是一个由若干数据项组成的逻辑记录型。

图2.9给出的是一个层次模型的例子。它表示的是一个学校教务管理系统的信息。学校设有若干个学院,每个学院设有若干个系,每个系设有若干个专业和若干个教师,每个专业和教师只属于一个系。另外,每个专业开设若干门课程并有若干个学生,而一个学生只能

属于某一个专业,一门课程也只能由一个专业开设。

由图2.9可见,该层次模型有六个记录类型,即学院、系、专业、教师、课程和学生。学院称为根记录类型,它是系记录类型的父记录类型,而系则是学院记录类型的子记录类型。在层次模型中只有一个节点而无父节点,该节点称为根节点("学院"记录类型)。其他节点是依据根节点而存在的,它们有且仅有一个父节点。同一个父节点下的子节点称为兄弟节点,无子节点的节点则称为叶节点。在层次模型中,父节点与子节点的联系都是一对多的联系,且总是从父节点指向子节点。所以,记录之间的联系可以不用命名,只要指出父节点就可以找到其子节点。在层次模型中,从根节点开始,按照父—子联系,依次连接的记录序称为层次路径。在层次模型中,数据是按层次路径存取的。

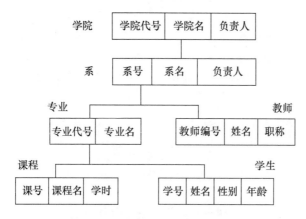

图2.9　教务管理系统的层次模型

层次模型只能表示一对多联系,而现实世界中事物之间的联系往往是很复杂的,既有一对多联系,也有多对多联系。为了反映多对多联系,层次模型引入一种辅助数据结构——虚拟记录类型和逻辑指针,将其转换成一对多联系。例如,在学校教务管理系统中,如果要反映学生选修课程的情况,因为学生和课程之间为多对多联系,所以要引进一个虚拟记录类型"选修"和逻辑指针,将其转换成一对多联系(如图2.10所示)。

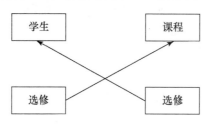

图2.10　多对多层次表示法

层次模型是一种简单的模型,无法描述复杂的联系,表达能力弱,所以其适用范围受限。

2. 网状模型

美国负责开发 COBOL(Common Business Oriented Language)语言的委员会 CODA-SYL(Conference on Data System Languages)的一个小组 DBTG(Data Base Task Group)在其发表的一个报告中提出了网状模型。网状模型中的每一个节点代表一个记录类型,联系

用链接指针来实现。网状模型突破了层次模型的两点限制,即允许节点有多于一个的父节点;可以有一个以上的节点没有父节点。在网状模型中,子女到双亲的联系不是唯一的,即在网状模型中可以很容易地实现多对多联系,可以描述更复杂的现实世界。在网状模型中,给每一对父节点与子节点之间的联系都要指定名字,这种联系称为系。系中的父节点称为首记录型或主记录型,子节点称为属记录型。

如图 2.11 所示,图中有四个系,分别为"专业-学生"系、"专业-课程"系、"学生-成绩"系和"课程-成绩"系。

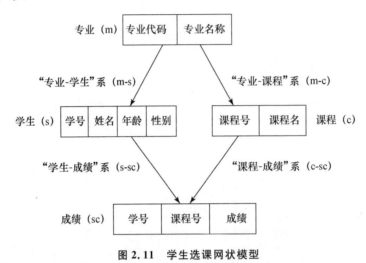

图 2.11 学生选课网状模型

网状模型的主要缺点是数据结构本身及其相应的数据操作语言都极为复杂。一般来说,结构越复杂,则其功能越强,所要处理的操作也越多,因此,相应的数据操作语言也就越复杂。而且由于网状模型结构复杂,故给数据库设计带来了困难。

3. 关系模型

基于层次模型和网状模型的数据库系统开发出来以后,在继续开发新型数据库系统的工作中,研究人员发现层次模型和网状模型缺乏坚实的理论基础,难以开展深入的理论研究。于是人们开始寻求具有严格的理论基础的数据模型。在这种背景下,埃德加·弗兰克·科德于1970年提出了关系模型。关系模型是目前数据库系统普遍采用的数据模型,也是应用最广的数据模型。自1980年以来,计算机厂商推出的数据库管理系统的产品几乎都是支持关系模型的。关系模型流行的主要原因在于:关系模型对数据及数据联系的表示非常简单,无论是数据还是数据间的联系都用关系来表示;关系模型支持高度非过程化的说明型语言表示数据的操作;同时,关系模型具有严格的理论基础——关系代数。

关系模型通过表格数据,而不是通过指针连接来表示和实现两个实体集间的联系。或者可以通俗地说,关系就是二维表格,表格中的每一行称作一个元组,它相当于一个记录值;每一列是一个属性值,列可以命名,称为属性名,此处的属性与前面所讲的实体属性相同,属性值相当于记录中的数据项或字段值。关系是元组的集合,如果表格有 n 列,则称该关系为n 元关系。关系具有以下属性:① 表格中的每一列都是不可再分的基本属性;② 各列的名字不同,列的顺序不重要;③ 行的次序无关紧要;④ 关系中不允许有完全相同的两行存在。

表 2.1 就是一个关系模型的例子。

表 2.1　员工信息表

员工编码	姓 名	部 门	性 别	职 务
50002	文明	办公室	男	科员
60003	李翔风	人事科	男	科长
70004	张晓风	财务科	女	科员
70005	王莉勤	后勤处	女	处长

通常,我们将关系名及其属性名集合称为关系模式,具体的关系是实例。表 2.1 中员工信息表的关系模式:员工信息表(员工编码,姓名,部门,性别,职务)。其中"员工信息表"为关系名,这个关系描述了某单位员工的数据结构。

在支持关系模型的数据库中,数据被看作是一个个的关系,描述数据库全部关系的一组关系模式称为关系型数据库的数据库模式。任何时刻数据库的所有具体的关系组成关系型数据库的一个实例。

关系模型具有以下特点。

(1) 描述的一致性。

无论是信息世界中的实体还是联系都是用一个关系来描述,从而保证了数据操作语言相应的一致性,对于每一种基本操作功能,都只需要一种操作运算。

(2) 利用公共属性连接。

关系模型中的各个关系之间都是通过公共属性发生联系的。

(3) 结构简单直观。

采用表结构,用户容易理解,有利于和用户进行交互,并且在计算机中实现也极为方便。

(4) 有严格的理论基础。

二维表的数学基础是关系数据理论,对二维表进行的数据操作相当于在关系理论中对关系进行运算。这样,在关系模型中整个模型定义与操作均建立在严格的数学理论基础上。

(5) 语言表达简练。

在进行数据库查询时,用严密的关系运算表达式来描述查询,从而使查询语句的表达非常简单直观。

关系模型的缺点是:在执行查询操作时需要执行一系列的查表、拆表、并表操作,故执行时间较长。但是,采用优化技术的当代关系数据库管理系统的查询操作的效率完全不输于建立在其他数据模型上的数据库系统。

正因为以上特点,关系模型和关系数据库管理系统已成为当代数据库技术的主流。

4. 三种数据模型的比较

前面讨论的层次模型、网状模型和关系模型由于结构上的不同,它们都有各自的特点。为了进行比较,首先要给出比较的标准,由此才能看出一个模型的好坏。对于数据模型,一般人们主要关心以下两个方面。

(1) 使用容易程度。

数据库系统的用户是各种各样的。因此,为用户提供一个良好接口的数据库系统将是十分受欢迎并具有生命力的。所以,在选择数据模型时需要选择一个用户使用方便的(即能使程序设计和表达询问很容易的)模型。

(2)实现效率。

这方面要考虑数据库系统的实现难易和效率如何。这就要求一个数据模型允许DBMS方便地把概念模式和概念到物理的映像转换成一种既能节省空间又能快速响应询问的实现。

就使用方便来说,关系模型是最佳的。关系模型对用户的要求很低,有功能丰富的、容许表达对关系数据库进行各种询问的高级语言,这些语言对于那些不熟悉程序设计的人来说是十分合适的。相对而言,层次模型和网状模型这样的格式化模型要求用户既要了解记录类型存取路径,又要了解它们之间的相互关系,这些都增加了用户的负担。

从实现效率来看,层次模型和网状模型要优于关系模型。格式化模型的存取路径事先都是规定好的,链技术可以大显身手,这样存取的效率就比较高,而且实现起来相对也容易些。

从存储空间上来说,格式化模型较关系模型更能合理利用空间。在关系模型中是靠冗余来实现连接的。

以前,商品化的数据库系统几乎全都是基于层次模型和网状模型。因为这样的数据库系统着眼于大型数据库的维护,而这些数据模型又很容易支持它们对高效率实现的要求。但是,现在关系模型已经受到人们的重视。一方面,因为用于设计大型数据库的概念也适用于中小型数据库,而小型数据库比大型数据库要多得多。随着小型数据库的应用,关系模型固有的容易使用的特点越来越突出。另一方面,关系模型那些表面上的低效性有许多是能够消除的。例如,可以通过优化技术来提高效率。此外,用层次模型和网状模型设计的数据库系统是通过指针链来查找数据,而用关系模型设计的数据库系统则是通过查表来查找数据。改进指针链的查找收效甚微,而加快查表速度则大有潜力可挖。所有这些都促使人们采用关系模型。

5. 传统数据模型的弱点

人们将层次模型、网状模型和关系模型统称为传统数据模型。由于历史条件和技术条件的限制,传统数据模型也有弱点。

(1)以记录为基础,不能很好地面向用户和应用。

传统数据模型的基本结构是记录,而人们对现实世界的认识往往通过实体,实体不一定与记录相对应。一个记录中可能包含多个实体,同样一个实体也可能分在多个记录中加以描述。有些实体也可能仅仅作为某个记录中的属性出现,无记录与其相对应。记录的划分往往从实现考虑,而不一定反映人们对现实世界的认识。另外,记录中的属性以及每个属性的域都是事先定义好了的,无法灵活地描述纷繁的现实世界。

(2)不能以自然的方式表示实体间的联系。

实体的描述是数据模型的一个方面,实体间联系也是数据模型的一个重要方面。层次模型和网状模型虽然提供了描述联系的手段,但这些描述联系的方式不是实体间联系的自然表现,而是联系在数据库中的物理实现。把本来应该对用户隐蔽的物理实现的细节当作数据模型的组成部分呈现在用户面前,这不但不便于用户的理解和使用,而且也有损于数据的物理独立性。尽管关系模型避免了这个缺点,实体间的联系或通过一个表示联系的关系来表示,或通过公共属性来体现,但是关系模型表示联系的方式不是显式的,故用户很难从数据模式看出实体间的全面联系,现实世界中的实体联系被湮没在关系和属性之中。所以,三种传统数据模型都不能自然地表示实体间的联系。

(3)数据类型太少,难以满足应用需要。

传统数据模型原来都是面向事物处理的。它们一般只提供最常用的一些简单的数据类型,如整数、实数、字符串等。随着计算机应用的发展,不但要求数据库系统提供更丰富的数据类型和允许用户定义新的数据类型,还希望属性值不直接给出,而由规则或过程导出。随着时态和空间数据库的发展,要求数据附有时间属性和空间属性,这些都是传统的数据模型不能直接支持的。

由于传统数据模型存在上述的不足,从 20 世纪 70 年代后期开始陆续出现了各种非传统数据模型,这些数据模型出现在关系模型之后,因此又称为后关系数据模型。如前面介绍的 E-R 模型以及面向对象模型。

2.3　数据库系统的结构

2.3.1　数据库系统的组成

数据库系统是一个复杂的系统,因为数据库系统不仅是指数据库和数据库管理系统本身,而且还指计算机系统引进数据库技术后的整个系统,是数据、硬件、软件和相关人员的组合体。数据库系统由硬件资源、软件资源、数据库体系结构、数据库管理员和用户五个部分组成。

1. 硬件资源

数据库系统的硬件资源包括主机、存储设备、输入输出设备以及计算机网络环境等。

2. 软件资源

(1)操作系统,如 DOS 系统、UNIX 系统、Windows 系统及 Linux 系统等。

(2)数据库管理系统,如 FoxPro、Oracle、Ingres、Sybase 等。

(3)高级语言编译系统,如 Fortran、C++、VB 等。

数据库系统的核心为数据库管理系统。

3. 数据库体系结构

实际的数据库系统软件产品多种多样。它们支持不同的数据模型,使用不同的数据库语言,建立在不同的操作系统之上,数据的存储结构也各不相同。但是,大多数数据库系统在总的体系结构上都具有相同的三级模式结构,即把数据库分为用户级数据库、概念级数据库和物理级数据库三级(如图 2.12 所示)。

(1)用户级数据库。

用户级数据库是用户看到和使用的数据库,所以也称为用户视图,又称为子模式、外模式、用户模式等。对应于外模式,用户级数据库是单个用户看到并获准使用的那部分数据的逻辑结构(称为局部逻辑结构),用户根据系统给定的子模式,用查询语言或应用程序去操作数据库中的数据。

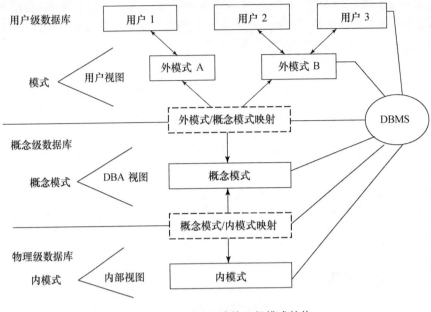

图 2.12　数据库系统的三级模式结构

（2）概念级数据库。

概念级数据库是数据库管理员看到的数据库，所以也称为 DBA 视图，又称为概念模式。概念级数据库是用于把用户视图有机地结合成一个逻辑整体，描述的是数据的全局逻辑结构，不涉及数据的物理存储细节和硬件环境，也与具体的应用程序及使用的高级程序语言无关。

（3）物理级数据库。

物理级数据库又称存储模式、内模式，是数据在数据库系统内部的表示，即对数据的物理结构和方式的描述。内模式是全体数据库数据的内部表示或低层描述，用来定义数据的存储方式和物理结构。从机器的角度看，它们是指令操作处理的位串、字符和字；从系统程序员的角度看，这些数据是其用一定的文件组织方法组织起来的一个个物理文件（或存储文件）。系统程序员编制专门的访问程序，实现对文件中数据的访问，所以物理级数据库也称为系统程序员视图。

数据库的三级模式结构定义了数据库的三个抽象级。这三级之间可以通过一定的对应规则进行相互转换，从而把这三级连接在一起成为一个整体，这种对应规则称为映射。用户级数据库之间的映射定义了各个外模式和概念模式之间的对应关系，使外部记录可以通过这一映射转换成相应的概念记录，反之亦然。用户级数据库和概念级数据库之间的映射隔离了概念模式的变化对外模式的影响。因为只要改变它们之间的映射就可以让外模式保持不变。类似地，概念级数据库和物理级数据库之间的映射定义了概念模式和内模式之间的对应关系，这种映射关系的存在使得当内模式的结构发生变化时，只要对概念模式/物理模式映射做相应的修改，概念模式就可以保持不变。因此，数据库的三级结构和它们之间的映射是实现数据独立性的保证。

对一个数据库系统来说,实际上存在的只是物理级数据库,它是数据访问的基础。概念级数据库只不过是物理级数据库的一种抽象(逻辑)描述,用户级数据库则是个别用户的数据视图,即与某一应用有关的数据的逻辑描述。用户根据子模式进行操作,数据库系统既通过子模式到模式的映射将操作与概念级数据库联系起来,又通过模式到存储模式的映射与物理级数据库联系起来。这样,用户可以在较高的抽象级别上处理数据,而把数据组织的物理细节留给系统。

4. 数据库管理员

为了保证数据库能够高效正常运行,一般大型数据库都设有专门人员来负责数据库系统的管理和维护工作。这种专门人员称为数据库管理人员。他们是一些懂得和掌握数据库全局并设计和管理数据库的骨干人员,其主要职责包括:

(1) 负责数据库核心及其开发工具的安装及升级。

(2) 为数据库系统分配存储空间并规划未来的存储需求。

(3) 协助开发者建立基本的对象(表、视图、索引)。

(4) 负责注册用户并维护系统的安全性。

(5) 负责数据库系统的备份和恢复。

5. 用户

数据库系统的用户分为两类:一类是最终用户,这类用户无须熟悉程序语言和数据处理技术,他们通过终端的人机对话,主要对数据库进行联机查询或通过数据库应用系统提供的界面来使用数据库,这些界面包括菜单、表格、图形和报表;另一类用户是专业用户,即应用程序员,这类用户熟悉 DBMS 接口语言及 DBMS 提供的数据操作语言,他们负责设计应用系统的程序模块,对数据库进行操作。

2.3.2　数据库管理系统

数据库管理系统(DBMS)是对数据库进行定义、管理、维护和检索的一个软件系统。数据库管理系统总是基于某种数据模型的,因此,可以把它看作是某种数据模型在计算机系统上的具体实现。数据库管理系统的任务之一就是在保证数据安全可靠的同时提高数据库应用的简明性和方便性。

1. 数据库管理系统的功能

用户使用的各种数据库命令以及应用程序的执行都要通过数据库管理系统。另外,数据库管理系统还承担着数据库的维护工作,故必须按照数据库管理员所规定的要求,保证数据库的安全性和完整性。具体来说,数据库管理系统所做的工作通常归纳为以下几个方面。

(1) 数据库的定义。

数据库管理系统总是提供数据定义语言(DDL)用于描述模式、子模式和存储模式及其模式之间的映射,描述的内容包括数据的结构、数据的完整性约束条件和访问控制条件等,并负责将这些模式转换成目标形式,存在系统的数据字典中,以供以后操作或控制数据时查用。

(2) 数据库的操作及查询优化。

数据库管理系统通过提供数据操作语言实现对数据库的操作,基本操作包括检索、插入、删除和修改。用户只需根据子模式给出操作要求,而其处理过程的确定和优化则由数据库管理系统完成,并且查询处理和优化机制的好坏直接反映数据库管理系统的性能。

（3）数据库的控制运行。

数据库管理系统提供并发访问控制机制和数据完整性约束机制,从而避免多个读写操作并发执行可能引起的冲突、数据失密或安全性、完整性被破坏等一系列问题。

（4）数据库的恢复和保护。

数据库管理系统一般都要保存工作日志、运行记录等若干恢复用数据,一旦出现故障,使用这些历史信息和维护信息可将数据库恢复到一致状态。此外,当数据库性能下降或系统软、硬件设备发生变化时也能重新组织或更新数据库。

（5）数据库的数据管理。

数据库中物理存在的数据包括两部分。一部分是元数据,即描述数据的数据,主要是上述的三级模式结构(即用户级、概念级和物理级数据库)描述。它们构成数据字典的主体,数据字典由数据库管理系统管理和使用。另一部分是原始数据,它们构成物理存在的数据库,数据库管理系统一般提供多种文件组织方法,供数据库设计人员使用。数据按照某种组织方法装入数据库后,对它的检索和更新都由数据库管理系统的专门程序完成。

除了上述核心功能以外,当代数据库管理系统还提供了许多基于图形用户界面(Graphical User Interface,GUI)的用户接口软件,如查询管理器、报表生成器、统计图形生成器等。这些软件的规模甚至超过了核心数据库管理系统软件,它们极大地方便了用户对数据库的操作。

2. 数据库管理系统的工作过程

当数据库建立后,即数据库的各级目标模式已建立,数据库的初始数据已装入后,用户就可以通过终端操作命令或应用程序在数据库管理系统的支持下使用数据库。那么,在执行用户的请求存取数据时,数据库管理系统是如何工作的呢?下面以用户从数据库中提取一条外部记录(用户记录)为例,看看数据库管理系统是如何工作的,以便进一步了解数据库管理系统的工作过程及其与操作系统的关系(如图 2.13 所示)。

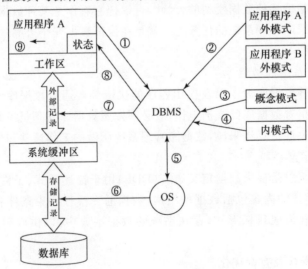

图 2.13　数据库存取的过程

（1）应用程序 A 用相应的数据操作语言命令向数据库管理系统发出请求并递交必要的参数,控制转入数据库管理系统。

（2）数据库管理系统分析应用程序 A 提交的命令及参数,按照应用程序 A 所用的外模式名,确定其对应的概念模式名,同时还可能需要进行合法性检查,若通不过,则拒绝执行该操作,并向应用程序 A 送回出错信息。

（3）数据库管理系统根据概念模式名,调用相应的目标模式,根据外模式/概念模式的映射确定应读取的概念记录类型和记录,再根据从概念模式到内模式的映射找到其对应的存储记录类型和存储记录。同时还要进一步检查操作的有效性,如通不过,则拒绝执行该操作,返回出错状态信息。

（4）数据库管理系统查阅存储模式,确定所要读取的存取记录所在的文件。

（5）数据库管理系统向操作系统发出读指定文件中指定记录的请求,把控制交给操作系统。

（6）操作系统接到命令后,分析命令参数确定该文件记录所在存储设备及存储区,启动 I/O 读出相应的物理记录,从中分解出数据库管理系统所需要的存储记录送入系统缓冲区,把控制返回给数据库管理系统。

（7）数据库管理系统根据概念模式/外模式之间的映射,将系统缓冲区内的内容映射为应用程序所需的外部记录,并控制系统缓冲区与用户工作区之间的数据传输,把所需要的外部记录送往应用程序工作区。

（8）数据库管理系统向应用程序 A 送回状态信息,说明此次请求的执行情况,如"执行成功""数据找不到"等。记载系统工作日志,启动应用程序 A 继续执行。

（9）应用程序 A 查看"状态信息",了解它的请求是否得到满足,根据状态信息决定其后续处理。

3. 数据库管理系统的选择

数据库设计就是在数据库管理系统之上建立数据库的过程。但通常一个计算机系统中往往不止一个数据库管理系统,因此,数据库设计的任务之一就是正确地评价数据库管理系统,以便选择一个合适的数据库管理系统,这是非常重要的工作。

选择数据库管理系统也是一项非常复杂的工作,只有明确用户的功能要求和操作要求后,选择数据库管理系统才能完成。因此,选择数据库管理系统之前,数据库设计者需要先确定数据库应用系统对数据库管理系统的要求,这些要求包括以下几个方面。

（1）数据库管理系统的类型,如是专用数据库管理系统还是通用数据库管理系统等。

（2）数据库管理系统所支持的数据库的规模以及数据量。

（3）数据库的安全性、完整性、恢复及并发控制的能力。

（4）数据独立性程度。

（5）数据库终端用户的类型、联机处理特性、数据处理特性以及对数据语言的要求。

（6）系统开发和数据库利用的难易,如提供哪些开发工具、主语言、数据操作语言的功能、终端语言等。

（7）监测数据库性能的能力。

（8）提供数据库管理系统的厂商所能提供的支持。

选择的过程是对各种候选数据库管理系统的技术特性和操作特性进行评价的过程。如果一个数据库管理系统能满足其中的主要要求，则认为这个数据库管理系统达到了技术指标，可以考虑选用。在选择数据库管理系统时必须注意以下几个因素。

（1）数据库管理系统的性能。其性能通常用每秒钟运行的事务总数来表示。用户应该自己设计测试方案及进行测试，而不是简单地依据开发商所提供的测试指标、测试数据和测试方法进行测试。

（2）开发新数据库和新应用程序的代价。

（3）是否有利于应用程序未来的发展，即系统易扩充、易转换，从而满足未来的新的应用要求。

2.4 关系数据库管理系统实例

20 世纪 70 年代是关系数据库理论研究和原型开发的时代，关系模型以其突出的优点迅速成为数据库系统的主流。据初步统计，在 20 世纪 80 年代以后诞生的数据库管理系统产品中，大约有 90％都是关系数据库管理系统，其中有许多性能优良的数据库产品，如小型数据库 FoxPro、Access、Paradox，大型数据库 DB2、Oracle、Sybase、Informix、Ingres 等。同时，关系数据库管理系统的功能和利用范围也在不断扩展，从单机环境到网络应用，从集中式管理到分布式系统，从支持信息管理到联机事务处理，再发展到联机分析处理（On-Line Analytical Processing，OLAP），关系数据库产品在信息系统中的作用越来越大。本节我们将简单介绍 Access 和 Oracle，在后面的章节中将详细讨论 SQL Server 的特点和使用。

2.4.1 Access

本书仅介绍 Access 2007 版本，它是 Microsoft Office 2007 系列软件之一。Microsoft Office Access 2007 可以让用户使用改进界面及交互式设计功能，用户不需要具备专业的数据库知识，就能轻松快速地跟踪和报告信息；使用预建数据库解决方案，可以轻松开始使用、修改，并使其适应不断变化的业务需求；从电子邮件表单收集信息或从外部应用程序导入数据，创建和编辑详细报告，显示分类、过滤和分组信息，可以为做出更加有根据的决策提供方便。用户可使用 Microsoft Windows SharePoint Services 技术列表与其他人共享信息，在此审核修订历史记录，恢复删除信息，设置数据访问权限，并对其进行例行备份。

具体来说，与以前的版本相比，Access 2007 具有以下的优点。

1. 用新用户界面可以更快地获得更好的结果

Access 2007 通过面向结果的重新设计的用户界面、新导航窗格和带有选项卡的窗口视图，为用户提供一种全新的体验。即使没有数据库经验，任何用户都可以开始跟踪信息和创建报告，做出更加有根据的决策。

2. 直接从数据源收集和更新信息

Access 2007 可以使用 Microsoft Office InfoPath 2007 或 HTML，为保持表格业务规则的数据库收集信息，创建带有嵌入表单的电子邮件。回复的电子邮件会填入并更新 Access 2007 表格，不需要重新键入任何信息。

3. 创建具有相同信息的不同视图的多个报告

在 Access 2007 中创建报告是一种真正的"所见即所得"。用户可以修改具有实时视觉反馈的报告，并为不同的用户保存各种视图。新的分组窗格和过滤与分类功能可以帮助显示信息，以便做出更加有根据的决策。

4. 通过 Access 2007 的丰富客户端功能跟踪 Windows SharePoint Services 列表

Access 2007 用作多信息客户端界面，以便使用 Windows SharePoint Services 列表分析和创建报告。用户甚至可以让列表脱机，然后在重新连接到网络时同步进行任何更改，使用户可以方便地随时使用数据。

5. 将数据移到 Windows SharePoint Services 的技术提高了管理能力

通过将数据移到 Windows SharePoint Services 技术，提高数据透明性。这样，用户可以例行地将数据备份到服务器上，恢复删除数据，跟踪修订历史，设置访问权限，从而更好地管理信息。

6. 访问和使用多个数据源的信息

通过 Access 2007，用户可以将表格链接到其他 Access 数据库、Excel 电子表格、Office SharePoint Server 站点、ODBC 数据源、Microsoft SQL Server 数据库及其他数据源。用户可以使用这些链接的表格轻松创建报告，从而在更加全面的信息集合上做决策。

7. 使用预建解决方案快速开始使用

用户可以通过一个丰富的预建解决方案库，立即开始跟踪信息。其中，表单和报告已经建好，以便用户使用。此外，用户也可以自定义解决方案，满足自己的业务需求。联系人、问题跟踪和资产跟踪只是 Access 2007 所带现成解决方案的一小部分。

8. 快速创建表格，无须担心数据库复杂性

有了自动数据类型检测，在 Access 2007 中创建表格与使用 Excel 表格一样轻松。键入信息时，Access 2007 将识别这些信息是日期、货币，还是任何其他常见数据类型。用户甚至可以将整个 Excel 表格粘贴到 Access 2007 中，通过数据库功能跟踪信息。

9. 与 Windows SharePoint Services 共享信息

使用 Windows SharePoint Services 和 Access 2007 与同一个项目中的其他人共享 Access 2007 信息。通过两个应用程序的功能组合，项目成员可以直接通过 Web 界面访问和编辑数据，并查看实时报告。

10. 拥有针对更多情景的新字段类型

Access 2007 可以采用附件和多重数值字段等新字段类型。用户可以将任何文档、图像或电子表格附加到应用程序中的任何记录。有了多重数值字段，用户可以在每个单元格中选择多个值（如将某任务分配给多个人）。

2.4.2　Oracle

Oracle 公司成立于 1977 年，其因为完成了美国政府代号为"Oracle"的招标项目而得名，是著名的专门从事研究、生产关系数据库管理系统的专业厂家，其拳头产品 Oracle 是著名的大型数据库管理系统之一。

Oracle 较早采用 SQL 语言作为数据库语言。自创建以来，Oracle 不断推陈出新。1983

年,Oracle 的第三版内核用标准 C 语言编写,使其独立于硬件和操作系统,可以在几十种操作系统平台上运行。Oracle 的第三版是一个开放性的系统,从而占据了较多的市场份额。1984 年,Oracle 的第四版率先推出与数据库结合的第四代语言开发系列工具。1986 年的Oracle 5.1 是一个具有分布处理能力的关系数据库管理系统。1988 年 Oracle V6 再次修改,加强了事务处理功能,对用户配置的多个联机事务的处理能力大大提高。1992 年的 Oracle 第七版实现了关系型数据库和分布式数据库的所有主要特征功能,几乎可以在所有的硬件平台上运行。在 Oracle V7.3 版本中,增加了多媒体的应用,支持数据仓库和联机事务处理,进一步提高了系统性能和应用程序开发效率。1997 年的 Oracle 第八版则主要增强了对象功能,成为对象-关系数据库管理系统。目前,Oracle 产品覆盖了大型机、中型机、小型机等几十种计算机系统,成为世界上使用非常广泛的、著名的关系数据库管理系统。

1. Oracle 的特点

(1) 兼容性。

Oracle 采用标准的数据库语言 SQL,它与 IBM 的 SQL/DS、DB2、Ingres 等完全兼容,可以使用现有的 IBM 的数据库系统的数据和软件资源,用户开发的应用软件可以在其他基于 SQL 的数据库上运行。

(2) 可移植性。

Oracle 可以在 70 多类计算机系统上运行,支持 20 多种操作系统环境,具有很宽的硬件和操作系统适应性,不仅能在大型机、中型机、小型机上运行,而且可以通过裁剪技术将它移植到多种微型机上,从而得到了广泛的应用。

(3) 可联结性。

由于 Oracle 在各类机型上使用相同的软件,所以联网和分布式处理功能更容易实现。它支持 TCP/IP、DECnet、X.25 等多种标准网络协议,提供与非 Oracle 的 DBMS 接口;它能够使在某些 Oracle 工具上建立的 Oracle 应用连接到非 Oracle 的 DBMS 上,具有存储地址的独立性,从而得到了广泛的应用。

(4) 高性能。

支持大数据库、多用户的高性能的事务处理。Oracle 支持的最大数据库,其大小可到几百千兆。可充分利用硬件设备,支持大量用户同时在同一数据上执行各种数据应用,并使数据争用最小,保证数据一致性。系统维护具有高的性能,Oracle 每天可连续 24 小时工作,正常的系统操作(后备或个别计算机系统故障)不会中断数据库的使用,可控制数据库数据的可用性,可在数据库级或在子数据库级上进行控制。

2. Oracle 的主要工具

(1) SQL*Plus。

Oracle 的 SQL*Plus 是与 Oracle 数据库进行交互的客户端工具,借助 SQL*Plus 可以查看、修改数据库记录。在 SQL*Plus 中,可以运行 SQL*Plus 命令与 SQL 语句。

作为 Oracle 最常用的一个工具,SQL*Plus 具有很强的功能,主要有:

① 数据库的维护,如启动、关闭等,这一般在服务器上操作;

② 执行 SQL 语句,执行 PL/SQL;

③ 执行 SQL 脚本;

④ 数据的导出,生成报表;

⑤ 应用程序开发、测试 SQL 和 PL/SQL;

⑥ 生成新的 SQL 脚本;

⑦ 供应用程序调用,如安装程序中进行脚本的安装;

⑧ 用户管理及权限维护等。

(2) Oracle SQL Developer。

Oracle SQL Developer 是一个免费的、并完全支持图形数据库开发的工具。使用 Oracle SQL Developer 可以浏览数据库对象、运行 SQL 语句和 SQL 脚本、编辑和调试 PL/SQL 语句。Oracle SQL Developer 可以提高工作效率并简化数据库开发任务。另外,Oracle SQL Developer 还可以创建、执行和保存报表。该工具可以连接任何 Oracle 9.2.0.1 或者以上版本的 Oracle 数据库,支持 Windows、Linux 和 Mac OS X 系统。Oracle SQL Developer 的高级特性包括创建代码模板、使用扩展搜索功能、使用模式复制特性等。Oracle SQL Developer 还有一些鲜为人知的特性,如基于文件的开发、集成版本控制,以及代码格式化和代码智能识别、复制、导出和比较等。此外,Oracle SQL Developer 还提供了许多 Oracle Application Express 报表供用户使用,用户也可以创建和保存自己的报表。

Oracle SQL Developer 1.5 已经完全被集成在 Oracle 11g 中,以便进行 Oracle 数据库的开发工作。用户可以到 Oracle 的官方网站免费下载最新版本的 Oracle SQL Developer,然后解压安装即可。

2.5　电子商务数据库技术新发展

进入 20 世纪 90 年代后,随着计算机技术应用的发展,数据库技术也快速发展。数据库支持的数据模型越来越复杂,不仅包含越来越多的语义,而且还出现许多新的发展方向。例如,各类支持特殊领域应用要求的数据模型的数据库技术,包括空间数据库技术、时间数据库技术、演绎数据库技术和模糊数据库技术等,都得到了迅速发展。此外,对数据分散及不同数据类型数据库互联的需求推动了分布式数据库的发展,对 CAD、CAM、CIMS、CAI 和办公自动化的需求推动了面向对象数据库的发展,多媒体技术推动了多媒体数据库(Multimedia Database,MDB)的发展,联机分析的需求则引起了数据仓库技术的发展。本节将简单介绍数据库技术的这些新进展。

1. 分布式数据库技术

分布式数据库系统是地理上或物理上分散而逻辑上集中的数据库系统。管理这样的数据库系统的软件称为分布式数据库管理系统。分布式数据库管理系统通常由计算机网络(局域网或广域网)连接起来,被连接的逻辑单位,包括硬件(如计算机、外部设备)和软件(如操作系统、数据库管理系统等),称为节点或站点。所谓地理上分散,是指各个站点分布在不同的地方。所谓逻辑上集中,是指网络联结的各站点共同组成单一的数据库。

分布式数据库始于 20 世纪 70 年代,繁荣于 80 年代,在 20 世纪 90 年代由于其在分布性和开放性方面的优势获得了用户的青睐。这一切并不是偶然的,一方面是受到应用需求的刺激,另一方面是硬件环境的发展。在应用方面,如银行的通存通兑及划汇、全球性民航订票系统、水陆空联运系统、连锁店的管理系统、军事上的情报系统、旅游订票系统等,这些应用都涉及地理上分散的统一组织的管理,集中式的数据库系统已经无法提供合适的支持。在硬件方面,计算机及通信网络更是突飞猛进的发展。功能日益强大的计算机、微型机和工作站,以及日益广泛装备的公用数据网和局域网,为数据库管理系统的研制提供了一个成熟的、实用的环境。在这两方面的推动下,数据库管理系统得到了迅猛发展。现在,分布式数据库的应用领域已不再局限于联机事务处理,分布式数据库技术已经广泛应用于分布式计算、互联网应用以及数据仓库等。

2. 面向对象的数据库技术

面向对象(Object-Oriented,OO)的数据库系统是数据库技术与面向对象技术相结合的产物,它是数据库的应用从传统的商业或管理中的事务处理扩展到 CAD(Computer Aided Design)、CAM(Computer Aided Manufacturing)及 CIMS(Computer Intergrated Manufacturing System)、CAI(Computer Aided Instruction)和办公自动化等新领域而产生和发展起来的。在这些领域中,传统的关系数据库管理系统支持的数据模型的关系太简单,不能很好地描述这些应用领域的数据结构,因此,面向对象的数据库就应运而生了。OO 数据模型与传统的数据模型相比具有以下优势。

(1) 具有表示和构造复杂对象的能力。

(2) 通过封装和消息隐藏技术提供了程序的模块化机制。

(3) 继承和类层次技术不仅能表示 is-a 联系,还提供了软件重用的机制。

(4) 通过滞后联编等概念提供系统扩充能力。

(5) 提供与宿主语言的无缝(Seamless)连接。

OO 数据模型支持的基本概念包括对象和对象标识、封装、类型(或类)、继承、重载、滞后联编、多态性。OO 数据模型支持的基本数据类型较多,从简单的字符、数字、发展到图像、声音、视频和动画等多媒体数据。OO 数据模型允许用户定义数据类型,它包括下列类(或对象)的结构机制:聚集(元件)、集合、列表、数据等。任一结构机制都可以作用到任一种对象上,使用户能定义十分复杂的数据类型(或类),并且能够描述关系很难、甚至之前不能描述的新应用领域中的数据。

面向对象的数据库管理系统也具有传统的数据库管理系统所具有的功能,如并发控制、用户及授权管理、从故障中恢复等。但仅仅这样是不够的。传统的事务一般在零点几秒到几秒之内完成一事务对数据的处理,事务具备原子性、持久性以及可串行性等特殊性质;而新的应用技术(如 CAD、CAI 等)的数据处理可以持续几个小时、几天,甚至更长,它们使得传统的事务处理技术不再适用,而需要新的事务模型(如长事务、嵌套事务等)。所以,面向对象的数据库管理系统还应当支持长事务处理和嵌套事务,以便当故障发生时不至于回滚整个事务。

面向对象的数据库系统所面临的问题是,建立一个健全的、商用的、面向对象的数据库系统开销很大,所以其必须能在现有的关系数据库中直接使用,而不是花很大的代价去转换,尽管目前已有大量的研究开发工作,有一些可支持的面向对象数据库系统,但面向对象数据库的成熟仍存在许多亟待解决的问题。当前的许多研究都是建立在数据库已有的成果和技术上的。针对不同的应用,对关系数据库管理系统进行不同层次上的扩充。

3. 多媒体数据库技术

当今社会存在着各种形态的信息,计算机要以图形、印刷文字、手写文字、声音、图像、动画和身体语言等多种媒体作为处理对象。能够管理数值、文件、表格、图形、图像、声音等多媒体的数据库称为多媒体数据库。近年来,大容量光盘、高速 CPU、高速信号处理器以及宽带网络等硬件技术的发展为多媒体技术的应用奠定了基础。对多媒体数据库管理的应用主要有以下三种方式。

(1) 基于关系模型,加以扩充,使之支持多媒体数据库类型。

(2) 基于 OO 数据模型来实现对多媒体信息的描述和操作。

(3) 基于超文本模型。

针对多媒体信息的特点,多媒体数据库一般支持以下特殊功能。

(1) 支持图形、图像、动画、声音、动态视频和文本等多媒体字段类型及用户定义的特殊类型。

(2) 支持定长数据和非定长数据的集成管理。

(3) 支持复杂实体的表示和处理,要求有表示和处理实体间复杂关系(如时空关系)的能力。

(4) 有保证实体完整性和一致性的机制。

(5) 支持同一实体的多种表现形式。

(6) 具有良好的用户界面。

(7) 支持多媒体的特殊查询及良好的接口处理。

(8) 支持分布式环境。

多媒体数据库系统的关键技术包括以下几种。

(1) 数据模型技术,如 OO 数据模型、语义数据模型等。

(2) 数据的存储管理和压缩/解压技术。

(3) 多媒体信息的再现和良好的用户界面技术。

(4) 多媒体信息的检索与查询及其他处理技术。

(5) 分布式环境与并行处理技术。

4. 数据仓库、联机分析处理技术和数据挖掘

快速、准确、高效地收集和分析信息是企业提高决策水平和增强企业竞争力的重要手段。企业的数据就像埋藏在深山中的金矿,如果不能供企业决策人员使用,就不能充分发挥其应有的价值。建立以数据仓库技术为基础,以数据库的联机分析处理技术和数据挖掘技术为实现手段的决策支持系统是解决上述问题的一种行之有效的系统化解决方案。

数据仓库利用计算机和数据库技术的最新进展,它不仅面向复杂的数据分析以支持决策过程,而且可以集成企业范围内的数据,无论其地理位置、格式和通信要求。数据仓库把支持决策的数据进行收集、归纳、整理,使企业的业务环境和信息分析环境分离,从而有效地提供实时的信息服务。数据仓库不是单一的产品,而是由软、硬件技术组成的环境,它把各种数据库集成为一个统一的数据仓库,并且把各种数据库中的数据进行合理的重组、转换和集成,以适应数据仓库面向主题的要求。

联机分析处理技术以超大规模数据库或数据仓库为基础来对数据进行多维化和综合分

析,构建面向分析的多维数据模型,再使用多维分析方法,从若干不同角度对多维数据进行分析、比较,找出它们之间的内在联系。联机分析处理技术使分析活动从方法驱动转向了数据驱动,分析方法和数据结构实现了分离。

数据挖掘是从大型数据库或数据仓库中发现并提取深藏于其中的信息的一种新技术,目的在于帮助决策者找寻数据间潜在的关联,发现未被注意的信息,而这些信息对预测趋势和决策行为或许很有用。数据挖掘技术涉及数据库、人工智能、机器学习和统计分析等多种技术。数据挖掘技术能从数据仓库中自动分析数据,进行归纳性推理,从中挖掘潜在的模式或产生联想,建立新的业务模型,帮助决策者做出正确的决策。

数据仓库、联机分析处理技术和数据挖掘是三种独立的信息处理技术。数据仓库用于数据存储和组织,联机分析处理技术集中于数据分析,数据挖掘则致力于知识的自动发现。它们可以分别应用到信息系统的涉及和实现中,以提高相应部分的处理能力。在现代电子商务决策支持系统解决方案中,这三种技术的综合是最有前途的选择。

2.6 本章小结

当前,数据库已经成为计算机信息系统和应用系统的组成核心,数据库技术已成为现代信息系统和应用系统开发的核心技术,更是"信息高速公路"的支撑技术之一。本章在简述了数据库技术发展历史的基础上,介绍了数据库技术的相关概念以及几种重要的数据模型,并对它们进行了比较;另外,介绍了两种关系数据库管理系统,即 Oracle 和 Access;最后对当前比较成熟的新一代数据库技术(如分布式数据库技术、面向对象的数据库技术等)进行了简单描述,以形成一个完整的体系。

2.7 本章习题

1. 什么是数据模型?一个完整的数据模型应该包括哪些方面的内容?
2. E-R 模型有何作用?
3. 名词解释:实体,实体集,属性,关键字,联系。
4. 网状模型、层次模型和关系模型各有何特点?
5. 如何理解数据库的三级模式结构?
6. 为什么说数据库管理系统是数据库系统的核心?
7. 试分析电子商务系统中数据的特点以及数据管理对于电子商务的重要性。
8. 根据学校的实际情况,建立学校教学管理系统的 E-R 模型。

2.8 本章参考文献

1. 科教工作室. 学以致用 Access 2007 数据库应用[M].北京:清华大学出版社,2008.
2. 严辉,刘卫国.数据库技术应用——SQL Server[M].北京:清华大学出版社,2007.
3. 李昭原.数据库技术新进展[M].北京:清华大学出版社,2007.

4. 马军.SQL 语言与数据库操作技术大全——基于 SQL Server 的实现［M］.北京：电子工业出版社,2008.

5. 张龙祥,黄正瑞,龙军.数据库原理与设计［M］.北京：人民邮电出版社,2002.

6. 王鹏,董群.数据库技术及其应用［M］.北京：人民邮电出版社,2000.

7. 苏新宁,吴鹏,朱晓峰,等.电子政务技术［M］.北京：国防工业出版社,2003.

8. 潘郁,陆敬筠,菅利荣,等.电子政务数据库基础［M］.北京：北京大学出版社,2005.

9. 陈佳.信息系统开发方法教程［M］.北京：清华大学出版社,1998.

10. 张健沛.数据库原理及应用系统开发［M］.北京：中国水利水电出版社,1999.

11. 郑若忠,宁洪,阳国贵,等.数据库原理［M］.北京：国防科技大学出版社,1998.

12. 庄成三,洪玫,杨秋辉.数据库系统原理及其应用［M］.北京：电子工业出版社,2000.

13. 张莉,等.SQL Server 数据库原理与应用教程［M］.3 版.北京：清华大学出版社,2012.

14. 刘亚军,高莉莎.数据库原理与应用［M］.北京：清华大学出版社,2015.

15. 刘升,等.数据库系统原理与应用［M］.北京：清华大学出版社,2012.

16. 孙风栋,王澜.Oracle 11g 数据库基础教程［M］.北京：电子工业出版社,2014.

第3章

数据库设计基础

　　在企业信息化的过程中如何实现数据组织与管理性能的最佳结合，如何有效地控制数据的完整性和一致性，如何防止数据冗余，以及如何评价数据库系统的性能，这些都离不开关系数据库的规范化理论。数据库的规范化理论是进行事务管理型数据库设计的必备基础知识。

　　电子商务系统是基于 Internet 平台的应用系统。随着 Internet 上 Web 数据库应用的不断发展，随着计算机软、硬件技术的发展，电子商务数据库应用系统的体系结构通常有客户机/服务器体系结构和浏览器/服务器体系结构两种。数据库应用系统的开发方法与技术有了很多的变化。各类软件开发工具的出现也大大改变了数据库应用系统开发技术的面貌。

> **本章主要内容包括：**
>
> 1. 关系数据库设计理论；
> 2. 数据库设计中关系范式的应用；
> 3. 电子商务数据库应用系统的结构。

3.1 关系数据库设计理论

　　关系数据库是以关系模型为基础的数据库，它利用关系来描述现实世界。关系具有概念单一性的特点，一个关系既可以描述一个实体，也可以描述实体之间的联系。一个关系模型包括一组关系模式，而各个关系模式之间并不是完全孤立的，只有它们之间相互关联才能构成一个模型。这些关系模式的全体定义构成关系数据库模式。

　　数据库设计是一个复杂的过程。数据库设计的一个最基本的问题是如何建立一个好的数据库模式，即给出一组数据，如何构造一个适合于它们的数据模式，使数据库系统无论是在数据存储方面，还是在数据操作方面都有较好的性能。利用关系数据库设计理论则可以解决这个问题。

　　关系数据库设计理论是数据库语义学的重要内容，借助于近代数学工具，它提出了一整套严密的理论和实用算法，巧妙地把抽象的数学理论和具体的实际问题结合起来，对现实世界存在数据依赖关系进行关系模式的规范化处理,从而得到一个好的数据库设计。规范化的关系模式至少可以避免许多不希望的异常。但是,找出所有的数据依赖关系并不是一件容易的事,而且纯粹根据存在的数据依赖进行关系规范化所得到的数据库设计也不一定是最优的,因为其并没有考虑关系的实际大小和对关系要进行哪些操作。

但是,关系数据库设计理论还是有它的实用价值的。首先,关系数据库设计理论为我们提供了分析和判别一个好的数据库设计的标准。其次,从 E-R 模型转化得到的关系模式可再用关系规范化理论进行优化。最后,由于将 E-R 模型转换所得到的关系模型有时很烦琐,而关系数据库设计理论可以指导我们合并关系模式以精简设计。所以,当前流行的关系数据库设计方法是先得到现实世界的 E-R 模型,然后转化成关系模式,再进行关系模式的规范化。

关系数据库设计理论主要包括三方面的内容,即函数依赖、范式和模式设计方法。下面主要讨论函数依赖和关系模式的规范化(即范式)。

3.1.1　关系数据库设计缺陷

如何建立一个好的关系数据库模型呢？在解决如何建立一个好的关系数据库模型之前,我们先通过一个例子来看看某些不恰当的关系模型可能导致的问题。

设有一个"员工信息表"关系如下：

员工信息表[员工姓名,性别,政治面貌,籍贯……社会关系(与本人关系,姓名,工作单位),本人学习简历(起始至终止年月,所在单位,证明人)]

表 3.1 是上述"员工"关系的一个实例(只给出部分数据)。

表 3.1　"员工"关系的一个实例

员工姓名	性　别	政治面貌	籍　贯	社会关系			本人学习简历		
				与本人关系	姓　名	工作单位	起始至终止年月	所在单位	证明人
张楠	男	党员	江苏	父亲	张其	南京	1976/09—1982/08	小学	郑建
张楠	男	党员	江苏	母亲	李青	南京	1982/09—1988/07	中学	李祥
张楠	男	党员	江苏	姐姐	张萍	杭州	1988/09—1992/07	大学	张如玉

从表 3.1 中可以看出："社会关系"和"本人学习简历"两个数据元素又各自分别包含 3个数据元素。这样使得同一员工的姓名、性别、政治面貌和籍贯等数据元素的值在关系中的多个记录中重复存储,产生了大量的数据冗余。同时,数据的重复存储会给更新带来麻烦。例如,如果某个员工的政治面貌发生改变,则关系中所有有关该员工的记录都要更改,如有一个不改就会导致数据的不一致。除此之外,设计不好的关系还会带来其他一些异常情况(如插入、删除异常等)。

如有另外一个关系"员工-项目"如下：

员工-项目(工号,姓名,职务,职称,项目编号,参与项目名称,项目负责人,承担任务,客

户评价)

在这个关系中,只有根据员工的工号和参与的项目编号才能确定某员工在某个项目中承担的任务。这样,如果新承接了一个项目,而尚未确定参与的员工,则主关键字属性"工号"取值为空,但关键字是不允许出现空值的。如此,该项目诸如项目负责人之类的信息就无法存入数据库,同时暂时未参与任何项目的员工信息也无法存入数据库,即存在插入异常。

另外,一个项目完成后,删除该项目记录,则参与该项目的员工相关信息也被删掉了,即存在删除异常。

这些异常的产生主要是因为关系模式的结构,即关系中的属性之间存在过多的数据依赖关系。也就是说,关系中除了所有属性对主关键字属性的数据依赖以外,还存在着别的依赖关系。

在现实世界中,任何一个实体或实体的属性之间都存在一定的联系。如"员工信息表"中假设没有重名现象,则员工姓名"张楠"决定了他的性别、政治面貌等属性值;员工姓名"张楠"和与本人关系"父亲"值决定了张楠父亲的姓名、工作单位;员工姓名"张楠"和"1988/09—1992/07"值决定了张楠的所在单位及证明人。这些数据元素之间的依赖关系表示如下:

员工姓名→性别;员工姓名→政治面貌;员工姓名→政治面貌;员工姓名＋与本人关系→姓名;员工姓名＋与本人关系→工作单位;员工姓名＋起始至终止年月→所在单位;员工姓名＋起始至终止年月→证明人

将表 3-1 中的关系模式分解成 3 个新的关系模式:

(1) 员工(姓名,性别,政治面貌,籍贯);

(2) 员工社会关系(员工姓名,与本人关系,工作单位);

(3) 员工学习简历(员工姓名,起始至终止年月,所在单位,证明人)。

可见,新的关系模式使上述的存储异常等问题都不存在了。这样的分解将更加符合现实世界的客观情况。所以,为了避免出现数据冗余、更新异常、插入异常和删除异常等情况,就要对关系模型进行合理分解,即进行关系模型的规范化。

结合以上内容,规范化的目的可以概括为以下四点:

(1) 把关系中的每一个数据项都转换成一个不能再分的基本项;

(2) 消除冗余,并使关系的检索简化;

(3) 消除数据在进行插入、修改和删除时的异常情况;

(4) 关系模型灵活,易于使用非过程化的高级查询语言进行查询。

3.1.2 函数依赖和多值依赖

1. 函数依赖

函数依赖反映了数据之间的内部联系,它是进行关系分解时的指导和依据,也是本章的讨论中心。

为了方便起见,我们假设 $R(A_1, A_2, A_3, \cdots, A_n)$ 是一个关系模型,$U=\{A_1, A_2, A_3, \cdots, A_n\}$ 是 R 的所有属性集合,$X、Y$ 和 Z 分别表示 R 中的属性子集。

【定义1】　若对于 R 中的 X 的任何一个具体值，Y 仅有唯一的具体值与之对应，则称 R 的属性 Y 函数依赖于属性 X，记作 $X \rightarrow Y$，X 称为决定因素。

如果 $X \rightarrow Y$，且 Y 不是 X 的子集，则称 $X \rightarrow Y$ 是非平凡的函数依赖。我们讨论的都是非平凡的函数依赖。

例如，在学生(学号，姓名，性别，系号，系负责人，课程名，成绩)这一关系中，{学号}→{姓名}，{系号}→{系负责人}，{学号，课程名}→{成绩}。

【定义2】　在 R 中，如果属性集 Y 函数依赖于属性集 X，且不与 X 的任何真子集函数依赖，则称 Y 完全函数依赖于 X，记作 $X \xrightarrow{f} Y$，否则 Y 部分函数依赖于 X，记作 $X \xrightarrow{P} Y$。

上例所述的学生关系中，属性"成绩"完全函数依赖于属性集{学号，课程名}，而属性"姓名"则部分函数依赖于属性集{学号，课程名}。

【定义3】　在 R 中，对于属性子集 X、Y、Z，若 $X \xrightarrow{f} Y$，$Y \not\subset X$，$Y \rightarrow Z$，则称 Z 对 X 传递函数依赖，记作 $X \xrightarrow{t} Z$。

设有一个"配件-供应商-库存"关系如下：

配件-供应商-库存(配件编号，配件名称，规格，供应商名称，供应商地址，价格，库存量，库存占用资金)

在该关系中，{配件编号，供应商名称}是关系的主关键字。因为配件编号能唯一确定一种配件的名称及其规格，所以属性"配件名称""规格"部分函数依赖于主关键字{配件编号，供应商名称}；由于一种配件可以由多家供应商供货，而不同的供应商所提供的价格是不一样的，所以只有知道了配件编号和供应商名称才能确定配件价格，因此，"价格"完全函数依赖于主关键字{配件编号，供应商名称}。同样，"库存量"完全函数依赖于主关键字{配件编号，供应商名称}。

另外，"库存占用资金"等于"价格"与"库存量"的乘积，所以"库存占用资金"函数依赖于价格和库存量，这样"库存占用资金"则传递函数依赖于{配件编号，供应商名称}这个主关键字。

2. 关键字

前面已经介绍过"关键字"的概念，介绍了函数依赖的概念后，我们就可以给"关键字"进行精确的定义。

(1) 候选关键字(候选码)。

【定义4】　在 R 中，设 K 是 U 的属性或属性集合。如果 $K \xrightarrow{f} U$，则称 K 是关系 R 的一个候选关键字。若 R 中有一个以上的关键字，则选定其中一个作为主关键字(主码)，如果 K 是属性集合，则称为组合关键字或合成关键字。主关键字可用下划线标出。

包含在任意一个候选关键字中的属性，称为主属性。不包含在任何候选关键字中的属性，称为非主属性。

在极端情况下，若关系的全部属性作为关键字，则称为完全关键字。此时关系中没有非主属性。

候选关键字具有标识的唯一性和无冗余性两个性质。

① 标识的唯一性：对于 R 中的每一元组，K 的值确定后，该元组就确定了。

② 无冗余性：当 K 是属性集合时，K 的任何一个部分都不能标识该元组。

（2）外关键字（外码）。

【定义 5】 在关系 R 中，若属性或属性集合 X 不是 R 的关键字，但 X 是其他关系中的关键字，则称 X 是关系 R 的外关键字或外码。

主关键字和外关键字提供了表示关系之间联系的手段。

设有"职工"关系如下：

职工（职工号，职工姓名，年龄，部门编号）

设有"部门"关系如下：

部门（部门编号，部门名称，部门负责人）

在"职工"关系中，"部门编号"不是它的关键字，但"部门编号"是"部门"关系的主关键字，所以，"部门编号"是"职工"关系的外关键字。

3. 多值依赖

属性之间的关系中除了函数依赖，还有多值依赖。与函数依赖相比，多值依赖不太直观，较难理解。关系模式中如果存在多值依赖，则和函数依赖一样也会造成数据冗余，导致数据操作异常。

【定义 6】 在关系 R 中，X、Y、Z 是属性子集，且 $Z=U-X-Y$，则多值依赖 $X \rightarrow \rightarrow Y$ 成立当且仅当对 R 中给定的一对 (X,Z) 值有一组 Y 的值与之对应，这组值仅仅决定于 X 值而与 Z 值无关。

例如，某单位的供应部门直接将各工程所需要的物资从供应商的仓库发往工程所在地，为了规划运输方案，我们可以定义以下的关系来存储所有零件的可能的运输源和目的地。

运输（工程名称，工程地址，物资名，供应商名，供应商地址）

这个关系模式的关键字为{物资名，工程名称，供应商名}，其中除了有函数依赖关系{工程名称}→{工程地址}，{供应商名}→{供应商地址}，还有多值依赖{物资名}→→{工程名称，工程地址}，{物资名}→→{供应商名，供应商地址}。因为这一关系中，一种物资可以被多个工程使用，与该物资由谁提供无关；同样，一种物资可以由多个供应商提供，与哪些工程使用该物资无关。可以看出，由于多值依赖的存在，这个关系有冗余。

另外，很明显，关系模式中至少有 3 个属性才有可能存在多值依赖。函数依赖可以看成是多值依赖的一种特殊情况，即函数依赖一定是多值依赖；而多值依赖是函数依赖的概括，即存在多值依赖的关系时，不一定存在函数依赖关系。

3.1.3 关系模式的规范化

关系数据库中的关系是要满足一定规范化要求的，对于不同的规范化要求程度，可以用"范式"来衡量，记作 NF(Normal Formulation)。范式是表示关系模型的级别，是衡量关系模型规范程度的标准，达到范式的关系才是规范化的。满足最低要求的关系为第一范式，简称为 1NF；在第一范式的基础上，进一步满足一些要求的关系为第二范式，简称为 2NF，依次类推。

1. 第一范式（1NF）

定义：如果关系 R 的每一个属性的值为不可分离的原子值，即每个属性都是不可再分的基本数据项，则 R 是第一范式，记作 $R \in 1NF$。

这是关系模式必须达到的最低要求,不满足该条件的关系模式称为非规范化关系,即非第一范式。目前,大部分商用的关系数据库管理系统处理的关系要求至少是 1NF 的。下面的两个关系中,"部门"关系是 1NF 的,而"职工"关系是非 1NF 的。

部门:

部门编号	部门名称	部门负责人

职工:

职工编号	职工姓名	工资		
		基本工资	补贴	奖金

将"职工"关系转换为 1NF:

职工编号	职工姓名	基本工资	补贴	奖金

即将属性"工资"分解成 3 个不可再分的属性——基本工资、补贴、奖金。

2. 第二范式(2NF)

定义:如果关系 $R\in 1NF$,且 R 中每一非主属性完全函数依赖于主关键字,则 R 是第二范式,即 $R\in 2NF$。

设有一个"职工情况表"关系如下:

职工情况表(职工工号,职工姓名,性别,出生年月,起始至终止年月,工作单位,证明人)

该关系的关键字为{职工工号,起始至终止年月}。而在非主属性中,只有属性"工作单位"和"证明人"是完全函数依赖于主关键字,职工姓名、性别、出生年月对主关键字都是部分函数依赖,因为只要有了"职工工号"就可以确定它们的值。所以,"职工情况表"关系模式不是 2NF。

通过简单的投影分解可以使非 2NF 的关系转化为 2NF 的关系,其方法为:将部分函数依赖关系中的主属性(决定方)和非主属性从关系模式中提出,单独构成一个关系模式;将关系模式中的余下的属性,加上主关键字,构成另一个关系模式。如"职工情况表"关系模式可分解成以下两个 2NF 的关系模式:

职工情况(<u>职工工号</u>,职工姓名,性别,出生年月)

职工履历(<u>职工工号</u>,<u>起始至终止年月</u>,工作单位,证明人)

下划线标出的属性构成主关键字。

这里所说的投影分解,是指所得关系是原关系的投影。

而在分解后的关系模式中,仍存在着分解前的函数依赖关系:

{职工工号}→{职工姓名},{职工工号}→{性别},{职工工号}→{出生年月},每个职工的工号是唯一的。

{职工工号,起始至终止年月}→{工作单位},{职工工号,起始至终止年月}→{证明人}。

3. 第三范式(3NF)

定义:如果 $R\in 2NF$,且它的任何一个非主属性都不传递依赖于任何主关键字,则 R 是第三范式,记作 $R\in 3NF$。

将非 3NF 的关系转化为 3NF 的关系可以采用以下方法。

(1) 将起传递作用的函数依赖关系中的主属性(决定方)和非主属性提出单独构成一个关系模式,再将它的决定方和关系模式中余下的属性,加上主关键字,构成另一个关系模式。

(2) 去掉关系模式中的多余项。

设有一个"配件库存"关系如下:

配件库存(配件编号,供应商名称,价格,库存数量,库存占用资金)

其中同一种配件可以由不同的供应商提供,不同的供应商提供的同一种配件的价格是不一样的,库存数量也是不一样的,所以,该关系模式中存在的函数依赖是{配件编号,供应商名称}→{价格},{配件编号,供应商名称}→{库存数量},{价格,库存数量}→{库存占用资金},该关系是 2NF,但非主属性"库存占用资金"传递函数依赖于主关键字{配件编号,供应商名称},因为"库存占用资金"等于"价格"乘以"库存数量",而"价格"和"库存数量"是函数依赖于主关键字的,所以"库存占用资金"传递函数依赖于主关键字,该关系模式不是 3NF。可将关系模式中非主属性"库存占用资金"去掉,使其成为以下的 3NF:

配件库存(配件编号,供应商姓名,价格,库存数量)

4. BCNF

第三范式的关系模式消除了非主属性对关键字的传递函数依赖和部分函数依赖,但并不很彻底,因为在存在多个关键字或关键字为属性组时,仍有可能存在主属性对关键字的部分函数依赖和传递函数依赖,由此也会造成数据的冗余,从而给操作带来问题。

为了解决第三范式的不彻底性,Boyce 和 Codd 于 1974 年共同提出了改进的第三范式,即 Boyce/Codd 范式,简记为 BCNF。Boyce/Codd 范式通过消除决定因素不含关键字的函数依赖,从而消去主属性之间的部分函数依赖和传递函数依赖。

定义:如果关系 $R \in 3NF$,$X, Y \subseteq U$,若 $X \to Y$,且 $Y \not\subset X$ 时,X 必含有码,则 R 是 BCNF,即 $R \in BCNF$。

从 BCNF 的定义可以看出,一个满足 BCNF 的关系模式一定是:

(1) 非主属性对关键字完全函数依赖;

(2) 主属性对不包含它的关键字完全函数依赖;

(3) 没有属性完全函数依赖于一组非主属性。

第三范式和 BCNF 有一定的关系。一个关系模式属于 BCNF,则一定属于 3NF,BCNF 是 3NF 的特例。但反之则不然,属于 3NF 的关系不一定是 BCNF,3NF 是对 BCNF 放宽一个限制,即允许决定因素中不包含码。

5. 第四范式

第四范式是 BCNF 的推广,它适用于多值依赖的关系模式。

定义:如果关系模式 $R \in BCNF$,若 $X \to\to Y(Y \not\subset X)$ 是非平凡的多值依赖,且 X 含有码,则称 R 是第四范式,即 $R \in 4NF$。

一个关系范式如果属于 4NF,则一定属于 BCNF,但一个 BCNF 的关系模式不一定是 4NF。使关系模式达到 4NF 的方法是消除非平凡、非函数依赖的多值依赖。

如果关系模式 $R(X, Y, Z)$ 满足多值依赖 $X \to\to Y$,$Y \to\to Z$,那么可以将其投影分解为 $R_1(X, Y)$ 和 $R_2(Y, Z)$ 两个关系模式。

到目前为止,规范理论已经提出五级范式,但在实际应用中最有价值的是 3NF 或 BCNF。所以,一般分解到 3NF 就可以了。

3.1.4 关系模式规范化的基本原则

一个低级范式的关系模式,通过关系模式的投影分解,可以转换成若干个高一级范式的关系模式的集合,这种过程就叫规范化。规范化的基本思想是:逐步消除数据依赖中不合适的部分,使各关系模式达到一定程度的分离,即"一事一地"的模式设计原则,使概念单一化,也就是让一个关系描述一个概念、一个实体或者实体间的一种联系。

规范化的程度越高,数据的冗余和更新异常相对越少,但由于连接运算费时,查询时所花的时间也就越多。因此,规范化应当根据具体情况权衡利弊,适可而止。对于数据变动不频繁的数据库,其规范化程度可以低一些。实际工作中,一般达到多数关系模式为 3NF 即可。

另外需要注意的是,规范化仅仅从一个侧面提供了改善关系模式的理论和方法。一个关系模式的好坏,规范化是衡量的标准之一,但并不是唯一的标准。数据库设计者的任务是在一定的制约条件下,寻求较好地满足用户需求的关系模式。规范化的程度不是越高越好,它取决于应用。

根据关系数据库设计理论,优化关系数据库设计的过程实际上是对关系模式进行规范化的过程,即不断通过投影分解使非规范化的关系模式达到规范化的要求。一般来说,关系模式 $R(A_1, A_2, A_3, \cdots, A_n)$ 的分解就是用 R 的一组子集 $\{R_1, R_2, R_3, \cdots, R_k\}$ 来代替 R,且这组子集满足条件:

$$R = R_1 \cup R_2 \cup R_3 \cup \cdots \cup R_k$$

其中,任意两个子集 R_i 和 R_j 相互的交集不要求为空,即它们可以有共同的属性。通过分解,可消除数据冗余,从而消除插入、删除或更新的异常。对于关系分解,我们不仅要求消除数据冗余,还要求分解后的关系模式和分解前的关系模式能表示相同的信息,即所谓的无损连接分解。在关系模式的规范化过程中,一般都采用无损连接分解。可以证明,利用函数依赖和多值依赖所做的投影分解都是无损连接分解。

在关系模式规范化时,一般要遵循以下原则。

1. 关系模式进行无损连接分解

关系模式在分解过程中数据不能丢失或增加,必须把全局关系模式中的所有数据无损地分解到各个子关系模式中,以保证数据的完整性。

2. 合理选择规范化程度

从存取效率考虑,低级范式造成的冗余度很大,既浪费了存储空间,又影响了数据的一致性,因此,一个子模式的属性越少越好,即取高级范式;但从查询效率考虑,低级范式又比高级范式好,因为此时连接运算的代价小。这是一对矛盾,所以应当根据实际情况,合理选择规范化程度。

3. 正确性和可实现性原则

前面的两个原则要求关系模式的分解既要是无损连接的,又要具有函数依赖保持性。但是根据目前的研究结果,关系模式的分解很难尽如人意。因此,在关系模式的规范化过程中,需要注意根据实际情况选择如何遵循上述两个原则,从而保证关系模式的正确性并具有可实现性。

3.1.5 关系模式规范化小结

关系模式规范化的过程是逐步消除关系模式中不合适的数据依赖的过程,使关系模型中的各个关系模式达到某种程度的分离,各个范式所满足的条件一个比一个严格。按照它们的定义,可用图 3.1 概括关系模式规范化的过程。

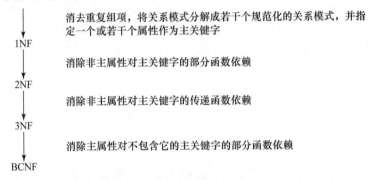

图 3.1　关系模式规范化的过程

以简单的关系模式为例,根据上述过程将其逐级规范化。

设有"教师任课"关系如下:

教师任课(教师工号,姓名,性别,职称,系号,系名称,教学情况(课程号,课程名,教学水平,学分))

分析上述关系模式可知,该关系模式为非规范化的关系模式,所以,要对其进行规范化,具体步骤如下。

(1) 消去重复组。

以教师讲授一门课作为一条记录,合并所有的有关属性,得到如下的关系模式:

教师任课(教师工号,姓名,性别,职称,系号,系名称,课程号,课程名,教学水平,学分)

其中,{教师工号,课程号}为关键字,此关系为 1NF。

(2) 消去部分函数依赖。

在"教师任课"关系模式中,一些非主属性对关键字{教师工号,课程号}部分函数依赖,如"姓名""性别""职称"部分函数依赖于关键字{教师工号,课程号},因为它们实际上是由教师工号决定的。因此,需要对关系进行分解,使非主属性完全函数依赖于关键字,从而得到如下三个关系模式:

教学情况(教师工号,课程号,教学水平),关键字为{教师工号,课程号}。

教师(教师工号,姓名,性别,职称,系号,系名称),关键字为{教师工号}。

课程(课程号,课程名,学分),关键字为{课程号}。

以上三个关系模式都是 2NF。

但是,在"教师"关系模式中,{教师工号}→{系号},{系号}→{系名称},所以,非主属性

"系名称"传递函数依赖于关键字{教师工号}，因此"教师"关系模式不是 3NF。

（3）消去传递函数依赖。

为消除传递函数依赖，将"教师"关系模式进一步分解成如下两个关系模式：

教师(教师工号,姓名,性别,职称,系号)，

关键字为{教师工号}。

系(系号,系名称)，

关键字为{系号}。

所以，可以用下面的四个关系模式代替最初的"教师任课"关系模式：

教师(教师工号,姓名,性别,职称,系号)，

关键字为{教师工号}。

系(系号,系名称)，

关键字为{系号}。

教学情况(教师工号,课程号,教学水平)，

关键字为{教师工号,课程号}。

课程(课程号,课程名,学分)，

关键字为{课程号}。

在这四个关系模式组成的关系模型中消除了传递函数依赖，达到了 3NF。在以上任意一个关系模式中，每个决定因素都是关键字，因此也同时满足了 BCNF 的要求。

一个关系模式达到 BCNF，说明在函数依赖的范畴内已经实现了彻底分离，可以消除插入、删除和更新的异常。

对关系模式的规范化可以小结如下。

（1）目的

规范化的目的是使关系模式结构合理，清除存储异常，并使数据冗余尽量小，便于数据的插入、删除和更新。

（2）原则

遵从"一事一地"的模式设计原则，即一个关系模式描述一个概念、一个实体或实体间的一种联系。规范化的实质是概念单一化。

（3）方法

将关系模式投影分解成两个或两个以上的关系模式。

（4）要求

分解后的关系模式集合应当与原关系模式等价，即经过自然连接可恢复原关系而不丢失信息，并保持属性间合理的联系。

3.2　数据库设计中关系范式的应用

前面提到的关系模式规范化的过程是：假定先用某种方法得到一个关系数据库模式，然后分析和确定这个数据库模式中的所有存在的函数依赖及多值依赖关系，再用介绍的方法相对机械地进行关系模式的分解，消除关系模式中的一些不适当的函数依赖关系，从而将关系数据

库模式规范化。理论上的做法如此,而在实际应用中并非完全这样做,主要原因如下。

（1）复杂的关系模式。找出关系模式中所有的函数依赖关系并不是一件容易的事,若漏掉或错误地确定一些函数依赖关系,则按前述方法进行关系模式规范化时,并不能得到一个在理论上被认为是好的数据库设计。

（2）即使能正确地找到所有的函数依赖关系,采用机械地分解关系模式的方法,并不考虑关系模式的具体大小以及数据的动态特征(是否经常更新),将其全部规范到同样的程度也是不合适的。

然而这并不意味着关系模式的规范化理论在实际的数据库设计中是没有意义的,它对我们进行关系数据库模式的设计仍然具有指导作用。

数据之间的函数依赖是现实世界中客观存在的,所以,函数依赖关系的确定最好是在进行系统分析、生成 E-R 模型的过程中完成,而不是在得到关系数据库模式后,再去寻找存在哪些函数依赖关系。实际上,在生成 E-R 模型时确定数据之间的函数依赖关系更为容易,因为 E-R 模型更接近现实世界。例如,在确定一个实体集和其相应的属性后,也就确定了属性对实体集的依赖关系,以及实体集中非关键字属性对关键字属性的依赖关系。又如,如果联系 R 表示从实体集 $E1$ 到实体集 $E2$ 的一对多联系,广义地来说,是实体集 $E2$ 决定了实体集 $E1$,在转换成关系模式后,联系 R 形成的关系模式的集合中有 $E2$ 的关键字 X 和 $E1$ 的关键字 Y,则 $X \rightarrow Y$ 成立,而且 X 决定了 R 中任何一个属性集;若 $E1$ 和 $E2$ 之间是一对一联系,则 $Y \rightarrow X$ 也成立。可见,在 E-R 模型中隐含着许多函数依赖关系。

数据库设计一般采用先得到现实环境的 E-R 模型,再由 E-R 模型转换得到关系模式的方法。在我们进行 E-R 模型设计时,以及由 E-R 模型转换成关系模式后再进行关系模式优化设计时,关系模式规范化理论能够帮助我们得到较好的数据库设计。在设计 E-R 模型时,要仔细分析实体间存在的关系,这样能使我们最后从 E-R 模型得到的关系数据库模式基本达到 3NF 的规范程度。

在 E-R 模型中,任何事物、数据或知识都可以是实体。实体的属性是对实体某一方面特征的描述,它也有可能具有非常复杂的结构,而且属性之间也可能存在各种各样的函数依赖关系。由于我们建立 E-R 模型的最终目的是生成关系数据库模式,但在关系模式中是不能描述具有复杂结构的属性的,所以在发现实体某一属性结构复杂时,通常要在 E-R 模型中加入新的实体来解决这个问题,即将一个实体分解成多个实体,将具有复杂结构的属性处理成实体。同样,当发现某实体的属性之间除了存在对关键字属性的完全函数依赖关系以外,还有其他的函数依赖关系,或在分析插入、删除、更新等动态特性时发现有可能发生异常时,也可以通过发现新实体,将其添加到 E-R 模型中,从而消除这些函数依赖关系。当然,是否一定要消除这些函数依赖关系,还要综合考虑数据冗余和数据的动态特性。函数依赖多,数据冗余就多,但查询代价小。所以,对于因为保留函数依赖关系而造成数据冗余时,应当设计数据库触发器或采取别的措施来保证在插入、删除、修改时的数据一致性,避免数据操作异常的产生。

从 E-R 模型转换而来的关系模式一般很少含有很多的属性。因为 E-R 模型中的实体一般分得较细,转换得到的关系模式较小。因此,为了以后数据库查询的方便,很多情况下是要合并关系模式,而不是分解关系模式。所以,在实际应用中,要想得到一个好的数据库设计,应当根据具体情况对关系模式进行处理,既有可能要分解关系模式,也有可能要合并关系模式。

在对 E-R 模型转换过来的关系模式进行合并时,要避免产生多余的函数依赖关系,以免造成数据冗余。合并关键字相同的关系模式不会产生数据冗余,合并存在外关键字约束的两个关系模式时会产生数据冗余,因此是否进行合并也要全面考虑。

那么,如何将 E-R 模型转换为关系模式呢?

(1) E-R 模型中的每个实体集都相应地转换成一个关系模式,实体集的名称就作为关系模式的名称,实体集的属性则作为关系模式的属性,实体集的关键字作为关系模式的关键字。

(2) 对于 E-R 模型中的联系,一个联系转化成一个关系模式,联系的名称作为关系模式的名称,联系的属性作为关系模式的属性,所有参加联系的实体集的关键字也作为关系模式的属性,关系模式的关键字与联系的类型有关。

若是 1∶1 联系,则任选一参加联系的实体集的关键字作为关系模式的关键字。

若是 $m∶n$ 联系,则所有参加联系的实体集的关键字作为联系所对应的关系模式的关键字。

若是 1∶n 联系,则将多方的实体集的关键字作为关系模式的关键字。

经过上述转换而来的数据库模式一般来说不是最好的,关系模式的个数太多,过于烦琐,数据重复存储,浪费空间,且使许多查询不方便,牵涉到几个表,所以有必要将一些关系模式进行合并。我们前面讲过,可以将具有相同关键字的关系模式合并,合并后的关系模式包含合并前关系模式的所有属性。对照关系范式的要求,应使每一关系模式都满足第三范式的要求。

3.3 电子商务数据库应用系统的结构

计算机的应用结构经历了集中式结构、文件服务器系统结构和客户机/服务器结构,发展到现在的浏览器/服务器结构。

在集中式结构中,所有的资源(数据)和处理(程序)都在一台称为主机的计算机上完成,用户输入的信息通过客户机终端传到主机上。这种结构可以实现集中管理,安全性好,但是由于应用程序和数据库都存放在主机上,所以无法真正划分应用程序的逻辑,开发和维护都非常困难,且不在同一地点上的数据无法共享,系统庞大复杂,无法展开计算机间的协作。

在文件服务器系统结构中,应用程序在客户工作站上运行,而不是在服务器上运行,文件服务器只提供资源(数据)的集中管理和访问途径。这种结构配置灵活,在一个局域网内可以方便地增减客户端工作站。但是,由于文件服务器只提供文件服务,所有的应用处理都在客户端完成,因此,就要求客户端的个人计算机必须有足够的能力,以便执行需要的任何程序。这可能需要客户端的计算机经常升级,否则无法改进应用程序的功能或者提高应用程序的特性。因此,便产生了客户机/服务器结构。

客户机/服务器(以下简称 C/S)结构是以网络环境为基础,将计算应用有机分布在多台计算机中的结构。其中一个或多个计算机提供服务,称为服务器(Servers),其他的计算机负责接受服务,称为客户机(Clients)。C/S 结构把系统的任务进行了划分,它把用户界面和数据处理操作分开在前端(客户端)和后端(服务器端),其中服务器负责数据的存储、检索与维护,而客户机负责提供 GUI 接口,承担诸如处理与显示检索所得的数据、解释和发送用户的请求等任务。客户机提出数据服务请求,由服务器把按照请求处理后的数据传送给客户。因此,在网络中传输的数据仅仅是客户需要的那部分数据,而不是全部数据。这个特点使得C/S 结构的工作速度主要取决于进行大量数据操作的服务器,而不是前端的硬件设备;同时大大降低了对网络传输速度的要求,使系统性能有了较大的提高。C/S 结构增加了数据库系统的数据共享能力,服务器上存放着大量的数据,用户只需要在客户机用标准的 SQL 语言访问数据库中的数据就可以方便地得到所需要的各种信息。

在 Internet 和 Intranet 上的浏览器/服务器(以下简称 B/S)结构从本质上来说与 C/S 结构都是用同一种请求和响应方式来执行应用的。但传统的 C/S 结构在客户端集中了大量的应用软件,而 B/S 结构是一种基于 Hyperlink(超链接)、HTML、Java 的三层或多层 C/S 结构,客户端仅需要单一的浏览器软件,是一种全新的体系结构。它解决了跨平台问题,通过浏览器可以访问几个应用平台,形成一点对多点、多点对多点的结构模式。

3.3.1 C/S 系统的组成

C/S 结构是以网络环境为基础,将计算机应用有机地分布在多台计算机中的结构。从用户的角度来看,C/S 系统有三个基本组成部分,即客户机、服务器、连接件。

1. 客户机

客户机是一个面向最终用户的接口或应用程序。它通过向一个设备或应用程序(服务器)发出请求信息,然后将信息显示给用户。客户机把大部分的工作留给服务器,让服务器上的高档硬件和软件充分施展其特长。通过网络把数据分析和图形表示从服务器上分离下来,这样客户机的硬件就能大大地减少网络上的传输事务,使网络能为用户提供更为有效的信息流。

2. 服务器

服务器的主要功能是建立进程和网络服务地址,监听用户的调用,处理用户的请求,将结果交给客户机和释放与客户机的连接。服务器多是大型机或高档计算机,要求服务器配有高档的处理器、大容量内存、稳定快速的总线和网络传输以及完整的安全措施。

3. 连接件

客户机与服务器之间的连接是通过网络连接实现的。对于应用系统来说,这种连接多是指一种软件通信过程;对于应用开发人员来说,客户机与服务器之间的连接主要是它所能使用的软件工具和编程函数。目前,各种连接客户机和服务器的标准接口和软件很受欢迎,如开放式数据接口就是一种基于 SQL 访问组织规范的数据库连接的应用程序接口,该接口可以在应用程序中与多个数据库服务器进行通信。客户机应用只需与标准的 ODBC 函数打交道,采用标准的 SQL 语言来编程,而不必关心服务器软件的要求及完成方式。关于 OD-BC,将在以后的章节予以讨论。

C/S 结构的关键在于任务的划分。一般而言,客户端完成用户接口任务,主要是输入/输出和任务的提交;服务器端主要完成数据的存储、访问和复杂的计算任务;连接件则主要完成客户与服务器之间的数据交换。客户机与服务器软件通常在用户方屏蔽掉服务器的地址信息,做到定位透明性,因而从应用的观点看它们之间的交互是无缝的。

3.3.2　二层 C/S 系统的结构

C/S 系统起源于 20 世纪 80 年代,是一种存储、访问和处理数据的分布式模型。一个 C/S系统一般需要两台计算机。

C/S 系统中计算机执行一个或多个数据存储、访问或处理操作,这与终端的概念是不同的,因为终端只能传递和显示字符,而 C/S 系统的功能更为强大。

当个人计算机与服务器连接时,整个处理将被分配在 C/S 系统之间,通过对任务进行合适的分组,可以使整个系统保持高效的运作。

C/S 系统是由客户机和服务器以及连接两者之间的网络构成的,客户机与服务器体现了分工的差异,它们完成的处理是不同的。一般来说,服务器的速度快、数据存储量大,较客户机系统执行更多的工作,主要负责向客户机提供数据服务,实现数据管理和事务逻辑。而客户机的性能要求则相对较低一些,客户机只完成整个工作的较小部分,主要负责应用逻辑的处理、用户界面的处理和显示通过网络与服务器交互,大量的数据处理是由服务器完成的。

C/S 结构既可以指硬件的结构,也可以指软件的结构。硬件的 C/S 结构,是指某项任务在两台或多台计算机之间进行分配。客户机在完成某一项任务时,通常要利用服务器上的共享资源和服务器提供的服务。在一个 C/S 结构中可以分为多台客户机和多台服务器。

软件的 C/S 结构是把一个软件系统或应用系统按照逻辑功能划分为若干个组成部分,如用户界面、表示逻辑、事务逻辑、数据访问等。这些软件成分按照其相对角色的不同区分为客户端软件和服务器端软件。客户端软件能够请求服务器端软件的服务。如客户端软件负责数据的表示和应用,请求服务器端软件为其提供数据的存储和检索服务。客户端软件和服务器端软件可以分布在网络的不同计算机节点上,也可以放置在同一台计算机上。客户端软件和服务器端软件的功能划分可以有多种不同的方案。

二层 C/S 结构如图 3.2 所示。

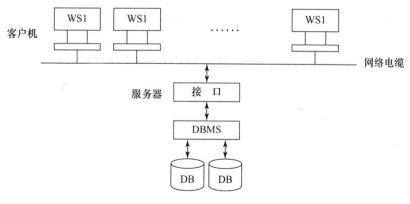

图 3.2　二层 C/S 结构

C/S 结构是一个开放体系结构,因此,数据库不仅要支持开放性,而且还要开放系统本身,包括用户界面、软、硬件平台和网络协议。利用开放性在客户机一侧提供应用程序接口及网络接口,这样用户仍然可以按照他们熟悉的、流行的方式开发客户机应用。在服务器一侧,通过对核心 RDBMS 的功能调用,使网络接口满足了数据完整性、保密性及故障恢复等要求。有了开放性,数据库服务器就能支持多种网络协议,运行不同厂家的开发工具;而对于某一应用程序开发工具来说,其也可以在不同的数据库服务器上存取不同数据源中的数据,这样就给应用系统的开发带来了很大的灵活性。

当今,C/S 结构已经成为计算机体系结构的主流,并迅速成为 Internet 的主干。

3.3.3 三层 C/S 系统的结构

在传统的两层 C/S 结构中,开发工作主要集中在客户方,客户端软件不但要完成用户交互和数据显示的工作,而且还要完成对应用逻辑的处理工作,即使用户界面与应用逻辑位于同一平台上。这样就带来了两个突出的问题,即系统的可伸缩性较差和安装维护较为困难。

因为在一个系统中,并不是所有的客户机要求都一样,所以它们要求程序的功能也不尽相同。使用两层 C/S 结构应用软件时,开发人员提供的所有程序都是相同的,除非开发人员根据不同用户的需求将大的软件裁剪成不同的小软件分发给不同的用户。

另外,在系统开发完毕后,整个系统的安装也非常繁杂。在每一台客户机上不但要安装应用程序,而且还必须安装相应的数据库连接程序,以及完成大量的系统配置工作。所有的客户端都要配置好几层软件,因而变得很庞大,被称为“肥客户机”。这样一来,如果系统有大量的用户,并且用户是分布的和流动的(如广域网环境下的应用系统),则整个系统的安装和维护将非常困难。在系统进行修改后,所有客户机上的软件都要受到影响。

为了解决两层 C/S 结构应用软件中所存在的问题,人们又提出了三层 C/S 结构应用软件。在三层 C/S 结构应用软件中,整个系统由三个部分组成,即客户机、应用服务器和数据库服务器。客户机上只需安装应用程序,负责处理与用户的交互和与应用程序的交互。应用服务器负责处理应用逻辑,即接受客户机方应用程序的请求,然后根据应用逻辑将这个请求转化为数据库请求后与数据库服务器进行交互,并将与数据库服务器交互的结果传送给客户机方的应用程序。数据库服务器软件根据应用服务器发送的请求进行数据库操作,并将操作结果传送给应用服务器。三层 C/S 结构如图 3.3 所示。

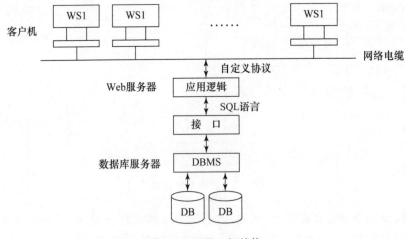

图 3.3　三层 C/S 结构

从图3.3中可以看出,三层C/S结构应用软件的特点是用户界面与应用逻辑位于不同的平台上,并且应用逻辑被所有的用户共享。由于用户界面和应用逻辑位于不同的平台上,所以系统应提供用户界面与应用逻辑之间的连接,两者之间的通信协议是由系统自行定义的。

应用逻辑被所有的用户共享是两层C/S结构应用软件与三层C/S结构应用软件之间最大的区别。中间层(即应用服务器)是整个C/S系统的核心,它必须具有处理系统的具体应用的能力,并提供事务处理、安全控制以及满足不同数量客户机的请求而进行性能调整的能力。应用服务器软件可以根据应用逻辑的不同被划分为不同的模块,从而使客户机方应用程序在需要某种应用服务时只与应用服务器上处理这个应用逻辑的模块通信,并且一个模块能够同时响应多个客户机方应用程序的请求。

使用三层C/S结构应用软件开发系统的优点是非常明显的,主要有以下几点。

(1) 整个系统被分为不同的逻辑块,层次非常清晰。

(2) 能够使"肥客户机"变成"瘦客户机"。

(3) 开发和管理的工作向服务器方转移,使得分布数据处理成为可能。

(4) 管理和维护变得相对简单。

另外,引进三层C/S结构体系后,客户机便可省去与数据库系统直接互动的麻烦。客户机直接调用服务器上的应用逻辑,应用逻辑则代表客户机对数据库进行存取,这样就可以减少向服务器发出的SQL查询和更新要求,从而使其性能比两层C/S结构更优。此外,由于客户机不直接连接数据库系统,而服务器能够实现更细致的授权定义,因此,三层C/S结构能加强整个系统的安全。

3.3.4　B/S系统的结构

传统的基于C/S结构的管理信息系统经过30多年(从1985年至今)的发展已得到了广泛的应用,它为企业管理信息系统的共享集成和分布式应用做出了巨大贡献。但是传统的C/S结构也存在着许多的缺点,如安装、升级、维护困难;使用不方便,培训费用高;软件建设周期长,适应性差;系统生命周期短,移植困难,升级麻烦;系统建设质量难以保证。随着Internet的兴起以及电子商务的发展,人们对数据库应用系统结构提出了新的要求。

1. 基于Internet/Intranet的B/S结构的产生

进入20世纪90年代后,数字信号处理技术、网络通信技术、多媒体技术和产业发展逐渐成熟并汇合,从而奠定了智能联网的技术基础。Internet技术掀起了全球信息产业的一场深刻革命,它不仅改变了人们的生活方式和商业行为,而且改变了人们的办公方式。

同时,Intranet在各个技术领域都为电子商务的应用创造了条件,其具有以下特点。

(1) 安全性强。Intranet可以理解为防火墙后面的企业内部Internet。从安全性方面考虑,Intranet是在企业内部,它和Internet之间有一道防火墙,从而可保证企业的信息不受外界攻击,同时又不是与外界隔绝的。通过防火墙,可以在企业内部对信息进行严格控制,保证信息在有控制、有监视的状态下被适当的人使用。

(2) Web技术的应用。Intranet很重要的一个技术就是Web技术。Web技术在政府办公和业务处理中的应用使得政府信息系统的开发、维护和升级产生了飞跃性、根本性的变化。

（3）管理信息的"集中器"。"Hub"是一个把物理设备、网卡连接在一起的"集中器"，而 Intranet 实际上是一个企业管理信息的"Hub"，是在更高层次上的一种集中器。它把信息集中管理起来，让用户能够在适当的时候得到适当的信息。

Intranet 独创性地将 C/S 结构扩展为 B/S 结构，以不变应万变。基于 Intranet 的 B/S 结构的发展为信息系统开发人员提供了一个新的框架结构，使他们能很快地把注意力从用户界面等细节问题转移到更核心的问题上去，不管开发的是哪种应用程序、哪种平台，在浏览器上都能使用。通过 Intranet，信息系统的维护、培训和分销变得很容易，软件版本的升级更新也无须牵扯到用户，只需将服务器端的软件更新，所有的用户就都能自动更新应用。

基于 Internet/Intranet 的 B/S 结构从本质上讲，与传统的 C/S 结构都是用一种请求和应答方式来执行应用的。但传统的 C/S 结构在客户端集中了大量的应用软件，而 B/S 结构则是一种基于 Hyperlink（超链接）、HTML（超文本标识语言）、Java 的三层或多层 C/S 结构，其客户端仅需要单一的浏览器软件，是一种全新的体系结构。B/S 结构解决了跨平台问题，通过浏览器可以访问几个应用平台，形成一种一点对几点、多点对多点的结构模式。

早期的 B/S 系统也是两层，Web 服务器只是简单地接受 Web 浏览器通过 HTTP 提交的请求，进行所需要的处理，并且以 HTML 格式化的文档作为响应。浏览器上见到的是静态的 HTML 页面。

随着应用的扩大和技术的发展，两层的 B/S 结构自然延伸为三层的浏览器/Web 服务器/数据库服务器结构，或多层的结构模式。浏览器/Web 服务器/数据库服务器的三层体系结构示意图如图 3.4 所示。

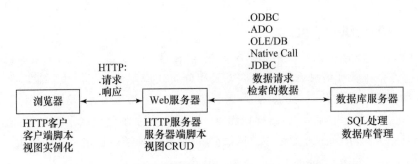

图 3.4　浏览器/Web 服务器/数据库服务器的三层体系结构

在浏览器/Web 服务器/数据库服务器的三层体系结构中，表示层存在于客户端，只需安装一个浏览器软件，客户端的工作很简单，负担很轻。Web 服务器既作为一个浏览服务器，又是应用服务器。应用逻辑层存在于这个中间服务器中，可以把整个应用逻辑和商业规则驻留其上，而且支持多种 DBMS 和数据结构。Web 服务器的主要功能是：作为一个 HTTP 服务器，处理 HTTP 协议，接受请求并按照 HTTP 格式生成响应；执行服务器端脚本（如 VBScript、JavaScript 等）；对于数据库应用，能够创建、读取、修改、删除视图实例。Web 服务器通过对象中间件技术（如Java、DCOM、CORBA 等），在网络上寻找对象应用程序，完成对象间的通信。数据层存在于数据库服务器上，安装有 DBMS，提供 SQL 查询、数据库管理等服务。Web 服务器与数据库服务器的接口方式有 ODBC、ADO、OLE/DB、JDBC、Native

Call 等。

与传统的 C/S 结构相比,B/S 结构具有许多优点。

(1) B/S 结构是一种"瘦客户机"模式,客户端软件仅需安装浏览器,应用界面单一,客户端硬件配置要求较低,可由相对价廉的网络计算机(NC)替代。

(2) B/S 结构具有同一的浏览器客户端软件,易于管理和维护。在 C/S 结构中,操作人员必须熟悉不同的界面,为此需要对操作人员进行大量的培训。而在 B/S 结构中,因客户端浏览器的人机界面风格单一,系统的开发和维护工作变得简单易行,这有利于提高效率,不仅节省了开发成本,减少了维护客户端软件的时间和精力,而且方便了用户的使用。B/S 结构中客户端的数量几乎不受限制,具有极大的可扩展性。

(3) B/S 结构无须开发客户端软件,浏览器软件容易从网上下载或升级。

(4) B/S 结构应用的开发效率高,开发周期短,见效快。对于开发人员的技术要求低,其版本更新只需集中维护放在服务器端的代码即可。

(5) B/S 结构具有平台无关性。B/S 结构具有极强的伸缩性,可以透明地跨越异质网络、计算机平台,无缝地联合使用数据库、超文本、多媒体等多种形式的信息,可以选择不同的厂家提供的设备和服务。

(6) B/S 结构具有开放性。B/S 结构采用公开的标准和协议,系统资源的冗余度小,可扩充性良好。

2. B/S 结构的工作方式

采用 B/S 结构的系统有以下三种工作方式。

(1) 简单式。

简单式即基于浏览器的 B/S 结构,利用 HTML 页面在用户的计算机上表示信息。在静态页面中,Web 浏览器需要一个 HTML 页面,提交一个 URL 地址到 Web 服务器。Web 服务器从 Internet 上检索到所需要的本地或远程的网页,并将所需网页返回到 Web 浏览器上。Web 浏览器显示由 HTML 写成的文档、图片、声音和图像,而 Web 服务器则是将 Web 页发送至浏览器的具有特殊目的的文件服务器。浏览器打开一个和服务器的连接,服务器返回页面结果并关闭连接。

有时也可以使用 Java Applet、ActiveX 和 Java Bean 来加强表达能力。通常,Applet 给网页带来了动态特性,可将其和静态页面放置在同一个应用中。

(2) 交互式。

在交互式中,浏览器显示的不只是静态的和服务器端传送来的页面信息。在打开与服务器的连接及传输数据以前,HTML 页面显示供用户输入的表单、文本域、按钮,通过这些内容与用户交互。HTTP 服务器将用户输入的信息传递给客户服务器程序或脚本进行处理,Web 服务器再从 DBMS 服务器中检索数据,然后把结果组成新页面返回给浏览器,最后中断浏览器和服务器的本次连接。这个模型允许用户从各种后端服务器中请求信息。

通过使用 HTTP 作为中间件,利用调用 CGI 服务器程序和脚本,该模型支持简单的 C/S 通信方式。由于每一个浏览器和服务器间的通信都要建立一个连接,因此相对于服务器资源而言,这种模型造价昂贵。Web 服务器就像检索一个普通的 HTML 页一样,将检索到的内容返回到浏览器中并进行显示。在用户填完并提交输入表单后,就返回到服务器中执行 CGI 程序。一个典型的 CGI 程序把从表单中取出的键入值汇入文件，或组成一个包含键入值的 E-mail 信息，再将它发送出去。

从被访问的数据来看，该模型所访问的数据往往是只读的，如帮助文件、文档、用户信息等。这些非核心数据一般没有处理能力，它们总是处在低访问率上。这种模型已是一个三层结构了，浏览器通过中间层软件 CGI 间接操作 Server 程序，CGI 与服务器端的数据库互相沟通，再将查询结果传送至客户端，而不是一味地将服务器端的资料全部接受过来。

（3）分布式。

这种模型将机构中目前的已有设施与分布式数据源结合起来，最终会代替真正开放的 C/S 应用程序。它无须下载 HTML 页面，客户程序是由可下载的 Java 编写的，并可以在任何支持 Java 的浏览器（目前流行的 IE 或 Navigator）上执行 Applet。当 HTTP 服务器将含有 Java Applet 的页面下载到浏览器时，Applet 在浏览器端运行并通过构件（Component）支持的通信协议（IIOP，DCOM）与传输服务器上的小服务程序（Servlet）通信会话。这些小程序按构件的概念撰写，它收到信息后，经过 JDBC、ODBC 或本地方法向数据库服务器发出请求，数据库服务器接到命令后，再将结果传送给 Servlet，最后将结果送至浏览器显示出来。

3. B/S 系统的实施方案

目前，在浏览器上发布信息常用的文件格式有 HTML 文件和 Java Applet 类文件两种。

HTML 文件只能发布超文本格式的信息。HTML 是 Web 上的第一种标记语言，用于编制 Web 网页。在其基础上发展出了功能更为强大的 DHTML（动态标记语言）和 XML（可扩展标记语言）。其中 XML 具有许多优点，如提供了表达数据库视图的标准方法，明确区分了结构、内容和实例化，能够对文档进行有效性检查，允许各行业定制自己的专用 XML 等。因此，有人认为 XML 是从关系模型以来对数据库应用的最重要的发展。

Java Applet 类文件嵌入在 HTML 文件中，可发布图形信息。

HTML 文件和 Java Applet 类文件与数据库相联系的方法基本相同，都可以通过 CGI 方式、API（Application Interface）方式、ODBC 方式来发布数据库中的数据。另外，在 Java Applet 类文件中，还可以通过 JDBC 方式来与数据库建立联系。

下面以 Microsoft 的解决方案为例来说明 B/S 系统的实现方法。

B/S 系统的 Microsoft 解决方案如图 3.5 所示。在客户端配置 Windows 2000 及以上操作系统，Internet Explorer 4.0 以上浏览器。在 Web 服务器端配置 Windows Server 2000 及以上操作系统，Internet Information Server 4.0（IIS），Internet Server Application Programming Interface（ISAPI），Active Server Page（APS）。在数据库服务器端配置 Windows Server 2000 及以上和 SQL Server 2005。

Web 服务器的构成如图 3.5 所示。其中 ASP 可以配合使用 JavaScript、VBScript、Perl、ActiveX 等代码。定制的应用程序可用 Java 或 C++ 编写。

数据库服务器可以选择 Oracle、Sybase、MS SQL Server、DB2 等 DBMS，用于存放和管理企业共享数据。

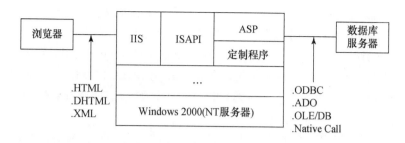

图 3.5　B/S 系统的 Microsoft 解决方案

3.3.5　电子商务数据库应用系统的实现技术

随着 Web 数据库系统的不断应用和发展,数据库系统的实现技术也日益重要。在电子商务数据库系统的实现中采用了许多新的软件技术,包括数据库性能优化技术、客户端应用开发工具的工作模型和实现技术数据库互联技术、分布数据库管理技术等。其中,数据库性能优化技术、开放的数据库互联接口和 Web 数据库访问技术是实际开发过程最常用的技术,下面对它们做简单的介绍。

1. 数据库性能优化技术——SQL

SQL(Structured Query Language)又称结构化查询语言,是专门为数据库而建立的操作命令集,是一种功能齐全的数据库语言。在使用 SQL 时,只需要发出"做什么"的命令,而"怎么做"则无须使用者考虑。SQL 的功能强大,简单易学、使用方便,已经成为数据库操作的基础。目前,国际上所有关系数据库管理系统都采用 SQL,包括 DB2 以及 Oracle、SQL Server、Sybase、Informix 等大型数据库管理系统。

SQL 不仅包括查询功能,还涉及数据定义、数据操作和数据控制等三个方面功能。其中,SQL 的数据定义功能是指对基表以及视图进行定义;SQL 的数据操作功能是指在基表上的查询、删除、插入、修改等功能;SQL 的数据控制功能是指基于基表上的完整性、安全性及并发控制功能。

SQL 有两种使用方式:一种是联机交互方式,在此方式下,SQL 可以独立使用(称为自含式语言);另一种是嵌入式方式,在这种方式下,以某些高级程序设计语言(如COBOL、C 等)为宿主语言,而将 SQL 嵌入其中依附于宿主语言(称为嵌入式语言)。

不管采用哪种使用方式,SQL 的基本语法结构都不变,只是在嵌入式结构中增加若干语句以建立宿主语言与 SQL 之间的联系。关于 SQL 后面有专门的章节介绍。

2. 开放的数据库互联接口

在一个包括多个服务器和大量用户的 C/S 结构的数据库系统中,来自不同厂商的客户软件以及用户开发的客户应用要访问不同厂商的服务器中的数据,这些数据可能存在于不同厂商的关系数据库、非关系数据库中。要对这些数据进行透明的访问,就需要开放的访问接口。开放的数据库互联接口中,ODBC、JDBC 是两种使用最广泛的接口。

ODBC 是一种用于访问数据库的统一界面标准,由微软公司于 1991 年年底颁布,在很短的时间内被数据库届广泛接受,成为事实上的工业标准。

ODBC 实际上是一个数据库访问函数库,可以使应用程序直接操作数据库的数据。

ODBC 是基于 SQL 的,是一种在 SQL 和应用界面之间的标准接口,它解决了嵌入式 SQL 接口非规范核心问题,免除了应用软件随数据库的改变而改变的麻烦。

JDBC 是 Sun Microsystems 公司的 JavaSoft 颁布提出的 Java 应用对数据库访问的 API 标准。JDBC 基于 X/OpenSQL 调用级接口(CLI),这是 ODBC 的基础。JDBC 保证 JDBCAPI 可以在其他通用 SQL 级的 API(包括 ODBC)之上实现,这表明所有支持 ODBC 的数据库不加任何修改就能够与 JDBC 协同工作。

在 C/S 结构的数据库系统中,ODBC 和 JDBC 标准使得不同的数据源可以提供统一的数据库访问界面。客户端应用通过 ODBC 接口可以实现对不同数据源的访问。

3. Web 数据库访问技术

在 Internet 中,Web 用户和发布 Web 的服务器通过 HTTP 协议建立联系。Web 用户向服务器发送一个包含 URL 题头的字段和其他用户数据的 HTTP 请求,而服务器则返回包含请求内容的 HTTP 响应。

Web 服务器与数据库服务器之间的通信通常有两种解决方案:一种是 Web 服务器端提供中间件,用以连接 Web 服务器与数据库服务器;另一种是把应用程序下载到客户端直接访问数据库。后一种方法在程序的编写、调试上较为烦琐,网络安全也难以保证。相比较而言,中间件技术更具有优势,而且代表着一种发展方向。

中间件负责管理 Web 服务器和数据库之间的通信并提供相应服务,它可以依据 Web 服务器提出的请求对数据库进行操作,把结果以超文本的形式输出,然后由 Web 服务器将此页面返回到 Web 浏览器,从而把数据库信息提供给用户。这里简单介绍其中部分访问技术。

(1) CGI。

CGI 即公共网关接口,是最早实现与数据库接口的方法之一,它规定了浏览器、Web 服务器、数据库服务器和外部应用程序之间数据交换的标准接口。

CGI 程序设计可以使用诸如 C++、Visual Basic 等流行编程语言,除程序设计的输入/输出部分外,CGI 程序的设计与一般的程序设计一样,因此采用 CGI 是实现互联网用户与 Web 服务器信息交互的一种快速简洁的方案。

基于 CGI 的接口应用较简单、灵活,开发工具丰富,功能范围广,技术也相对成熟,但是用它编程比较复杂,程序的编译、连接是与某个具体的数据库管理系统相联系的。也就是说,CGI 的平台无关性差,尤其对功能强大的网络数据库的应用显得有些力不从心。

(2) Web API。

Web 服务器提供商为扩展其服务器的性能,都各自开发 API 应用程序接口来取代 CGI。目前最流行的两种 API 分别是 ISAPI(Internet Server Application Programming Interface)和 NSAPI(Netscape Server Application Programming Interface)。这两种接口技术可以让用户以标准方式编写与 Web 服务器交互的应用程序。现在 Netscape 宣布其 NSAPI 也支持 ISAPI 标准,这意味着只有一种 Web API 标准了。

API 由于是由各厂商与各自的服务器绑定而各自开发的,所以兼容性较差,仅适用于 Windows 系统。此外,API 的交互性差且开发难度大,从而使开发人员望而却步。

(3) ASP。

由于 Web API 开发的难度大,于是微软推出 ASP 技术。它的出现使动态交互式 Web

网站的创建变得轻松容易起来,只需要几行脚本语言就能将后台数据库信息发布到WWW网站上去,在编程和网页脚本的可读性方面大大优于传统接口技术。

ASP是一个服务器端的命令执行环境,它完全摆脱了CGI的局限性,使用户可以轻松使用HTML、脚本语言和ActiveX组件创建可靠的、功能强大的、与平台无关的Web应用系统。它不但可以进行复杂的数据库操作,而且生成的页面具有很强的交互性,并允许用户方便地控制和管理数据。

(4) JSP。

JSP(Java Server Pages)是由Sun Microsystem公司于1999年6月推出的新技术,是基于Java Servlet以及整个Java体系的Web开发技术。它是由Sun Microsystems公司倡导的、许多公司参与建立的一种动态网页访问技术标准。利用这一技术可以建立先进的、安全的和跨平台的动态网站。

在传统的网页HTML文件中加入Java程序片段(Scriptlet)和JSP标记,就构成了JSP网页。Web服务器在遇到访问JSP网页的请求时,首先执行其中的程序片断,然后将执行结果以HTML格式返回给用户。程序片段可以操作数据库等相关功能。所有程序操作都在服务器端执行,网络上传送客户端的仅是得到的结果,对用户浏览器的要求很低,可以实现无Plugin、无ActiveX、无Java Applet,甚至无Frame。

总的来说,JSP和微软的ASP在技术方面有许多相似之处。两者都是为基于Web应用服务实现动态交互网页制作提供的技术环境支持,两者都能够为程序开发人员提供实现应用程序的编制与自带组件设计网页从逻辑上分离的技术,而且两者都能替代CGI使网站建设与发展变得较为简单和快捷。当然,它们也存在不同之处,其中最本质的区别在于:两者来源于不同的技术规范组织,其实现的基础是Web服务器平台要求不相同。ASP是基于Windows平台的技术,而Java和JSP是跨平台的。

在设计电子商务数据库应用系统时,往往需要根据实际的应用规模、已有的软硬件投资和将来可能的发展等多种因素来综合考虑。

3.4　本章小结

电子商务数据库设计的一个基本问题是如何建立一个好的数据库模式,也就是给出一组数据,如何构造一个适合于它们的数据模式,从而使数据库系统无论是在数据存储方面,还是在数据操作方面都有较好的性能。本章在讨论了函数依赖的概念的基础之上,重点介绍了根据关系模式中属性之间的函数依赖关系对关系模式进行规范化的规范化理论,并讨论了在实际过程中如何进行数据库设计,最后结合电子商务系统的特点,介绍了电子商务数据库应用系统的两种体系结构(即C/S结构和B/S结构)及相应的实现技术。

3.5　本章习题

1. 名词解释:函数依赖、部分函数依赖、传递函数依赖、多值依赖。
2. 列举具有多值依赖关系的例子。

3. 什么是范式？它有哪些类型？这些范式之间的关系是什么？

4. 实际进行关系模式规范化时应当注意哪些事情？

5. 分析电子商务数据库应用系统采用 C/S 结构或 B/S 结构的原因。

6. 电子商务数据库应用系统的实现技术有哪些？各有何特点？

7. 将第 2 章第 8 题的 E-R 模型转换成关系模式，并对其进行规范化，使每一个关系都为 3NF。

8. 数据库中，有一关系模式如下：

订货（订单号，订购单位名，地址，产品型号，产品名，单价，数量）

（1）给出你认为合理的数据依赖。

（2）将该关系模式规范成 3NF 的关系模型。

3.6 本章参考文献

1. 严辉，刘卫国. 数据库技术应用——SQL Server[M]. 北京：清华大学出版社，2007.

2. 马军. SQL 语言与数据库操作技术大全——基于 SQL Server 实现[M]. 北京：电子工业出版社，2008.

3. 王珊，萨师煊. 数据库系统概论[M]. 4 版. 北京：高等教育出版社，2006.

4. 孙正兴，戚鲁. 电子政务原理与技术[M]. 北京：人民邮电出版社，2003.

5. 张龙祥，黄正瑞，龙军. 数据库原理与设计[M]. 北京：人民邮电出版社，2002.

6. 潘郁，陆敬筠，菅利荣，等. 电子政务数据库基础[M]. 北京：北京大学出版社，2005.

7. 王鹏，董群. 数据库技术及其应用[M]. 北京：人民邮电出版社，2000.

8. 苏新宁，吴鹏，朱晓峰，等. 电子政务技术[M]. 北京：国防工业出版社，2003.

9. 庄成三，洪玫，杨秋辉. 数据库系统原理及其应用[M]. 北京：电子工业出版社，2000.

10. 李梓. Access 数据库系统及应用[M]. 北京：科学出版社，2009.

11. 逯燕玲，戴红，李志明. 网络数据库技术[M]. 北京：电子工业出版社，2009.

12. 孙正兴，戚鲁. 电子商务原理与技术[M]. 北京：人民邮电出版社，2003.

13. 王曰芬，丁晟春. 电子商务网站设计与管理[M]. 北京：北京大学出版社，2002.

14. 张莉，等. SQL Server 数据库原理与应用教程[M]. 3 版. 北京：清华大学出版社，2012.

15. 刘亚军，高莉莎. 数据库原理与应用[M]. 北京：清华大学出版社，2015.

16. 郑阿奇. SQL Server 实用教程[M]. 4 版. 北京：电子工业出版社，2015.

第4章

SQL Server 2005

对每一个需要进行数据存储、分析处理并给出数据报告的组织而言,数据库解决方案都是不可或缺的一部分。SQL Server 2005 为实现数据库解决方案提供了一个健壮的平台。SQL Server 2005 是 Microsoft 公司历时 5 年开发出来的新一代企业级数据库产品,是一个全面的、集成的、端到端的数据解决方案。它不仅为关系型数据和结构化数据提供了数据库引擎,而且结合了分析、报表、集成和通知功能,并且与 Microsoft Visual Studio、Microsoft Office System 以及信息的开发工具包紧密集成,从而实现了企业级的数据管理。与以前的版本相比,SQL Server 2005 更安全,可扩展性更强,更易于使用和管理。

本章主要内容包括:

1. SQL Server 2005 概述;
2. T-SQL;
3. 用户数据库的创建和管理;
4. 数据表和表数据;
5. 数据库的查询;
6. 视图;
7. 索引;
8. 存储过程和触发器;
9. 备份还原与导入导出;
10. SQL Server 2005 的安全性管理。

4.1 SQL Server 2005 概述

SQL Server 是采用 C/S 体系结构的关系数据库管理系统,它最初由 Microsoft 和 Sybase、Ashton-Tate 公司共同开发,并于 1988 年推出了第一个 OS/2 版本。Windows NT 推出后,SQL Server 移植到 Windows NT 上,推出了 SQL Server 1.0,1995 年 Microsoft 公司推出了 SQL Server 6.0,1996 年推出了 SQL Server 6.5,1998 年推出了 SQL Server 7.0,

2000 年推出了 SQL Server 2000,2005 年推出了 SQL Server 2005,2008 年推出了 SQL Server 2008,2012 年推出了 SQL Server 2012,2014 年推出了 SQL Server 2014。本章主要介绍 SQL Server 2005。

4.1.1 SQL Server 2005 简介

SQL Server 2005 提供了集成的数据解决方案,高效、安全、可靠,同时减少了在从移动设备到企业数据系统的多平台上的创建、部署、管理及使用企业数据和分析应用程序的复杂程度。凭借全面的功能集和现有系统的集成性,以及对日常任务的自动化管理能力,SQL Server 2005 为不同规模的企业提供了一个完整的数据解决方案。

SQL Server 2005 产品家族中共分为五个版本,即企业版、标准版、工作组版、开发版和简易版。

1. 企业版

企业版是功能最全面的 SQL Server 版本,适合超大型企业联机事务处理(OLTP)、高度复杂的数据分析、数据仓库系统和大型网站构建等应用场合。企业版全面的商业智能分析和高可用性功能,可以完成企业大多数关键业务应用需求。

2. 标准版

标准版是适合于中小型企业的数据管理和分析平台,它能帮助中小企业实现电子商务、数据仓库等业务。标准版的功能略少于企业版,略多于工作组版。

3. 工作组版

工作组版是包括 SQL Server 产品系列的核心数据库功能,并且可以轻松地升级到标准版或企业版。工作组版是理想的入门级数据库,具有可靠、功能强大和易于管理的特点。

4. 开发版

为了满足数据管理与应用软件开发的需要,开发版帮助开发人员在 SQL Server 上生成任何类型的应用程序。它包括企业版的所有功能,但有许可限制,只能用于开发和测试系统,而不能用作企业服务器。开发版可以升级至企业版。

5. 简易版

简易版是一个免费、易用且便于管理的数据库,为新手程序员提供了学习、开发和部署小型数据驱动应用程序最快捷的途径。简易版包括一个简单的管理工具、一个报表向导和报表控件、数据复制和客户端,可以免费从网站下载。

4.1.2 SQL Server 2005 的管理工具

SQL Server 2005 提供了很多工具来帮助用户管理和使用数据库,这些工具大大方便了用户的工作。

1. SQL Server 2005 配置管理器

SQL Server 2005 配置管理器(SQL Server Configuration Manager)用来完成 SQL Server 服务的查看与管理、服务器网络的配置与管理以及客户端网络的配置与管理功能。选择"开始"—"所有程序"—"Microsoft SQL Server 2005"—"配置工具"—"SQL Server Configuration Manager",打开"SQL Server Configuration Manager"窗口(如图4.1所示)。

图4.1 "SQL Server Configuration Manager"窗口

（1）SQL Server 2005 服务的查看和管理。

单击"SQL Server Configuration Manager"窗口左边树形目录中的"SQL Server 2005 服务"选项，可在窗口右边查看 SQL Server 2005 服务器的后台服务，也可以启动、暂停、重新启动服务（如图4.2所示）。

图4.2 查看 SQL Server 2005 服务

各个 SQL Server 服务都可自动启动或手工启动。如 SQL Server 2005 数据库引擎的启动属性设置，在"SQL Server Configuration Manager"窗口右边的"SQL Server (MSSQLSERVER)"项上右击，在弹出的快捷菜单中选择"属性"，打开"SQL Server (MSSQLSERVER)属性"对话框，选择"服务"标签，在"启动模式"中可以选择"自动""已禁用"或"手动"。若选"自动"项，则每次启动操作系统时自动启动该服务（如图4.3所示）。其他服务的设置与此类似。

图4.3 SQL Server 2005 启动模式设置

（2）SQL Server 2005 服务器网络配置和管理。

单击"SQL Server Configuration Manager"窗口左边的树形目录中的"SQL Server 2005 网络配置"选项下的"MSSQLSERVER 的协议"选项，可以查看和管理 SQL Server 2005 服务器上的网络配置（如图 4.4 所示）。

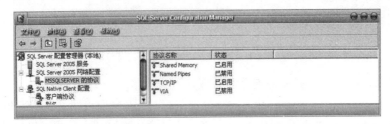

图 4.4　SQL Server 2005 服务器网络配置

（3）SQL Native Client 配置。

单击"SQL Server Configuration Manager"窗口左边的树形目录中的"SQL Native Client 配置"选项，可以查看和管理 SQL Server 2005 客户端的网络配置（如图 4.5 所示）。

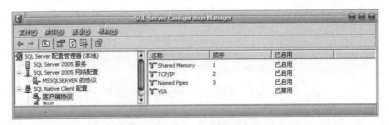

图 4.5　SQL Server 2005 客户端网络配置

2. SQL Server 2005 管理控制台

SQL Server 2005 管理控制台（Microsoft SQL Server Management Studio）是 SQL Server 2005 的集成可视化管理环境，用于访问、配置、管理和维护 SQL Server 的所有组件和工具。它的主界面 Microsoft SQL Server Management Studio 将原来的 SQL Server 2000 的企业管理器和查询分析器的界面结合到一起。启动 SQL Server 2005 管理控制台的过程如下。

选择"开始"—"所有程序"—"Microsoft SQL Server 2005"—"Microsoft SQL Server Management Studio"，在"连接到服务器"对话框中（如图 4.6 所示），选择要登录的服务器类型和服务器名称以及身份验证，单击"连接"按钮，即可打开"Microsoft SQL Server Management Studio"窗口（如图 4.7 所示）。

图 4.6　"连接到服务器"对话框

图 4.7 "Microsoft SQL Server Management Studio"窗口

Microsoft SQL Server Management Studio 作为企业管理器使用时,提供了调用其他管理工具的简单途径,能够以层叠列表的形式来显示所有的 SQL Server 对象,因而所有的 SQL Server 对象的建立和管理都可以通过 SQL Server 管理控制台来完成。利用管理控制台可以完成的主要操作如下。

(1) 管理 SQL Server 服务器。

(2) 创建和管理数据库。

(3) 创建和管理表、视图、存储过程、触发器、角色、规则和默认值等数据库对象,以及用户定义的数据类型。

(4) 备份数据库和事务日志、恢复数据库。

(5) 复制数据库。

(6) 设置任务调度。

(7) 设置警报。

(8) 提供跨服务器的拖放控制操作。

(9) 管理用户账户。

(10) 建立 T-SQL 语句以及管理和控制 SQL Mail。

通过企业管理器集成的各种管理工具,数据库管理员可以方便地管理服务器、数据库、数据库对象、用户登录和许可、复制、安全性、调度任务,生成 SQL 脚本及其他多种事务。

3. SQL 查询分析器(SQL Query Analyzer)

SQL Server 管理控制台也集成了查询分析器的功能,允许用户输入和执行 SQL 语句,并返回语句的执行结果。通过"Microsoft SQL Server Management Studio"窗口的"新建查询"可以启动查询分析器。

用户可以在查询窗口中输入 T-SQL 语句,输入完毕后单击工具栏上的"执行"按钮或按键盘上的 F5 键,即可立即执行输入的 T-SQL 语句。语句的执行结果将显示在结果窗口中。

【例 4.1】 在查询分析器中输入 T-SQL 语句,完成以下功能:打开 yggl 数据库,并显示数据库中 ygxx 数据表的内容。

相应 T-SQL 语句如下：

```
USE yggl
GO
SELECT * FROM ygxx
```

程序的执行结果如图 4.8 所示。

图 4.8　Microsoft SQL Server Management Studio 的查询分析功能

4. 其他管理工具

（1）报表服务配置器。

报表服务配置器用于配置与管理 SQL Server 2005 的报表服务器。单击任务栏，选择"SQL Server 2005"—"配置工具"—"Reporting Services 配置"，启动报表服务配置工作，在随后出现的窗口中完成一系列的管理和配置工作。

（2）外围应用配置器。

为了增加系统的安全性和可管理性，SQL Server 2005 在安装时默认将一些应用设置成禁用或停用状态，这样可以保护系统。

SQL Server 2005 外围应用配置器用于启用、禁用、开始和停止 SQL Server 安装的一些功能、服务和远程连接。若需要开启或管理这些应用，则可以通过外围应用配置器进行。

通过单击任务栏，选择"SQL Server 2005"—"配置工具"—"SQL Server 外围应用配置器"，可以启动外围应用配置器，然后在窗口中完成相应的配置工作。

（3）数据库引擎优化顾问。

用户自己创建的数据库（简称用户数据库）由于设计、使用不合理等常导致数据库性能低下，数据库管理员需要在使用数据库的过程中分析数据库性能低下的原因，并利用相应的工具对数据库性能进行优化。SQL Server 2005 数据库引擎优化顾问是一个性能优化的向导，它可以对数据库的访问情况进行评估，帮助用户分析工作负载，并找出导致数据库性能低下的可能原因，给出相应的性能优化建议。

单击任务栏，选择"SQL Server 2005"—"性能工具"—"数据库引擎优化顾问"，启动数据库引擎优化顾问,在此可以对指定的数据库给出性能优化建议。

(4)事件探查器。

事件探查器是用来捕获数据库服务器在运行过程中产生的事件的工具。这里的事件有很多种,包括 T-SQL 语句的执行、连接服务器等。事件保存在一个跟踪文件中,可以在以后再对该文件进行分析,也可以在分析某个问题时用来重演指定的系列步骤,以找出问题产生的原因。

单击任务栏,选择"SQL Server 2005"—"性能工具"—"SQL Server Profiler",启动事件探查器。

(5)Visual Studio 2005。

Visual Studio 2005 是 SQL Server 2005 中最重要的管理工具,是一个业务管理集成的管理平台。开发人员可以在 Visual Studio 开发环境中利用熟悉的语言,如 VB. NET、C♯、ASP. NET 等,来创建用 T-SQL 创建的存储过程、函数等数据库对象和脚本。Visual Studio 2005 是专为使用 SQL Server、SQL Server Mobile、Analysis Services、Integration Services 和 Reporting Services 的开发者所设计的。

4.1.3 SQL Server 2005 的系统数据库

SQL Server 2005 包含系统数据库和用户数据库两种类型的数据库。其中,系统数据库又包括 master 数据库、model 数据库、msdb 数据库和 tempdb 数据库(如图 4.9 所示)。系统数据库存储了有关数据库系统的信息,用户通过系统数据库来操作和管理各种数据库。用户数据库是由用户建立的,如员工信息管理数据库。

图 4.9 SQL Server 2005 的系统数据库

各个系统数据库的主要功能如下。

1. master 数据库

master 数据库是 SQL Server 2005 最重要的数据库,用于管理其他数据库和保存 SQL

Server 的系统信息,包括登录账号、系统配置信息、所有数据库的信息等,这些信息都记录在 master 数据库的各个表中。

2. model 数据库

model 数据库是 SQL Server 2005 的模板数据库,其中包含的系统表为多个用户数据库共享。当用户创建数据库时,系统会自动地按照 model 数据库中的规格和样式来设置用户数据库的初始容量大小、开辟的磁盘空间、数据库文件配置等。

3. msdb 数据库

msdb 数据库是代理数据库,它为报警、任务调度和记录操作员的操作提供存储空间。

4. tempdb 数据库

tempdb 数据库是一个临时数据库,为所有的临时表、临时存储过程及其他的临时操作提供存储空间。tempdb 数据库由整个系统的所有数据库使用。不管用户使用哪个数据库,其建立的所有临时表和存储过程都存储在 tempdb 中。SQL Server 每次启动时,tempdb 数据库都被重新建立;当用户与 SQL Server 断开连接时,tempbd 数据库中的临时表和存储过程被自动删除。

4.1.4 SQL Server 2005 数据库对象

SQL Server 2005 数据库对象主要包括表、数据类型、视图、索引、约束、存储过程和触发器等。各个对象的简要说明参见表 4.1。

表 4.1　SQL Server 2005 数据库对象

数据库对象	描　　述
表	由行和列构成的集合,用于存储数据
数据类型	定义列或变量的数据类型,SQL Server 2005 提供了系统数据类型,同时允许用户自定义数据类型
视　图	由表或其他视图导出的虚表,不实际存储数据
索　引	辅助数据结构,为快速检索数据提供支持,并保证数据唯一性
约　束	为表中的列定义完整性规则
存储过程	存放于服务器的预先编译好的一组 T-SQL 语句
触发器	存储过程,对表执行插入、删除和更新操作时,触发器被激活

4.2　T-SQL

4.2.1　T-SQL 的特点及分类

1. T-SQL (Transaction-SQL)的特点

SQL 是一种操作数据库的结构化查询语言,它强调的是语言的结构化和对以二维表为基础的关系数据库的操作能力。SQL 的前身是 1974 年由 Chamberlin 和 Boyce 提出的 SE-QUEL。1975 至 1979 年 IBM 公司的 San Jose 研究所在研制关系数据库管理 system R 时,将其修改为功能极强的关系数据库标准语言,称为 SEQUEL2,也就是现在的 SQL。1986 年

10月，美国国家标准局（ANSI）的数据库委员会批准了将 SQL 作为关系数据库语言的美国标准，1987 年 6 月国际标准化组织（ISO）将其采纳为国际标准，这个标准也称为 SQL86。随着 SQL 标准化工作的不断修订完善，相继出现了 SQL89、SQL92（也称为 SQL2）。后来，在 SQL2 的基础上增加了面向对象的内容，形成新标准 SQL3（又称 SQL99）。新标准 SQL3 的 12 个标准文本《信息技术数据库语言 SQL》从 1999 年陆续颁布。各种版本的 SQL 几乎是相同的，只是在个别语法上、在对标准 SQL 的扩充方面略有不同。目前使用的 SQL 有以下特点。

（1）非过程化语言。

SQL 是一个高度非过程化的语言。用户只要提出"做什么"，而不必指出"怎么做"，SQL 就可以将要求交给系统，由系统自动完成全部操作。

SQL 允许用户在高层的数据结构上工作，而不对单个记录进行操作，可操作记录集。所有 SQL 语句接受集合作为输入，返回集合作为输出。SQL 的集合特性允许一条 SQL 语句的结果作为另一条 SQL 语句的输入。SQL 不要求用户指定对数据的存放方法。这种特性使用户更易集中精力于要得到的结果。所有 SQL 语句均使用查询优化器，它是关系数据库管理系统的一部分，由它决定对指定数据存取的最快速度的手段。查询优化器知道存在什么索引，哪儿使用合适，而用户无须知道表是否有索引以及表有什么类型的索引。

（2）统一的语言。

SQL 可用于所有用户的 DB 活动模型，包括系统管理员、数据库管理员、应用程序员、决策支持系统人员及许多其他类型的终端用户。SQL 为许多任务提供了命令，包括：

① 查询数据；

② 在表中插入、修改和删除记录；

③ 建立、修改和删除数据对象；

④ 控制对数据和数据对象的存取；

⑤ 保证数据库的一致性和完整性。

（3）SQL 是关系数据库的公共语言。

由于所有主要的关系数据库管理系统都支持 SQL，故用户可将使用 SQL 的技能从一个关系数据库管理系统转到另一个关系数据库管理系统。用 SQL 编写的程序是可以移植的。

（4）SQL 的命令简洁，易学易用。

尽管 SQL 功能极强，但由于设计巧妙，故只用少数的几条命令就完成了所有的核心功能。另外，SQL 的语法也很简单，接近自然语言（英语），因而易于学习和掌握。

（5）SQL 支持数据库的三层模式结构。

与概念模式的概念文件对应的是基本表，与存储模式对应的是存储文件，与外模式对应的是视图和部分基本表。用户看到的是视图或基本表，基本表和视图都是关系，用户可以在其上进行查询操作，而存储文件对用户来说是透明的。

由于 SQL 具有功能丰富、使用方式灵活、语言简洁易学等突出优点，故在计算机工业界和计算机用户中倍受欢迎。当前流行的关系数据库管理系统都支持 SQL。SQL 成为国际标准后，对数据库以外的领域也产生了很大的影响，不少的软件产品将 SQL 的数据查询功能与图形功能、软件工程工具、软件开发工具、人工智能程序等结合起来。

T-SQL 是微软公司在 SQL Server 数据库管理系统中 SQL3 的实现,是微软对 SQL 的扩展,具有 SQL 的主要特点,同时增加了变量、运算符、函数、流程控制和注释等语言元素,使其功能更加强大。T-SQL 对于 SQL Server 2005 非常重要,在 SQL Server 2005 中使用图形界面完成的所有功能都可以利用 T-SQL 来完成。使用 T-SQL 操作时,与 SQL Server 通信的所有应用程序都通过向服务器发送 T-SQL 语句来实现,而与应用程序的界面无关。

2. T-SQL 语句分类

根据 T-SQL 语句的具体功能,可以将 T-SQL 语句分为四个部分,即数据定义语言(Data Definition Language,DDL)、数据操作语言(Data Manipulation Language,DML)、数据控制语言(Data Control Language,DCL)和 T-SQL 增加的语言元素。

(1) 数据定义语言。

用于执行数据库的任务,对数据库以及数据库中的各种对象进行创建、删除、修改等操作。T-SQL 数据定义语言包括的主要语句及功能参见表 4.2。

表 4.2　SQL 数据定义语言

语　句	功　能	说　明
CREATE	创建数据库或数据库对象	不同的数据库对象,其 CREATE 语法格式不同
ALTER	修改数据库或数据库对象	不同的数据库对象,其 ALTER 语法格式不同
DROP	删除数据库或数据库对象	不同的数据库对象,其 DROP 语法格式不同

(2) 数据操作语言。

用于操作数据库中的各种对象,检索和修改数据。T-SQL 数据操作语言包括的主要语句及功能参见表 4.3。

表 4.3　T-SQL 数据操作语言

语　句	功　能	说　明
INSERT	插入数据到表或视图中	添加一行数据到表或视图中
UPDATE	修改表或视图中的数据	可修改表或视图的一行数据,也可修改一组或全部数据
DELETE	删除表或视图中的数据	根据条件删除指定的数据
SELECT	从表或视图查询所需要的数据	使用最频繁的 SQL 语句之一

(3) 数据控制语言。

用于安全管理,确定哪些用户可以查看或修改数据库中的数据。T-SQL 数据控制语言包括的主要语句及功能参见表 4.4。

表 4.4　T-SQL 数据控制语言

语　句	功　能	说　明
GRANT	授予权限	把语句许可或对象许可的权限授予其他用户和角色
REVOKE	收回权限	与 GRANT 功能相反,但不影响该用户或角色从其他角色中作为成员继承许可权限
DENY	拒绝权限,并禁止从其他角色继承许可权限	功能与 REVOKE 相似,但除收回权限外,还禁止从其他角色继承许可权限

T-SQL 各语句的语法、使用方法及举例详见本章 4.3 节至 4.10 节的相关内容。

（4）T-SQL 增加的语言元素。

T-SQL 增加的语言元素不是 SQL 3 的标准内容，而是 T-SQL 为了编写脚本而增加的语言元素，包括变量、运算符、函数、注释语句、流程控制语句、事务控制语句等。这些T-SQL 语句都可以在 SQL Server 2005 的查询分析器中交互执行。

4.2.2　数据类型

数据类型是指数据所代表信息的类型，如数值型、字符型、日期型、货币型、图像型等。用户使用的数据类型与 SQL Server 2005 系统在内存或磁盘上开辟的存储空间大小密切相关。因此，在使用数据之前，先要定义其数据类型。SQL Server 2005 中支持系统数据类型和用户自定义数据类型。

1. 系统数据类型及其说明

SQL Server 2005 提供了丰富的系统数据类型，表 4.5 列出了 SQL Server 2005 支持的系统数据类型。

表 4.5　SQL Server 2005 支持的系统数据类型

数据类型类别	SQL Server 标识	说　　明	长　　度
字符型	char$[(n)]$	固定长度的非 Unicode 字符数据	0～8000 字节
	varchar$[(n)]$	可变长度的非 Unicode 字符数据	0～8000 字节
	text	可变长度的非 Unicode 字符数据	$0\sim(2^{31}-1)$字节
Unicode 字符型	nchar$[(n)]$	固定长度的 Unicode 字符数据	0～8000 字节
	nvarchar$[(n)]$	可变长度的 Unicode 字符数据	0～8000 字节
	ntext	可变长度的 Unicode 字符数据	$0\sim(2^{31}-1)$字节
二进制字符型	binary$[(n)]$	固定长度的二进制数据	1～8000 字节
	varbinary$[(n)]$	可变长度的二进制数据	1～8000 字节
	image	可变长度的二进制图形数据	$0\sim(2^{31}-1)$字节
整型	bigint	数的范围为 $-2^{63}\sim(2^{63}-1)$	8 字节
	int	数的范围为 $-2^{31}\sim(2^{31}-1)$	4 字节
	smallint	数的范围为 $-2^{15}\sim(2^{15}-1)$	2 字节
	tinyint	0～255	1 字节
精确数值型	decimal$[p(,s)]$	$(-10^{38}+1)\sim(10^{38}-1)$具有固定精度的数据	5～17 字节
	numeric$[p(,s)]$	功能上等同于 decimal	5～17 字节
近似数值型	float$[(n)]$	$-1.79\text{E}+308\sim1.79\text{E}+308$ 的浮点精度数字	8 字节
	real	$-3.40\text{E}+38\sim4.30\text{E}+38$ 的浮点精度数字	4 字节
日期和时间型	datetime	1753 年 1 月 1 日—9999 年 12 月 31 日的日期和时间数据，精确到 3% 秒	8 字节
	smalldatetime	1900 年 1 月 1 日—2079 年 6 月 6 日的日期和时间数据，精确到分钟	4 字节

续表

数据类型类别	SQL Server 标识	说　明	长　度
货币型	money	货币数值介于 $-2^{63} \sim (2^{63}-1)$,精确到货币单位的 1%	8 字节
	smallmoney	货币数值介于 $2^{31} \sim (2^{31}-1)$,精确到货币单位的 1%	4 字节
其他数据类型	bit	1 和 0 的整数数据	1 字节
	cursor	游标的引用,定义游标变量或定义存储过程的输出参数	8 字节
	timestamp	时间戳	8 字节
	XML	存储可扩展标记文本数据	
	table	存储对表或视图处理后的结果集	
	sql_variant	一种存储 SQL Server 支持的各种数据类型(除 text、ntext、timestamp)值的数据类型	0～8000 字节
	uniqueidentifier	全局唯一标识符	16 字节

（1）字符型。

字符型数据类型用于存储由字母、数字和符号组成的字符串。SQL Server 提供了 char、varchar 和 text 三种类型。其中,char 用于存储长度固定的字符串,varchar 用于存储长度可变的字符串,text 用于存储无限长的字符串（每行可达 2GB）。

对于定长字符数据类型,用 char(n)来表示,n 表示指定定长字符串的长度。若实际存储的字符串长度不足 n 时,则字符串的尾部用空格填充;若输入长度大于 n 时,则超出的部分被截去。

对于变长字符数据类型,用 varcher(n)来表示,n 表示的是字符串可达到的最大长度。存储大小是输入数据的实际长度。

当实际的字符数据长度接近一致时,可以使用 char;而当字符数据的长度差别显著不同时,使用 varchar 更合适,能节省存储空间。

（2）Unicode 字符型。

Unicode（统一字符编码标准）用于支持国际上非英语语种的字符数据的存储和处理。SQL Server 的 Unicode 字符型可以存储 Unicode 标准字符集定义的各种字符。

Unicode 字符型数据类型有 nchar[(n)]、nvarchar[(n)]和 ntext 三类。nchar[(n)]是包含 n 个字符的固定长度的 Unicode 字符数据。若输入字符串长度不足 n,则将以空白字符补足。nvarchar[(n)]为最多包含 n 个字符的可变长度的 Unicode 字符数据。ntext 类型可以存储的数据范围是 $0 \sim (2^{31}-1)$字节。

实际上,nchar、nvarchar、ntext 与 char、varchar、text 的使用非常相似,只是字符集不同。前者使用 Unicode 字符集,后者使用 ASCII 字符集。

（3）二进制字符型。

二进制字符型是指数据由二进制值组成。SQL Server 提供了三种二进制数据类型,即 binary、varbinary 和 image。其中,binary 用于存储固定长度的二进制数据,varbinary 用于存储可变长度的二进制数据,image 用于存储大的二进制数据,如存储照片、图片或图画。

输入二进制数据时,在数据前面要加上"0x",可用的数字符号为 0～9,A～F（不区分大小写）。

（4）整型。

整型数据类型包括 bigint、int、smallint、tinyint 四类。从标识符的含义可以看出，它们的数值范围逐渐缩小，最常用的是 int。

（5）精确数值型。

精确数值型数据由整数部分和小数部分构成，其所有的数字都是有效位，能够以完整的精度存储十进制数。精确数值型数据类型包括 decimal 和 numeric 两类，从功能上说两者完全等价。最常用的是 numeric 类型。

（6）近似数值型。

近似数值型数据类型有浮点型（float）和实型（real）两类。real 的存储长度为 4 字节，可以用 real 数据类型存储正的或负的十进制数值。float 如果不指定其长度，它会占用 8 字节的存储空间。用户可以指定 float 型数值的长度。当指定长度为 1～7 时，则定义了一个 real 数据类型。

（7）日期和时间型。

日期和时间型是指用 datetime 和 smalldatetime 类型来存储日期和时间数据。两者占用的空间和取值范围不同，而数据格式是完全相同的。默认情况下，输入格式为"月/日/年"。

（8）货币型。

货币型数据类型包括 money 和 smallmoney 两类，它们用十进制数表示货币，当输入货币型数据时，必须在数据前面加上货币表示符号（$），且数据中间不能有逗号（,）；若货币为负数，则需要在符号前加上负号（一）。

（9）其他数据类型。

① bit（位）数据类型。bit（位）数据类型有 0 和 1 两种取值，长度为 1 字节。输入 0 以外的其他值时，系统都把它们当作 1 对待。这种数据类型常作为逻辑变量使用，用来表示真、假（或是、否等）二值选择。

② cursor 数据类型。cursor 数据类型是变量或存储过程 output 参数的一种数据类型，这些参数包含对游标的引用。使用 cursor 数据类型创建的变量可以为空。

③ timestamp 数据类型。timestamp 数据类型提供数据库范围内的唯一值，反映数据库中数据修改的相对顺序，相当于一个自动增加的计数器。当它所定义的列在更新或插入数据行时，该列的值自动增加。

④ XML 数据类型。利用它可以将 XML 实例存储在表列中或者 XML 类型的变量中。

⑤ table 数据类型。table 数据类型用于存储对表或视图处理后的结果集。这种数据类型使得变量可以存储一个表，从而使函数或过程返回查询结果更加方便、快捷。

⑥ sql_variant 数据类型。sql_variant 数据类型用于存储除文本、图形数据和 timestamp 类型数据外的任何合法的 SQL Server 数据，从而方便了 SQL Server 的开发工作。

⑦ uniqueidentifier 数据类型。uniqueidentifier 数据类型用于存储一个 16 字节长的二进制数据，它是 SQL Server 根据计算机网卡地址和 CPU 时钟产生的全局唯一标识符，该数字由 SQL Server 的 newid() 函数获得。在全球各地的计算机经由此函数产生的数字都不会相同。

2. 用户自定义数据类型

用户自定义数据类型是建立在 SQL Server 系统数据类型的基础上的,可以看作是系统数据类型的别名。当用户自定义一种数据类型时,需要指定该类型的名称、建立在其上的系统数据模型以及是否允许为空值等。用户自定义数据类型后,自定义数据类型的使用和系统数据类型一样。

有两种方法可建立用户自定义数据类型。一种是通过对象资源管理器,另一种则是利用系统存储过程建立。下面仅介绍通过对象资源管理器建立用户自定义数据类型的过程,以创建一个名为 zgh、基于 char 数据类型、不允许为空值的用户自定义数据类型为例。

在"对象资源管理器"中展开要建立用户自定义数据类型的数据库,右击"类型",然后单击"新建"—"用户定义数据类型"(如图 4.10 所示)。

图 4.10　创建用户自定义数据类型

在弹出的对话框中,输入新建数据类型的名称(zgh),并在"数据类型"下拉列表中选择所基于的系统数据类型(char),在"长度"对应的输入框中更改该数据类型可存储的最大数据长度,其他可根据需要一一进行修改(如图 4.11 所示)。

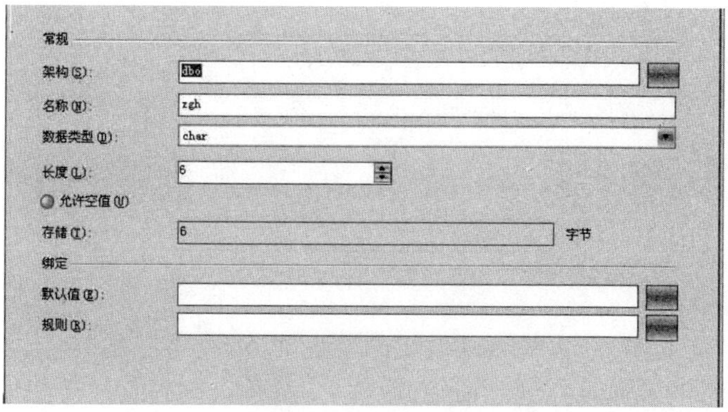

图 4.11　用户自定义数据类型属性对话框

用户自定义数据类型创建后可以像系统数据类型一样使用。

如果要删除用户自定义数据类型,可右击该数据类型,然后单击"删除",在"删除对象"对话框内选中对象名称,单击"确定"按钮,完成删除用户自定义数据类型。

4.2.3　变量

根据变量的作用范围,可将其分为两种,一种是用户自定义的局部变量,另一种是系统提供的全局变量。

1. 局部变量

(1) 局部变量的定义。

用 DECLARE 语句声明局部变量,所有局部变量在声明后均初始化为 NULL。局部变量在被引用时要在其名称前加上符号"@"。

定义局部变量的语法格式为:

```
DECLARE @variable_name    data_type [,…n]
```

各参数含义说明如下:

variable_name:局部变量名,"@"表示是局部变量。

data_type:数据类型,用于定义局部变量的类型,可为系统类型或自定义类型。

n:表示可定义多个局部变量,各变量间用逗号隔开。

(2) 局部变量的赋值。

当声明局部变量后,可用 SET 或 SELECT 语句对其赋值。

局部变量赋值的语法格式为:

```
SET @variable_name = value              //一次只能给一个变量赋值
SELECT @variable_name = value [,…n]     //一次能给多个变量赋值
```

(3) 变量内容的显示。

显示变量内容的语法格式为:

```
SELECT @variable_name
```

【例 4.2】 声明两个字符型变量,并分别对其赋值。

相应 T-SQL 语句如下:

```
DECLARE @var1 char(5),@var2 char(20)
SELECT @var1 = ´上海´,@var2 = @var1 + ´欢迎您´
SELECT @var2
GO
```

2. 全局变量

全局变量是 SQL Server 系统内部使用的变量,其作用范围并不局限于某一程序,而是任何程序都可以调用,并通过在名称前加两个"@"符号以区别于局部变量。全局变量通常存储一些 SQL Server 的配置设定值和统计数据。

局部变量的名称不能与全局变量的名称相同,否则会在应用程序中出现不可预测的结果。

4.2.4 运算符与表达式

在 SQL Server 2005 中,运算符主要有以下六种:算术运算符、赋值运算符、位运算符、比较运算符、逻辑运算符以及字符串连接运算符。运算符连接运算量以构成表达式。

1. 算术运算符

算术运算符包括:+(加)、-(减)、*(乘)、/(除)、%(取模)。

2. 赋值运算符

赋值运算符包括:=(赋值给)。

3. 位运算符

位运算符包括:&(按位与)、|(按位或)、~(按位非)、^(按位异或)。

4. 比较运算符

比较运算符用于比较表达式的大小,或比较是否相同,其结果为布尔值,即 TRUE、FALSE 或 UNKNOWN。除了 text、ntext 或 image 数据类型外,比较运算符可用于其他所有类型数据的比较。

比较运算符包括:>(大于)、<(小于)、=(等于)、>=(大于等于)、<=(小于等于)、<>(不等于)、! =(不等于)、BETWEEN... AND(检索两值之间的内容)、IN(检索匹配列表中的值)、LIKE(检索匹配字符字样的数据)、IS NULL(检索空数据)。

5. 逻辑运算符

逻辑运算符包括:AND、OR、NOT。逻辑运算符的结果也是布尔数据类型。

6. 字符串连接运算符

字符串连接运算符"+"用于连接两个或两个以上的字符或二进制串、列名或串和列的混合体,将一个串加到另一个串的末尾。其语法格式为:

〈expression〉+〈expression〉

7. 运算符的优先级

在一个表达式中,运算符的处理顺序如下所示,在同一级别中按从左到右的顺序执行:

括号　　　　　（）

位运算符　　　～

算术运算符　　＊、/、％

算术运算符　　＋、−

比较运算符　　＝、＞、＜、＞＝、＜＝、＜＞、！＝、！＞、！＜

位运算符　　　^、&、|

逻辑运算符　　NOT、AND、OR

4.2.5　函数

系统函数用于获取有关计算机系统、用户、数据库和数据库对象的信息。系统函数可以让用户在得到信息后使用条件语句，根据返回的信息进行不同的操作。T-SQL 共提供了 12 种系统函数，这里仅介绍常用的几种。

1. 数学函数

SQL Server 的数学函数可对 SQL Server 提供的数字数据（decimal、integer、float、real、money、smallmoney、int、smallint、tinyint）进行数学运算并返回运算结果。数学函数及其具体含义可在对象资源管理器中查到。

【例 4.3】　求某个值的平方。

相应 T-SQL 语句如下：

```
DECLARE @var1 numeric(2,0)
SET @var1 = 12
SELECT SQUARE(@var1)
GO
```

【例 4.4】　求角度的余弦值。

相应 T-SQL 语句如下：

```
DECLARE @angle real
SET   @angle = 60
SELECT  COS(RADIANS(@angle))
```

2. 字符串函数

字符串函数可以对二进制数据、字符串和表达式执行不同的运算。字符串函数名称及其具体含义也可在对象资源管理器中找到。

【例 4.5】　使用 LTRIM 函数删除字符变量中的起始空格。

相应 T-SQL 语句如下：

```
DECLARE @string varchar(30)
SET @string = ´上海,东方时尚之都´
SELECT LTRIM(@string)
GO
```

3. 日期和时间函数

日期和时间函数用于对日期和时间进行各种不同的处理和运算，并返回一个字符串数字值或日期和时间值。同样,用户可通过对象资源管理器获取每个日期和时间函数的名称和含义。

【例 4.6】 返回系统当前日期和时间。

相应 T-SQL 语句如下:

```
SELECT GETDATE()
```

4. 转换函数

转换函数允许用户把某些数据类型的表达式转换为另一种数据类型。常用的数据类型转换包括日期型—字符型、字符型—日期型、数值型—字符型。T-SQL 一共有两种转换函数,即 CAST 和 CONVERT,其语法格式如下。

使用 CAST 时:

```
CAST(expression AS data_type)
```

使用 CONVERT 时:

```
CONVERT(data_type[(length)],expression[,style])
```

5. 元数据函数

元数据函数用于获取数据库和数据库对象的信息。可在对象资源管理器查看每个元数据函数的名称及含义。

6. 聚合函数

聚合函数对一组值进行操作,返回单一的统计值。T-SQL 提供的常用的聚合函数见本章后面的查询部分。

4.2.6 批处理和流程控制

服务器端的程序使用 T-SQL 语句来编写。一般而言,一个服务器端的程序由批、注释、程序使用的变量、程序流程控制语句、错误和消息的处理等成分组成。

1. 批处理

两个 GO 之间的 T-SQL 语句或语句组称为一个批处理。这样的语句组从应用程序一次性发送到 SQL Server 服务器执行。SQL Server 服务器将批处理编译成一个可执行单元,即执行计划,如此处理可以节省系统开销。

使用批处理时要注意以下几点。

(1) CREATE PROCEDURE、CREATE RULE、CREATE DEFAULT、CREATE TRIGGER、CREATE VIEW 等语句不能组合在同一个批处理中。

(2) 规则和默认的绑定和使用语句不能放在同一个批处理中。

(3) CHECK 约束不能在同一个批处理中既定义又使用。

(4) 不能在同一个批处理中删除对象后又重新创建它。

(5) 使用 SET 语句改变的选项在批处理结束时生效。

(6) 在同一个批处理中不能改变一个表再立即引用其新列。

2. 脚本

脚本就是按一系列顺序提交的批处理。

3. 流程控制

流程控制语句是指通过判断指定的某些值来控制程序的运行方向的语句,其在存储过程、触发器和批处理中很有用。在此介绍常用的几个流程控制语句。

(1) BEGIN...END。

BEGIN...END 用来设定一个程序块,将 BEGIN...END 内的所有程序视为一个单元执行。BEGIN...END 经常在条件语句中使用。在 BEGIN...END 中可以嵌套其他的BEGIN...END 来定义另一程序块。其语法格式为:

```
BEGIN
    {sql_statement | statement_block}
END
```

其中,sql_statement | statement_block 为用 T-SQL 语句或 BEGIN...END 定义的语句块。

(2) IF...ELSE。

IF...ELSE 可以嵌套使用。其语法格式为:

```
IF Boolean_expression
    {sql_statement | statement_block}
[ELSE
    {sql_statement | statement_block}]
```

各参数含义说明如下:

Boolean_expression:条件表达式,若条件表达式中含有 SELECT 语句,则必须用圆括号括起来,运算结果为 TRUE(真)或 FALSE(假)。

sql_statement | statement_block:用 T-SQL 语句或 BEGIN...END 定义的语句块。当要执行多条 T-SQL 语句时,这些语句要放在 BEGIN...END 之间,构成语句块。

(3) CASE。

其语法格式为:

```
CASE expression
    WHEN expression_11 THEN expression_12
    ...
    WHEN  expression_n1 THEN expression_n2
    [ELSE   expression_m]
END
```

该语句的执行过程为:将 CASE 后面表达式的值与各个 WHEN 子句中表达式的值进行比较,如果两者相等,则返回 THEN 后面表达式的值,然后跳出 CASE 语句;否则返回 ELSE 子句中表达式的值。ELSE 子句为可选项,当没有 ELSE 子句时,若所有的 WHEN 子句都不成立,则返回 NULL。

(4) WHILE...CONTINUE...BREAK。

WHILE 语句在指定的条件成立时会重复执行相应的语句行或程序块。CONTINUE

语句可以使程序跳过 CONTINUE 后面的语句,回到循环的第一行,继续开始下一次循环。BREAK 语句则让程序跳出循环,结束循环语句的执行。WHILE 语句可以嵌套使用。

（5）WAITFOR。

WAITFOR 语句用来暂停程序执行,直到所设定的等待时间已过或所设定的时间已到才能继续往下执行。其语法格式为:

```
WAITFOR {DELAY ´time´ | TIME ´time´}
```

各参数含义如下:

time:必须为 datetime 类型的数据,格式为"hh:mm:ss"。

DELAY:用来设定等待的时间,最多为 24 小时。

TIME:用来设定等待结束的时间点。

（6）RETURN。

RETURN 用于从过程、批处理或语句块中无条件退出,不执行 RETURN 之后的语句。其语法格式为:

```
RETURN [integer_expression]
```

其中,integer_expression 为返回的整型表达式值,若没有指定,则 SQL Server 2005 系统将会根据程序执行的情况返回一个内定值。RETURN 语句不能返回 NULL 值。

4.3 用户数据库的创建和管理

4.3.1 用户数据库的创建

有两种方法可以创建用户数据库:一种方法是使用 Microsoft SQL Server Management Studio 中的对象资源管理器,此法简单直观,以图形化的方式实现数据库的创建和数据库属性的设置;另一种方法是使用 T-SQL 语句创建用户数据库,此法可以将创建数据库的代码（或称脚本）保存下来,在其他机器上运行以创建相同的数据库。

1. 使用对象资源管理器创建用户数据库

创建数据库之前,必须先确定数据库的名称、数据库的所有者、初始大小、数据库文件增长方式、数据库文件最大允许增长的大小以及用于存储数据库的文件路径和属性等。

【例 4.7】 使用对象资源管理器创建数据库 yggl。

表 4.6 给出了员工管理数据库的选项参数。

数据库必须包含一个或多个数据文件和一个日志文件,并且每个文件只能由一个数据库使用,yggl_data.mdf 和 yggl_log.ldf 这两个文件只能由 yggl 数据库使用。

使用对象资源管理器创建 yggl 数据库的过程如下。

（1）打开 SQL Server 2005 的 Microsoft SQL Server Management Studio,进入对象资源管理器,展开指定的服务器,右击"数据库",在弹出的快捷菜单中选择"创建数据库"命令。

表 4.6　员工管理数据库(yggl)的选项参数

参　　数	参数值
数据库名称	yggl
数据库逻辑文件名称	yggl_data
操作系统数据文件名	C:\program files\microsoft sql server\mssql\data\yggl_data.mdf
数据文件的初始大小	3MB
数据文件的最大大小	50MB
数据文件的增长量	1MB
事务日志文件逻辑文件名	yggl_log
操作系统事务日志文件名	C:\program files\microsoft sql server\mssql\data\yggl_log.ldf
事务日志文件的初始大小	1MB
事务日志文件的最大大小	10MB
事务日志文件的增长量	10％

(2) 在弹出的"新建数据库"对话框的"常规"标签页内(如图 4.12 所示),可以定义数据库名称,数据库的所有者,是否使用全文索引,数据库文件和日志文件的逻辑名称、文件组、初始大小、增长方式和路径等。

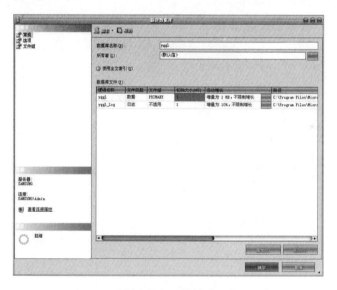

图 4.12　"新建数据库"的"常规"标签页

在"数据库名称"文本框中输入要创建的数据库名称(yggl),"所有者"文本框用来选择数据库操作的用户,可以选择默认值,表示数据库所有者为登录 Windows 的管理员账户,也可以选择其他。在"逻辑名称"项下可以修改数据文件和日志文件的逻辑名称。同样,在相应位置也可以将数据库其他选项参数进行修改,如增长方式和路径。

(3) 单击"添加"按钮,可以为数据库添加新的数据文件,如次要数据文件。

(4) 切换到"新建数据库"的"选项"标签页(如图 4.13 所示),可以定义包括排序规则、恢复模式、兼容级别、恢复选项、游标选项等数据库选项,通常选择默认设置。

图 4.13　"新建数据库"的"选项"标签页

（5）切换到"新建数据库"的"文件组"标签页（如图 4.14 所示），可以设置用户数据库的文件组。单击"添加"按钮，可以添加其他文件组。

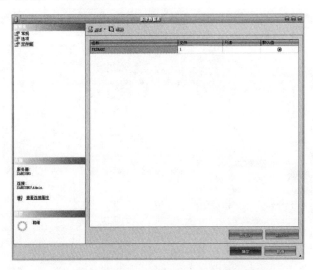

图 4.14　"新建数据库"的"文件组"标签页

（6）当完成各项的设置后，单击"确定"按钮，SQL Server 2005 数据库引擎会根据用户的设置完成数据库的创建。

2. 使用 T-SQL 语句创建用户数据库

使用 T-SQL 语句创建用户数据库与图形化方式不同，其创建过程和参数设定都采用 T-SQL 语句来完成。在 Microsoft SQL Server Management Studio 窗口内，在工具栏上单击"新建查询"，系统打开 SQL 编辑器窗口，在光标处开始输入相应的 T-SQL 语句即可（如图 4.15 所示）。作为一个图形界面的工具，利用 SQL 编辑器窗口可以提交 T-SQL 语句，然后发送到服务器,并返回执行结果。该工具支持与服务器的数据库引擎连接。

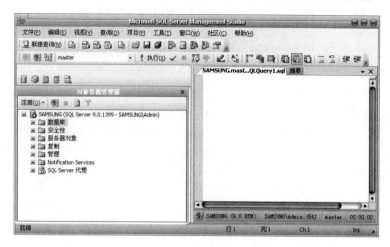

图 4.15　输入 T-SQL 语句界面

(1) 使用 T-SQL 语句创建用户数据库的语法格式。

使用 T-SQL 语句创建用户数据库的语法格式如下:

```
CREATE   DATABASE database_name
ON
{[PRIMARY] (NAME = logical_file_name,
FILENAME = ´os_file_name´
[,SIZE = size]
[,MAXSIZE = {maxsize|UNLIMITED}]
[,FILEGROWTH = grow_increment])
}[,…n]
LOG ON
{(NAME = logical_file_name,
FILENAME = ´os_file_name´
[,SIZE = size]
[,MAXSIZE = {maxsize|UNLIMITED}]
[,FILEGROWTH = grow_increment])
}[,…n]
```

(2) 参数说明。

① database_name：要建立的数据库名称。

② ON：指定存储数据库数据的磁盘文件(数据文件)。

③ LOG ON：指定建立数据库的日志文件。

④ PRIMARY：在主文件组中指定文件。

⑤ NAME：指定数据或日志文件的文件名称。

⑥ FILENAME：指定文件的操作系统文件名和路径。

⑦ SIZE：指定数据文件或日志文件的大小。用户可以 MB 或 KB 为单位指定大小。默认单位为 MB。当添加数据文件或日志文件时，默认大小为 1MB。

⑧ MAXSIZE：指定文件能够增长到的最大长度，默认单位为 MB。

⑨ FILEGROWTH：指定文件的增长增量。该参数值不能超过 MAXSIZE 参数。默认单位为 MB，也可采用百分比（％）来表示。

为了便于分配和管理，SQL Server 2005 允许将多个文件归为一组，并赋予此组一个名称，即文件组。文件组分为主文件组和次文件组。其中，主文件组中不仅包含所有的数据库系统表，还包含所有未指定给用户文件组的文件。主文件组的第一个逻辑文件 logical_file_name 为主文件，该文件包含数据库的逻辑起点及其系统表。一个数据库只能有一个主文件。如果没有指定主文件，则 CREATE DATABASE 语句中出现的第一个文件就成为主文件。

【例 4.8】 创建一个名为 yggl 的数据库，其数据文件初始大小为 3MB，最大为 50MB，文件大小增量为 1MB，日志文件初始大小为 1MB，最大为 10MB，文件增长增量为 10％。

相应 T-SQL 语句如下：

```
CREATE   DATABASE yggl
ON PRIMARY
(NAME = yggl_data,
FILENAME = ´C:\program files\microsoft sql server\mssql\data\yggl_data.mdf´,
SIZE = 3,
MAXSIZE = 50,
FILEGROWTH = 1)
LOG ON
(NAME = yggl_log,
FILENAME = ´C:\program files\microsoft sql server\mssql\data\yggl_log.ldf´,
SIZE = 1,
MAXSIZE = 10,
FILEGROWTH = 10％)
```

在 SQL 编辑器窗口输入上述 T-SQL 语句，并单击工具栏上的"执行"，即可创建指定的数据库。

4.3.2 查看和修改数据库属性

用户可以利用对象资源管理器和 T-SQL 语句来查看和修改数据库的各种信息，如数据库的常规信息、文件组或文件信息、选项信息和权限信息等。

利用对象资源管理器查看和修改数据库属性很简单。打开 SQL Server Management Studio，进入对象资源管理器，展开服务器和数据库，右击需要进行修改的用户数据库名称图标，从弹出的快捷菜单中选择"属性"，弹出"数据库属性"对话框，用户可根据需要在对话框内进行相应的修改。

使用 T-SQL 语句查看与修改数据库属性的过程如下。

1. 打开数据库

当用户登录 SQL Server 服务器，连接 SQL Server 后，需要先连接 SQL Server 服务器上的一个数据库，才能使用该数据库中的数据。如果用户没有特别指定连接哪个数据库，则

SQL Server 会自动连接 master 系统数据库。用户可以指定连接到 SQL Server 服务器上的某个数据库,或者从一个数据库切换到另一个数据库,也可以在 SQL 编辑器中利用 USE 命令来打开或切换至不同的数据库。

打开或切换数据库的 T-SQL 语句如下:

```
USE database_name
```

其中,database_name 为用户想要打开或切换的数据库名称。

2. 查看数据库信息

通过 T-SQL 语句可以查看数据库信息。例如,有关数据库的基本信息可使用 sys.databases 来查看,有关数据库文件的信息可以通过 sys.dabase_files 来查看。此外,使用 sys.filegroups 可以查看有关数据库文件组的信息,利用 sys.master_files 可以查看数据库文件的基本信息和状态信息。

【例 4.9】 通过系统表 sys.databases 查看数据库的状态信息。

相应 T-SQL 语句如下:

```
USE yggl
GO
SELECT name,state,state_desc FROM sys.database_files
```

具体输入和执行结果如图 4.16 所示。

图 4.16 用 T-SQL 语句查看数据库状态信息

【例 4.10】 查看数据文件和日志文件信息。

相应 T-SQL 语句如下:

```
USE yggl
GO
SELECT * FROM sys.master_files
```

在 SQL 编辑器窗口输入上述语句并执行(如图 4.17 所示),可以查看数据文件和日志文件信息。

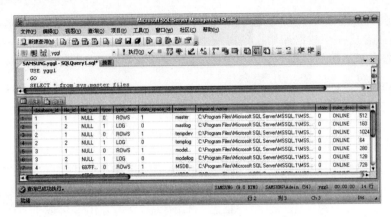

图 4.17　查看数据文件和日志文件信息

3. 修改数据库

用户可以使用 ALTER DATABASE 语句来修改数据库,包括:

(1) 增加或删除数据文件。

(2) 改变数据文件的大小和增长方式。

(3) 改变日志文件的大小和增长方式。

(4) 增加或删除日志文件。

(5) 增加或删除文件组。

ALTER DATABASE 的具体语法形式如下:

```
ALTER   DATABASE database_name
{ADD FILE ⟨filespec⟩[,…n][To filegroup filegroupname]}
                                               /*在文件组中增加数据文件*/
|ADD LOG FILE ⟨filespec⟩[,…n]                  /*增加日志文件*/
|REMOVE FILE logical_file_name                 /*增加数据文件*/
|MODIFY FILE ⟨filespec⟩                        /*修改文件属性*/
|ADD FILEGROUP filegroup_name                  /*增加文件组*/
|REMOVE FILEGROUP filegroup_name               /*删除文件组*/
|MODIFY NAME = new_databasename                /*修改数据库名称*/
```

【例 4.11】　在 yggl 数据库中添加两个数据文件和一个日志文件。

相应 T-SQL 语句如下:

```
ALTER   DATABASE yggl
ADD FILE
(NAME = yggl_data1,
FILENAME = ´C:\program files\microsoft sql server\mssql\data\yggl_data1.mdf´,
SIZE = 3,
MAXSIZE = 100,
FILEGROWTH = 3)
GO
ALTER DATABASE yggl
```

```
ADD FILE
(NAME = yggl_data2,
FILENAME = ´C:\program files\microsoft sql server\mssql\data\yggl_data2.mdf´,
SIZE = 3,
MAXSIZE = 20,
FILEGROWTH = 1)
GO
ALTER DATABASE yggl
ADD LOG FILE
(NAME = yggl_log1,
FILENAME = ´C:\program files\microsoft sql server\mssql\data\yggl_log1.ldf´,
SIZE = 2,
MAXSIZE = 20,
FILEGROWTH = 2)
```

4.3.3　管理用户数据库

1. 用户数据库的增缩

当用户数据库增长到要超过它的使用空间时,就必须增加其容量,即给它提供额外的存储空间。如果指派给用户数据库的存储空间过多,就可以通过缩减数据库容量来减少存储空间的浪费。可以用 T-SQL 命令和对象资源管理器来增加和缩减用户数据库容量。下面仅介绍利用对象资源管理器自动或手动收缩用户数据库容量的过程。

（1）设置自动收缩数据库。

打开如图 4.18 所示的“数据库属性”的“选项”界面,单击“自动收缩”旁的下拉按钮,可设定数据库为自动收缩。以后,数据库引擎会定期检查每个数据库的空间使用情况,并自动收缩数据文件的大小。

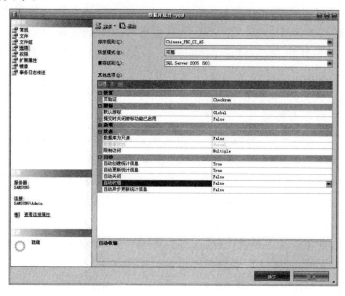

图 4.18　设置自动收缩数据库

（2）设置手动收缩数据库。

打开 Microsoft SQL Server Management Studio，在对象资源管理器中找到需要收缩的用户数据库，右击该数据库，弹出如图 4.19 所示的快捷菜单，选择"任务"—"收缩"—"数据库"命令，然后会弹出"收缩数据库"窗口，可以进行手动收缩数据库的操作。

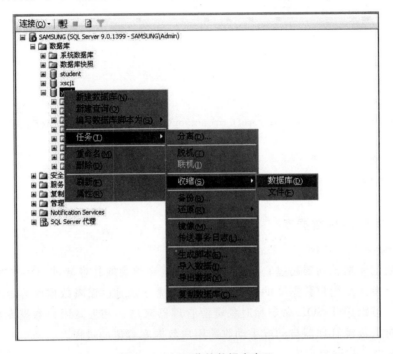

图 4.19　打开收缩数据库窗口

（3）设置手动收缩数据文件。

SQL Server 2005 的数据文件和日志文件都可以收缩，用户可以设置为自动收缩，也可设置为手动收缩，还可以设置数据库收缩后的空间大小。收缩操作从数据文件的末尾开始，若设定的收缩空间小于数据文件的实际大小，数据库将收缩到实际大小。

打开 Microsoft SQL Server Management Studio，在对象资源管理器中找到需要收缩的用户数据库，右击该数据库，在弹出的快捷菜单中依次选择"任务"—"收缩"—"文件"命令，然后会弹出"收缩数据文件"对话框，可以进行手动收缩数据文件的操作。

2. 用户数据库的分离和附加

当需要移动用户数据库时，将数据库从当前实例中分离出来再附加到其他位置是很有必要的。SQL Server 2005 提供了这项功能，使管理员可以很方便地将用户数据库在相同或不同计算机的 SQL Server 2005 实例中移动，而且还可以在服务器运行时分离和附加数据库，并可以选择是否更新统计信息、是否断开与指定数据库服务器的连接等。

（1）分离数据库。

分离数据库是将数据库从 SQL Server 2005 服务器实例中删除，但该数据库的数据文件和日志文件保持不变，从而可以将该数据库附加到任何 SQL Server 2005 数据库实例中去。

打开 Microsoft SQL Server Management Studio，在对象资源管理器中找到需要分离的

88

用户数据库,右击该数据库,在弹出的快捷菜单中选择"任务"—"分离"命令,弹出"要分离的数据库"对话框,在此进行分离的数据库的操作。

(2)附加数据库。

分离后的数据库的数据文件和日志文件可以附加到同一个或其他 SQL Server 2005 实例上。

打开 Microsoft SQL Server Management Studio,在对象资源管理器中的"数据库"选项上右击,选择快捷菜单中的"附加"命令,弹出"附加数据库"对话框,单击"添加"按钮,弹出"定位数据库文件"对话框,选择要附加的数据文件,最后单击"确定"按钮,将数据库的数据文件和日志文件添加过来。

3. 用户数据库的删除

在对象资源管理器中右击要删除的数据库名,在快捷菜单中选择"删除",在弹出的对话框中单击"确认"按钮即可删除用户数据库。也可以使用 DROP DATABASE 语句来删除数据库,例如,要删除名为 yggl 的数据库,在查询分析器中输入下列语句并执行即可。

```
DROP DATABASE yggl
```

4.4 数据表和表数据

4.4.1 数据表的创建和删除

数据表是一个很重要的数据对象,是组成数据库的基本元素。用户可以通过对象资源管理器或使用 T-SQL 语句来创建表。为了详细描述通过对象资源管理器或 T-SQL 语句来创建表的功能和使用,现给出关于某单位员工管理数据库(yggl)的几个基本表的结构,参见表 4.7、表 4.8、表 4.9 和表 4.10。

表 4.7 ygxx(员工基本信息)

列　名	数据类型	长　度	是否允许为空值	默认值	说　明
bh	char	5		无	员工编号,主键
xm	char	8		无	姓名
xb	char	2	√	男	性别
bmbh	char	2		无	部门编号
jzdh	char	4		无	职务级别代号
xl	char	10	√	无	学历
csrq	datetime	系统默认	√	无	出生日期
zhzh	varchar	40	√	无	家庭住址
lxdh	char	11	√	无	联系电话
yzhbm	char	6	√	无	邮政编码

表 4.8 gzxx(员工工资信息)

列　名	数据类型	长度	是否允许为空值	默认值	说　明
bh	char	5		无	员工编号,主键
xm	char	8		无	姓名
jbgz	numeric	(7,2)		无	基本工资
gwjt	numeric	(7,2)	√	无	岗位津贴
zwjt	numeric	(7,2)	√	无	职务津贴
zfbt	numeric	(7,2)	√	无	住房补贴
zfgjj	numeric	(7,2)	√	无	住房公积金
sdf	numeric	(7,2)	√	无	水电费
grsds	numeric	(7,2)	√	无	个人所得税

表 4.9 zhw(职务信息)

列　名	数据类型	长度	是否允许为空值	默认值	说　明
jzdh	char	6		无	职务级别代号,主键
jz	char	6		无	职务级别

表 4.10 bm(部门信息)

列　名	数据类型	长度	是否允许为空值	默认值	说　明
bmbh	char	2		无	部门编号,主键
bmmc	char	20		无	部门名称

1. 使用对象资源管理器来创建表

以建立 yggl 数据库的 gzxx 表为例,描述在对象资源管理器中建立表的过程。

首先,在对象资源管理器中展开已经创建的 yggl 数据库。右击"表",在弹出的快捷菜单中选择"新建表"命令(如图 4.20 所示)。

在弹出的窗口中分别输入各列的名称、数据类型、长度、是否允许为空等属性(如图 4.21 所示)。设置好各列的上述属性之后,单击 SQL Server 管理控制台窗口中工具栏上的"保存"按钮,弹出"选择名称"对话框,输入表名"gzxx",数据表创建完成。

图 4.20　新建表

图 4.21　定义表结构

2. 使用 T-SQL 语句来创建表

通过 CREATE TABLE 语句创建表,其语法格式为:

```
CREATE TABLE [database_name.[owner.]|[ owner].|owner.]table_name
({<column_definition>
| column_name as computed_column_expression
|<table_constraint>}
|[{PRIMARY KEY |UNIQUE computed_column_expression}[,…n]]
[ON {filegroup |DEFAULT}]
[TEXTIMAGE_ON {filegroup |DEFAULT}])
```

主要参数说明如下。

(1) column_name:表中的列名。列名必须符合标识符规则,并且在表内唯一。

(2) computed_column_expression:定义计算列值的表达式。当表中某些列的数值可由同表中的其他列通过定义的公式计算得到时使用,如"销售收入＝销售量×价格"。

(3) ON {filegroup|DEFAULT}:指定存储表的文件组。若指定 filegroup,则表存储在指定的文件组中;如果指定 DEFAULT,或未指定 ON 参数,则表存储在默认文件组中。

(4) TEXTIMAGE_ON:表示 text、ntext 和 image 列存储在指定文件组中;若表中没有 text、ntext 和 image 列,则不能使用 TEXTIMAGE_ON。不指定 TEXTIMAGE_ON 时,text、ntext 和 image 列与表存储在同一文件组内。

【例 4.12】　建立基本表 4.2,表名 gzxx。

相应 T-SQL 语句如下:

```
CREATE TABLE gzxx
(bh CHAR(5)   NOT NULL,
jbgz NUMERIC(7,2) NOT NULL,
gwjt NUMERIC(7,2),
zwjt NUMERIC(7,2),
zfbt NUMERIC(7,2),
zfgjj NUMERIC(7,2),
sdf   NUMERIC(7,2),
grsds NUMERIC(7,2)
)
```

3. 数据表的删除

通过对象资源管理器可以进行表的删除操作,使用 DROP 语句也可以从数据库中删除数据表。

(1) 通过对象资源管理器。

在对象资源管管理器中找到要删除的表,在该表上右击,在弹出的快捷菜单上选择"删除",然后在打开的"删除对象"窗口中单击"确定"按钮,完成对表的删除操作。

(2) 使用 DROP 语句删除数据表。

DROP 语句的语法格式为:

```
DROP TABLE   table_name
```

注：DROP TABLE 语句不能删除系统表。

【**例 4.13**】 删除数据库 yggl 中的表 gzxx。

相应 T-SQL 语句如下：

```
USE yggl
GO
DROP TABLE gzxx
GO
```

4.4.2　修改表结构

数据表创建后，在使用过程中有可能需要对原来定义好的表结构进行修改，包括更改表名、增加列、删除列、修改已有列的属性等。表结构的修改也可以通过对象资源管理器和 T-SQL 语句两种方法进行。这里仅介绍通过对象资源管理器修改表结构的过程。

1. 增加新列

当需要向表中增加新项目时，就要在表中添加新列。例如，要在 yggl 数据库中的 ygxx 表中增加一列"shfzh"（身份证号码），其操作过程如下。

在对象资源管理器中右击表 ygxx，在弹出的快捷菜单中选择"修改"命令，在打开的"表-dbo.ygxx"窗口单击最后一条信息下面的空行，输入列名"shfzh"，数据类型选择 char，长度为 18，并允许为空值（如图 4.22 所示）。单击 SQL Server 管理控制台窗口中工具栏的"保存"按钮，完成添加列的操作。通过这样的操作过程可对表增加多列。

图 4.22　修改表结构——增加新列

2. 删除列

在对象资源管理器中打开 ygxx 表窗口,右击"shfzh"列,在弹出的快捷菜单中选择"删除列"命令,该列即被删除。单击 SQL Server 管理控制台窗口中工具栏的"保存"按钮,保存操作结果。由于表中的列被删除后不能恢复,所以删除列时要慎重。

3. 修改已有列的属性

通过对象资源管理器,打开表窗口,单击需要修改的列的某个属性可直接进行修改。修改完毕后,单击 SQL Server 管理控制台窗口中工具栏的"保存"按钮,保存修改结果。

4. 修改表名

SQL Server 2005 允许修改表名,但一般来说,不要随便更改已经定义好的表名,尤其是那些已在其上定义了视图等数据库对象的表名。因为当表名改变后,与其相关的某些对象(如存储过程、视图等)将无效。

在对象资源管理器中展开 yggl 数据库,右击其中某个需要改名称的表,如 gzxx,在弹出的快捷菜单中选择"重命名"命令,在表名的位置输入新的表名后回车,即完成修改表名的操作。

4.4.3　表数据操作

表数据操作包括插入、更新和删除表数据。表数据操作也通过对象资源管理器和 T-SQL 语句两种方式来完成。

1. 利用对象资源管理器完成表数据操作

下面以对 yggl 数据库中的 ygxx 表进行插入、修改、删除为例,说明通过对象资源管理器操作表数据的过程和方法。在对象资源管理器中展开 yggl,右击表 ygxx,在弹出的快捷菜单中选择"打开表"命令(如图 4.23 所示),进入所选择的表数据操作窗口(如图 4.24 所示)。在此窗口内,表中的记录按行显示,每个记录占一行,此时可在表中进行插入、删除和修改数据的操作。

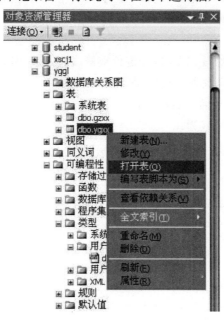

图 4.23　打开表

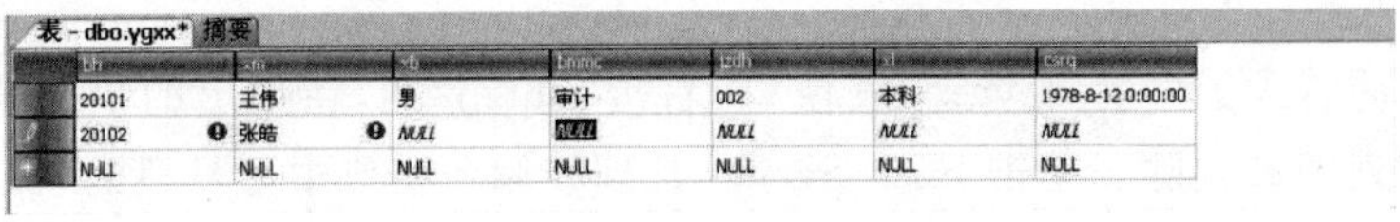

图 4.24　表数据操作窗口

（1）插入记录。

插入记录是将新记录添加在表尾，可向表中插入多条记录。操作方法是：将光标定位到当前表尾的下一行，逐列输入列的值，每输完一列的值，按回车键，光标自动跳到下一列，则可输入该列的值。若当前列是表的最后一列，该列编辑完后按回车键，光标自动跳到下一行的第一列，此时可插入下列。如图 4.25 所示为向表 ygxx 中添加记录。

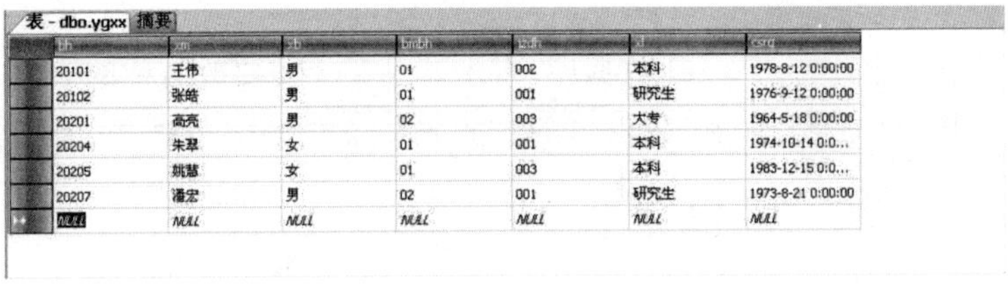

图 4.25　向表 ygxx 中添加记录

在插入记录的过程中，若某列不允许为空值，则必须为该列输入值；若某列允许为空值，则当不输入该列值时，在表格中将显示"NULL"字样。

（2）删除记录。

当不再需要表中的某些记录时，可将其删除。方法是：在表数据操作窗口定位需要被删除的记录行，即将光标移到要被删除的行，此时该行反相显示。右键鼠标，在弹出的快捷菜单上选择"删除"命令，在出现的"确认"窗口中，单击"是"按钮将删除所选的记录，单击"否"按钮将取消此次删除操作。

（3）修改记录。

在对象资源管理器中修改记录时，先定位被修改的记录，然后对该字段进行修改即可。

2. 使用 T-SQL 语句完成表数据操作

（1）使用 INSERT 语句插入表数据。

INSERT 语句的语法格式为：

```
INSERT  INTO  table_name  [(column1, column2,...)]
VALUES (value1,value2,...)
```

各参数含义说明如下。

① table_name：要插入数据的表名。

② column1，column2，…：要插入数据的列名。

③ value1，value2，…：插入的列值。

VALUES 子句列值的内容必须和列名输入顺序一致，个数相等，数据类型相对应。如果语句中没有提供插入数据的列名，则表示在 VALUES 后的列值中提供插入元组的每个分量的值,分量的顺序与关系模式中列名的顺序一致。如果语句中提供列名,则 VALUES 后的元组值中只提供插入元组对应于列名中的分量的值。

【例 4.14】 在 ygxx 表中插入一条新记录。

相应 T-SQL 语句如下:

```
USE yggl
INSERT INTO ygxx VALUES(´20501´,´王丹´,´女´,´06´,´003´,´专科´,´1956-01-01´)
GO
```

打开表 ygxx,可以看到表尾已经添加了上面的一行记录。

(2) 使用 DELETE 语句删除数据。

DELETE 语句的一般格式为:

```
DELETE
    FROM table_name
        [WHERE column1 = value1][,AND][,column2 = value2]
```

其中,WHERE 子句用来指定删除条件。

【例 4.15】 删除表 ygxx 中编号(bh)为"0031"的员工记录。

相应 T-SQL 语句如下:

```
DELETE
    FROM ygxx
        WHERE bh = ´0031´
```

【例 4.16】 删除表 ygxx 中的所有员工记录。

相应 T-SQL 语句如下:

```
DELETE
FROM ygxx
```

【例 4.17】 删除表 ygxx 中学历(xl)为"专科",性别(xb)为"男"的记录。

相应 T-SQL 语句如下:

```
DELETE
    FROM ygxx
        WHERE xl = ´专科´   AND xb = ´男´
```

【例 4.18】 删除赵敏的工资记录。

相应 T-SQL 语句如下:

```
DELETE
FROM gzxx
WHERE bh IN
    (SELECT bh
        FROM ygxx
            WHERE xm = ´赵敏´)
```

（3）使用 UPDATE 语句修改数据。

UPDATE 语句的一般格式为：

```
UPDATE table_name
SET column1 = new_value1[,column2 = new_value2[,…n]]
[WHERE column1 = value1][,AND][,column2 = value2,…]
```

该语句的功能是：修改指定表中满足条件表达式的记录中的指定属性值，其中 SET 子句用于指定修改方法，即用新值取代相应的属性列值。如果省略 WHERE 子句，则表示要修改表中的所有元组。

【例 4.19】 将编号（bh）为"00023"的员工学历改为研究生。

相应 T-SQL 语句如下：

```
UPDATE ygxx
   SET xl = ´研究生´
      WHERE bh = ´00023´
```

【例 4.20】 将 gzxx 表中所有记录的基本工资都提高 6%。

相应 T-SQL 语句如下：

```
UPDATE gzxx
   SET jbgz = jbgz * 1.06
```

4.4.4 约束的创建和删除

1. 数据完整性

数据完整性是指存储在数据库中的数据的一致性和正确性。SQL Server 2005 提供了定义、检查和控制数据完整性的机制以保证数据完整性。按照数据完整性措施作用对象的不同，数据完整性分为域完整性、实体完整性和参照完整性三种。

（1）域完整性。

域完整性又称列完整性，用以指定列数据具有正确的数据类型、格式和有效的取值范围，保证数据的有效性。

（2）实体完整性。

实体完整性又称行完整性，是指数据表中的所有行都是唯一的、确定的，所有记录都是可区分的。实体完整性要求表中有一个主键，主键值是唯一的且不能为空。

（3）参照完整性。

参照完整性又称引用完整性，是保证参照表（从表）中的数据与被参照表（主表）中的数据的一致性。

如果定义了两个表（主表和从表）之间的参照完整性，则要求：

① 从表不能引用不存在的键值；

② 如果主表中的键值更改了，那么在整个数据库中，对从表中该键值的引用要进行一致的更改；

③ 如果主表中没有关联的记录，则不能将记录添加到从表；

④ 如果要删除主表中的某一记录,则应先删除从表中与该记录匹配的相关记录。

2. 约束的分类

SQL Server 2005 中有五种类型的约束,分别是 CHECK 约束、DEFAULT 约束、PRI-MARY KEY 约束、FOREIGN KEY 约束和 UNIQUE 约束。

(1) CHECK 约束。

CHECK 约束用于限制输入到一列或多列的值的范围,从逻辑表达式判断数据的有效性,也就是一个列的输入内容必须满足 CHECK 约束的条件,否则数据无法正常输入。CHECK 约束可以实现域完整性。

(2) DEFAULT 约束。

为某列定义了 DEFAULT 约束后,用户在插入新的数据行时,如果没有为该列指定数据,则系统自动将默认值赋给该列。

(3) PRIMARY KEY 约束。

能够唯一标识表中的每一行的一列或多列称为表的主键(PRIMARY KEY),通过它可以强制表的实体完整性。一个表只能有一个主键,而且主键约束中的列不能为空值。如果主键是多列的组合,则一列中的值可以重复,但主键约束定义中的所有列的组合值必须唯一。

(4) FOREIGN KEY 约束。

FOREIGN KEY(外键)用于建立和加强两个表(主表和从表)之间的一列或多列数据之间的链接。添加、删除和修改数据时,通过外键约束来保证它们之间数据的一致性。

(5) UNIQUE 约束。

UNIQUE 约束用于保证表中的某一列或某些列(非主键列)没有相同的列值。UNIQUE 约束与 PRIMARY KEY 约束的区别在于:一个数据表只能有一个 PRIMARY KEY 约束,但一个表可根据需要对不同的列创建若干个 UNIQUE 约束;PRIMARY KEY 约束字段的值不允许为 NULL,而 UNIQUE 约束字段的值可以取 NULL。

3. 约束的创建和删除

(1) CHECK 约束的创建和删除。

CHECK 约束实际上是字段输入内容的验证规则,要求一个字段的输入内容必须满足 CHECK 约束的条件,若不满足,则数据无法正常输入。对于 TimeStamp 和 Identity 两种类型字段不能创建 CHECK 约束。

① 通过对象资源管理器创建和删除 CHECK 约束。

对于 yggl 数据库中的 ygxx 表,每个员工的学历要求必须是大专以上,即 xl 字段可以取的值为"大专""本科"和"研究生"。创建 CHECK 约束的操作步骤如下。

第一步,右击 ygxx 表的表设计器界面,弹出如图 4.26 所示的快捷菜单。

图 4.26　表-dbo.ygxx 设计界面

第二步,选择快捷菜单中的"CHECK 约束",打开如图 4.27 所示的"CHECK 约束"对话框。

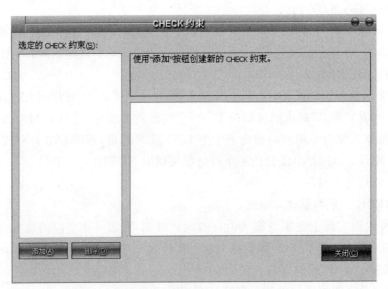

图 4.27　"CHECK 约束"对话框

第三步,单击"添加"按钮,打开 CHECK 约束的输入窗口,输入约束表达式"xl='大专' or xl='本科' or xl='研究生'"(如图 4.28 所示),单击"关闭"按钮完成操作。

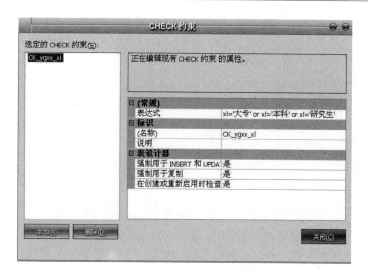

图 4.28 输入 CHECK 约束表达式

按照上述步骤创建 CHECK 约束后，输入数据时如果学历不满足要求，系统将报告错误。

如果要删除上述约束，可进入如图 4.29 所示的"CHECK 约束"对话框，选择对应的约束名，并单击"删除"按钮，然后关闭窗口即可。

图 4.29 "CHECK 约束"对话框

② 利用 T-SQL 语句可以在创建表时创建 CHECK 约束，也可以在定义或修改表结构时创建 CHECK 约束。

创建 CHECK 约束的语法格式如下：

```
ADD[CONSTRAINT constraint_name]
CHECK (logical_expression)
```

【例 4.21】 使用 T-SQL 语句为 ygxx 表创建一个名为"CK_ygxx_xb"的 CHECK 约束。

相应 T-SQL 语句如下：

ALTER TABLE ygxx

ADD CONSTRAINT CK_ygxx_xb

CHECK(xb = ´男´ or xb = ´女´)

删除 CHECK 约束的语句格式为：

DROP CONSTRAINT constraint_name

因此，删除上例中的"CK_ygxx_xb"约束的 T-SQL 语句如下：

ALTER TABLE ygxx

DROP CONSTRAINT CK_ygxx_xb

（2）DEFAULT 约束的创建和删除。

在对象资源管理器中创建 ygxx 表的 DEFAULT 约束，要求员工性别（xb）的默认值为"男"，具体操作步骤如下。

在对象资源管理器中右击 ygxx 表，在弹出的快捷菜单中选择"修改"命令，打开 ygxx 表的表设计器界面（如图 4.30 所示）；选择"xb"列，在下面的"列属性"的"默认值或绑定"栏输入"男"；然后单击 SQL Server 管理控制台窗口中工具栏的"保存"按钮即可。

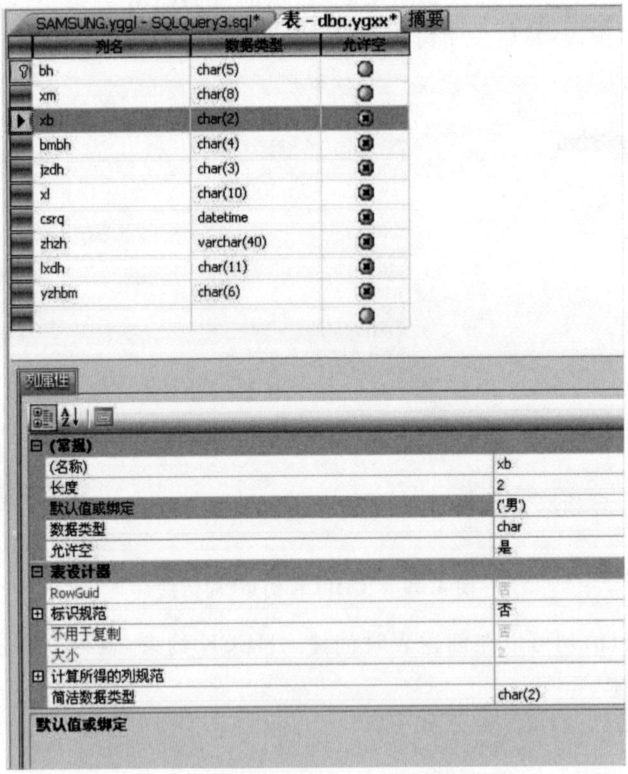

图 4.30 设置 DEFAULT 约束

要删除已建立的 DEFAULT 约束，只需在图 4.30 中删除该列的默认值，并保存结果即可。

使用 T-SQL 语句创建 DEFAULT 约束的语法格式为：

```
ADD[CONSTRAINT constraint_name]
DEFAULT constraint_expression
```

【例 4. 22】 为表 ygxx 创建一个约束名为 DE_ygxx_xb 的 DEFAULT 约束,要求性别(xb)的默认值为"男"。

相应 T-SQL 语句如下：

```
ALTER TABLE ygxx
ADD CONSTRAINT DE_ygxx_xb DEFAULT′男′ for xb
```

删除已创建的 DEFAULT 约束的语法格式为：

```
DROP CONSTRAINT constraint_name
```

因此,删除上例中的 DEFAULT 约束的 T-SQL 语句如下：

```
ALTER TABLE ygxx
DROP CONSTRAINT DE_ygxx_xb
```

(3) PRIMARY KEY 约束的创建和删除。

在对象资源管理器中将 ygxx 表的员工编号(bh)定义为主键(PRIMARY KEY)的具体操作步骤如下。

在对象资源管理器中右击 ygxx 表,在弹出的快捷菜单中选择"修改"命令,打开如图 4.31所示的表设计器界面;右击 bh 列,在弹出的快捷菜单中选择"设置主键"命令,即可将 bh 列设置为主键。用户也可以通过单击工具栏上的"设置主键"按钮将所选的列设置为主键,若再次单击"设置主键"按钮,可取消上面设置的主键。设置完成后单击"保存"按钮。

图 4.31 主键设置窗口

若主键由多列组成,可先选中其中的一列,然后按住"Ctrl"键不放,同时用鼠标单击其他列,然后单击工具栏的"设置主键"按钮,即可将多列组合设置为主键。

使用 T-SQL 语句创建主键约束的语法格式为：

```
[CONSTRAINT constraint_name]
```

PRIMARY KEY constraint_expression

[CLUSTERED|NONCLUSTERED]

其中,[CLUSTERED|NONCLUSTERED]用来说明 PRIMARY KEY 约束创建的是聚集索引或非聚集索引。PRIMARY KEY 约束默认为 CLUSTERED。

【例 4.23】 为 ygxx 表的编号(bh)定义名为 PK_ygxx_bh 的主键约束。

相应 T-SQL 语句如下:

ALTER TABLE ygxx

ADD CONSTRAINT PK_ygxx_bh PRIMARY KEY CLUSTERED(bh)

删除 PRIMARY KEY 约束的语法格式为:

DROP CONSTRAINT constraint_name

因此,删除上例中的主键约束的 T-SQL 语句如下:

ALTER TABLE ygxx

DROP CONSTRAINT PK_ygxx_bh

(4) UNIQUE 约束的创建和删除。

在对象资源管理器中设置 ygxx 表的身份证列(shfzh)为 UNIQUE 约束的具体操作步骤如下。

在对象资源管理器中右击表 ygxx,在弹出的快捷菜单中选择"修改"命令,打开 ygxx 表的表设计器界面;右击 shfzh 列,在弹出的快捷菜单中选择"索引/键"命令,或单击 shfzh 列,然后单击工具栏上的"索引/键"按钮,打开如图 4.32 所示的"索引/键"对话框;在对话框的名称文本框中输入 UNIQUE 约束的名称"IX_ygxx_shfzh",将"是唯一的"栏设置"是"。单击"添加"按钮重复上述步骤,就可以为表创建多个 UNIQUE 约束。设置完毕后单击"关闭"按钮,返回表设计器界面。最后单击工具栏的"保存"按钮,即完成了在 shfzh 列上创建 UNIQUE 约束的操作。

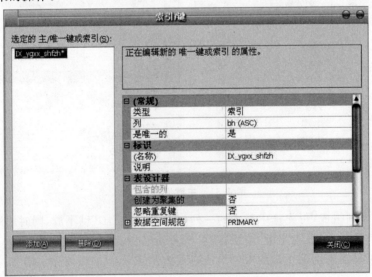

图 4.32 "索引/键"对话框

使用 T-SQL 语句创建 UNIQUE 约束的语法格式如下：

```
ADD[CONSTRAINT constraint_name]
UNIQUE constraint_expression
[CLUSTERED|NONCLUSTERED]
```

其中，[CLUSTERED|NONCLUSTERED]用来说明 UNIQUE 约束创建的是聚集索引或非聚集索引。UNIQUE 约束默认为 NONCLUSTERED。

【例 4.24】　对 ygxx 表的 shfzh 列创建 UNIQUE 约束。

相应 T-SQL 语句如下：

```
ALTER TABLE ygxx
ADD CONSTRAINT UN_ygxx_shfzh UNIQUE(shfzh)
```

删除上述 UNIQUE 约束的 T-SQL 语句如下：

```
ALTER TABLE ygxx
DROP CONSTRAINT UN_ygxx_shfzh
```

（5）FOREIGN KEY 约束的创建和删除。

FOREIGN KEY 约束是用于建立两个表（主表和从表）的一列或多列数据之间的链接，当数据被添加、修改和删除时，保证表之间数据的一致性。如 yggl 数据库中的 ygxx 表中记录了每个员工的基本信息，另一个 bm 表存放着部门编号（bmbh）和部门名称（bmmc）信息。若对于 bm 表设置 bmbh 列为其主键，则对于 ygxx 表而言，bmbh 列为外键，通过 bmbh 列建立起两个表之间的外键约束关系。

首先，将表 bm 中的 bmbh 设置为主键；然后，在对象资源管理器中选择数据库 yggl，右击"数据库关系图"，选择"新建数据库关系图"，向关系图中添加表 bm 和表 ygxx；从表 bm 的 bmbh 列拖动鼠标到 ygxx 表，出现如图 4.33 所示的"表和列"对话框。

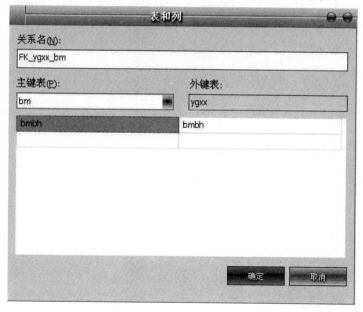

图 4.33　"表和列"对话框

在"表和列"对话框中,在"主键表"下拉列表框中选择表 bm,并在"主键表"的下拉列表框中选择 bmbh;在"外键表"下拉列表框中选择表 ygxx,并在"外键表"的下拉列表框中选择 bmbh;单击"确定"按钮,出现如图 4.34 所示的"外键关系"对话框;检查表和列规范、关系名,再次单击"确定"按钮,完成外键约束的创建。

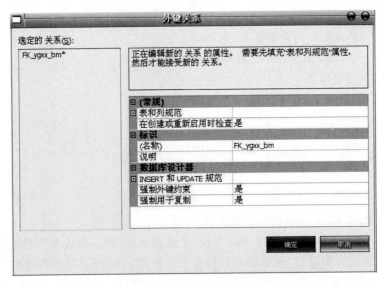

图 4.34 "外键关系"对话框

使用 T-SQL 语句创建 FOREIGN KEY 约束的语法为:

[CONSTRAINT constraint_name] [FOREIGN KEY]
REFERENCES referenced_table_name [(ref_column)]

其中,FOREIGN KEY REFERENCES 为列中的数据提供引用完整性的约束。FOREIGN KEY 约束只能引用在所引用的表中是 PRIMARY KEY 约束或 UNIQUE 约束的列,或所引用的表中在 UNIQUE INDEX 内的被引用列。referenced_table_name 是 FOREIGN KEY 约束引用的表的名称。ref_column 是 FOREIGN KEY 约束所引用的表中的某列。

【例 4.25】 为员工信息表 ygxx 和部门表 bm 创建外键约束。

先为 bm 表的 bmbh 列建立名为 PK_bmbh 的主键约束,然后再为 ygxx 表和 bm 表创建外键约束,相应 T-SQL 语句如下:

```
ALTER TABLE bm
ADD CONSTRAINT  PK_bmbh PRIMARY KEY CLUSTERED(bmbh)
GO
ALTER TABLE ygxx
ADD CONSTRAINT FK_bmbh FOREIGN KEY (bmbh)
REFERENCES bm(bmbh)
```

删除外键约束的 T-SQL 语句与其他相同,此处不再举例。

4.4.5　默认值对象和规则

1. 默认值对象

（1）默认值对象的创建。

默认值对象与 DEFAULT 约束的作用一样，但与 DEFAULT 约束不同的是，默认值对象是一种数据库对象，在数据库中只需要定义一次，就可以被多次应用于任意表中的一列或多列，也可以用于用户定义的数据类型。但默认值对象属于逐步取消的数据完整性手段，所以在 SQL Server 2005 的 Microsoft SQL Server Management Studio 中已经不再创建默认值对象的图形化界面。要创建默认值对象只能使用相应的 T-SQL 语句。

使用 T-SQL 语句创建默认值对象的语法格式为：

```
CREATE DEFAULT default_name AS constraint_name
```

其中，default_name 是指新建立的默认值对象的名称；constraint_name 是指定的默认值。

创建默认值对象后，可以把它绑定到表的某列，从而可以使用该默认值。将默认值对象绑定到数据表中某列的 T-SQL 语句的语法格式为：

```
EXEC sp_bindefault default_name,
´table_name.[column_name[,…]|user_datatype]´
```

其中，default_name 是由 CREATE DEFAULT 创建的默认值对象的名称，table_name.[column_name[,…]|user_datatype]是表中的某列或绑定默认值对象的用户数据类型。

【例 4.26】　在 yggl 数据库中创建默认值对象 xl_default，并将其绑定到 ygxx 表中的学历（xl）列上，从而实现每个员工的学历默认为"本科"。

相应 T-SQL 语句如下：

```
USE yggl
GO
CREATE DEFAULT xl_default AS ´本科´
GO
EXEC sp_bindefault xl_default ,´ygxx.xl´
GO
```

（2）默认值对象的删除。

如果要删除默认值对象，应先解除默认值对象与用户自定义数据类型及表字段的绑定关系，然后才能删除对象。

① 利用 sp_unbinddefault 解除绑定关系。

其语法格式为：

```
EXEC sp_unbindefault object_name
```

其中，object_name 为要解除默认值对象绑定关系的字段名，格式为：表名.字段名，或用户自定义类型名。

② 删除默认值对象。

解除绑定关系后，可以用 DROP 语句删除默认值对象。

其语法格式为：

```
DROP DEFAULT〈default_name〉[,…n]
```

其中，default_name 为要删除的默认值对象；参数 n 表示指定多个默认值对象同时删除。

【例 4.27】 解除默认值对象 xl_default 和 ygxx 表中的学历（xl）列的绑定关系，然后删除 xl_default。

相应 T-SQL 语句如下：

```
USE yggl
GO
EXEC   sp_unbindefault ´ygxx.xl´
DROP DEFAULT xl_default
```

2. 规 则

（1）规则的创建。

规则也是一种数据库对象，其作用是当向数据表中插入数据时，指定该列接收数据值的范围。规则与默认值对象一样，在数据库只需定义一次，就可以被多次应用于任意表中的一列或多列上。但规则也属于逐步取消的数据完整性手段，所以在 SQL Server 2005 的 Microsoft SQL Server Management Studio 中已经不存在创建规则的图形化界面。要创建规则只能使用相应的 T-SQL 语句。

规则与 CHECK 约束的作用一样，它们的关系就像默认值对象与 DEFAULT 约束的关系一样。规则不固定于某一列，而是创建后可以随便绑定于表中的某个列上。

使用 T-SQL 语句创建规则的语法格式如下：

```
CREATE RULE rule_name   AS condition_expression
```

其中，rule_name 表示新建的规则名；condition_expression 表示定义的规则内容。

绑定规则的语句为：

```
EXEC sp_bindrule rule_name,´table_name.[column_name[,…]|user_datatype]´
```

【例 4.28】 在 yggl 数据库中创建一个规则，并将其绑定到 ygxx 表的 bh 列，用于限制员工编号的输入范围。

相应 T-SQL 语句如下：

```
USE yggl
GO
CREATE RULE bh_rule AS @range LIKE ´[1－6][0－9][0－9][0－9][0－9]´
GO
EXEC sp_bindrule bh_rule,´ygxx.bh´
GO
```

（2）规则的删除。

如果要删除规则对象，应先解除规则对象与用户自定义数据类型及表字段的绑定关系，然后才能删除对象。

① 利用 sp_unbindrule 解除绑定关系。

其语法格式为：

```
sp_unbindrule object_name
```

其中，object_name 为要解除默认值对象绑定关系的字段名，格式为：表名. 字段名，或用户自定义类型名。

② 删除默认值对象。

解除绑定关系后，可以用 DROP 语句删除默认值对象。

其语法格式为：

```
DROP RULE{rule_name}[,...n]
```

其中，rule_name 为要删除的规则对象；参数 n 表示指定多个规则同时删除。

【例 4.29】 解除规则 bh_rule 和 ygxx 表中的编号（bh）列的绑定关系，然后删除 bh_rule。

相应 T-SQL 语句如下：

```
USE yggl
GO
EXEC  sp_unbindrule ´ygxx.bh´
DROP DEFAULT bh_rule
```

4.5 数据库的查询

数据库和表是用来存储数据的，以便在需要时进行检索、统计或组织输出。所以，在数据库应用中，最常用的操作是查询，它是数据库其他操作（如插入、删除及修改）的基础。SQL Server 2005 提供了数据查询语言 SELECT 较完整的语句格式。SELECT 语句的功能非常强大，且使用灵活。本节给出利用 SELECT 语句对数据进行各种查询的方法。

4.5.1 查询语句 SELECT

查询的基本结构是由 SELECT...FROM...WHERE 组成的查询块，其一般格式为：

```
SELECT[ALL|DISTINCT] * |{table_name|view_name}. * |column_name1[AS] column_title1[,column_
name2[AS] column_title2][,...n]
[INTO new_table]
    FROM table_name|view_name
       [WHERE search_condition]
       [GROUP BY group_by_expression]
       [HAVING search_condition]
       [ORDER BY order_expression[ASC|DESC]]
```

各参数含义说明如下。

ALL|DISTINCT 是 SELECT 语句的可选项。ALL 用于保留结果集中的所有行，DIS-

TINCT 用于消除查询结果中的重复行。

"＊"表示当前表或视图的所有列。

{table_name │view_name}. ＊表示指定表或视图的所有列。如果所选定的列名要更改显示的列标题,则需要在该列名后用[AS] column_title 实现,也可用 column_title＝column_name 来更改列标题。

INTO 子句用于将查询结果存入一个新表中。INTO 语句在 SELECT 语句的执行过程中创建一个表,所创建的表中包含的内容就是检索的结果。

FROM 子句用于指定一个或多个表或视图,如果所选的列名来自不同的表或视图,则列名前应加表名前缀。

WHERE 子句用于限制记录的选择,构造查询条件可使用 SQL 特有的运算符构成表达式。

GROUP BY 子句和 HAVING 子句用于分组和分组过滤处理。它能将指定列名中有相同值的记录合并成一条记录,若选择 GROUP BY 进行记录分组,则可选择 HAVING 来显示由 GROUP BY 子句分组的且满足 HAVING 子句条件的所有记录。HAVING 子句格式类似于 WHERE 子句。

ORDER BY 子句决定了查找出来的记录的排列顺序。在 ORDER BY 子句中,可以指定一个或多个字段作为排序键,ASC 代表升序,DESC 代表降序。默认为升序。

在 SELECT 语句中,SELECT 和 FROM 子句是必需的。可在 SELECT 子句内使用聚合函数对记录进行操作,它返回一组记录的单一值。例如,AVG 函数可以返回记录集的特定列中所有值的平均数。

在 WHERE 子句中的条件表达式中可能出现下列操作符和运算函数:

比较运算符: <、<=、>、>=、<>、=;

逻辑运算符: AND、OR、NOT;

集合运算符: UNION(交)、INTERSECT(并)、EXCEPT(差);

集合成员资格运算符: IN、NOT IN;

谓词: EXISTS、LIKE、ALL、SOME;

聚合函数: AVG()、MIN()、MAX()、SUM()、COUNT()。

1. 选择列

(1) 从表中选择指定的列。

【例4.30】 查询 ygxx 表中全体员工的编号 (bh)与姓名(xm)。

相应 T-SQL 语句如下:

```
SELECT bh,xm
   FROM  ygxx
```

在 SQL 编辑器中输入上述语句,并单击工具栏中的"执行"按钮,其结果如图 4.35 所示。

【例4.31】 查询 ygxx 表中全体员工的详细情况。

相应 T-SQL 语句如下:

```
SELECT *
  FROM ygxx
```

其中的“*”表示要选出相应表中的所有列。本句的作用是选出 ygxx 表的全部列。

注：SQL 对查询结果不会自动去除重复行，如果要删除重复行，可以使用限定词 DISTINCT。执行结果图略。

结果 消息

	bh	xm
1	20101	王伟
2	20102	张皓
3	20201	高亮
4	20204	朱翠
5	20205	姚慧
6	20207	潘宏
7	20501	王丹

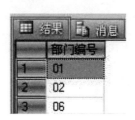

图 4.35 例 4.30 的执行结果

(2) 修改查询结果中的列标题。

【例 4.32】 查询 ygxx 表中员工的 bmbh，并将列标题显示为“部门编号”。

相应 T-SQL 语句如下：

```
SELECT DISTINCT bmbh AS 部门编号
  FROM ygxx
```

SELECT 子句后面的 DISTINCT 的含义是对结果集中的重复行只选择一个，以保证行的唯一性。

例 4.32 中表示要在结果中去掉重复的部门编号(bmbh)，结果如图 4.36 所示。

结果 消息

	部门编号
1	01
2	02
3	06

图 4.36 例 4.32 的执行结果

(3) 计算列值。

使用 SELECT 语句对列进行查询时，在结果集中可以输出对列计算结果后的值。

【例 4.33】 计算 gzxx 表中员工的应发工资总额。

相应 T-SQL 语句如下：

```
SELECT xm AS 姓名,应发工资 = jbgz + gwjt + zwjt + zfbt + zfgjj
  FROM gzxx
```

其执行结果如图 4.37 所示。

图 4.37　例 4.33 的执行结果

2. 选择行

使用 SELECT 语句中的 WHERE 子句可以找出所有满足要求的记录(元组)数据。带有 WHERE 子句的 SELECT 语句,执行结果只给出使谓词为真的那些记录(元组)值。WHERE 之后的谓词就是查询条件。

在 SQL 语句中,返回逻辑值(TRUE 或 FALSE)的运算符或关键字都可称为谓词。

(1) 表达式比较。

【例 4.34】　查询 ygxx 表中女员工的信息。

相应 T-SQL 语句如下:

```
SELECT *
  FROM ygxx
    WHERE xb = ´女´
```

其执行结果如图 4.38 所示。

图 4.38　例 4.34 的执行结果

【例 4.35】　查询 gzxx 表中基本工资小于 2200 的员工信息。

相应 T-SQL 语句如下:

```
SELECT *
  FROM gzxx
    WHERE jbgz<2200
```

执行结果图略。

（2）范围比较。

WHERE 子句中的 search_condition 也可以用 BETWEEN…AND 运算符和 IN 运算符进行范围比较。

① 当要查询的条件是某个值的范围时，可以使用 BETWEEN 谓词。

BETWEEN…AND 运算符的表达方式如下：

{column_name|expression}BETWEEN value1 AND value2

{column_name|expression}[NOT] BETWEEN value1 AND value2

其中，value1 为范围的下限，value2 为范围的上限。

【例 4.36】 查询 gzxx 表中基本工资在 2500～3000 元的员工 bh（编号）和 xm（姓名）。

相应 T-SQL 语句如下：

```
SELECT bh,xm
    FROM gzxx
        WHERE jbgz BETWEEN 2500 AND 3000
```

② 使用 IN 谓词可以指定一个值表，值表中列出所有可能的值。当表达式与值表中的任意一个匹配时，即返回 TRUE，否则返回 FALSE。

【例 4.37】 查询 ygxx 中 bmbh 为 01、02、03 的员工信息。

相应 T-SQL 语句如下：

```
SELECT *
    FROM ygxx
        WHERE bmbh IN ('01','02','03')
```

执行结果如图 4.39 所示。

	bh	xm	xb	bmbh	jzdh	xl	csrq
1	20101	王伟	男	01	002	本科	1978-08-12 00:00:00.000
2	20102	张皓	男	03	001	研究生	1976-09-12 00:00:00.000
3	20203	高亮	男	02	003	大专	1964-05-18 00:00:00.000
4	20204	朱翠	女	01	001	本科	1974-10-14 00:00:00.000
5	20207	潘宏	男	03	001	研究生	1973-08-21 00:00:00.000

图 4.39 例 4.37 的执行结果

此外，用 IN 运算符与用 OR 运算符连接的多个条件查询具有相同的效果，或可认为 IN 条件运算符是多个 OR 的缩写。例 4.37 也可用下面的 OR 运算符来实现。

```
SELECT *
    FROM ygxx
        WHERE bmbh = '01' OR bmbh = '02' OR bmbh = '03'
```

（3）模式匹配。

LIKE 谓词用于指出一个字符串是否与指定的字符串相匹配,其运算对象可以是 char、varchar、text、ntext、datetime 和 smalldatetime 类型的数据,返回逻辑值 TRUE 或 FALSE。其语法格式为:

string_expression [NOT]LIKE String_expression[escape ´escape_character´]

使用 LIKE 进行模式匹配时,常使用通配符。通配符及其含义参见表 4.11。

表 4.11　通配符列表

通配符	说　明	示　例
%	代表 0 或多个字符	SELECT * FROM ygxx WHERE xm LIKE ´刘%´ 查询姓刘的员工
_（下划线）	代表单个字符	SELECT * FROM ygxx WHERE xm LIKE ´李_´ 查询姓李的名为一个汉字的员工
[]	指定范围（如 [a-f]、[0-9]或集合)内的任何字符	SELECT * FROM ygxx WHERE SUBSTRING(bh,1,1) LIKE ´[1-2]´ 查询编号首字符为 1、2 的员工
[^]	指定不属于范围（如[a-f]、[0-9]或集合)内的任何字符	SELECT * FROM ygxx WHERE SUBSTRING(bh,1,1) LIKE ´[^1-2]´查询编号首字符不是 1、2 的员工

【例 4.38】　查询 ygxx 表中姓李的员工信息。

相应 T-SQL 语句如下:

```
SELECT *
  FROM ygxx
    WHERE xm LIKE ´李%´
```

查询结果图略。

（4）空值比较。

当需要判定一个表达式的值是否为空值时,可使用 IS NULL 关键字,其语法格式为:

```
expression is [NOT] NULL
```

【例 4.39】　查询学历为空的员工编号及姓名。

相应 T-SQL 语句如下:

```
SELECT bh,xm FROM ygxx  WHERE  xl is NULL
```

（5）子查询。

子查询是指将一个查询块嵌套在另一个查询块的 WHERE 子句或 HAVING 短语条件中的查询,并允许多层嵌套。

① 带有 IN 运算符的子查询。

【例 4.40】　查询 ygxx 表中与李彬在同一个部门的员工。

相应 T-SQL 语句如下:

```
SELECT bh,xm
  FROM ygxx
```

```
WHERE bmmc IN（SELECT bmmc
    FROM ygxx
        WHERE xm =´李彬´）
```

类似的可以定义 NOT IN 操作。

② 带有比较运算符的子查询。

【例 4.41】 在 ygxx 表中查询其他部门中与"01"部门的员工"王建华"职务级别一样的员工姓名（xm）和学历（xl）。

相应 T-SQL 语句如下：

```
SELECT xm,xl
    FROM ygxx
        WHERE jzdh =（SELECT jzdh
            FROM ygxx
                WHERE bmbh =´01´ and xm =´王建华´）
```

③ 带有 ANY 或 ALL 谓词的子查询。

例 4.41 的内部子查询是一个普通的子查询，它只执行一次，以获取"01"部门"王建华"的级职代号。外部查询和子查询是对同一个表的查询，且查询结果仅返回一个值。若子查询返回一组值，则必须在比较运算符和子查询间插入 ANY 或 ALL 等操作符。

【例 4.42】 在 ygxx 表中查询其他部门中比"01"部门某一员工年龄小的员工信息。

相应 T-SQL 语句如下：

```
SELECT *
    FROM ygxx
        WHERE csrq＞ANY(SELECT csrq
            FROM ygxx
                WHERE bmbh =´01´)
```

类似的可以定义：＜＞ANY，＞＝ANY，＜ANY，＜＝ANY 等操作符。例 4.42 也可用连接操作运算方法表达相同的结果。

可用＝ANY 代替 IN。例如，例 4.40 可写为以下形式：

```
SELECT bh,xm,bmbh
    FROM ygxx
        WHERE bmbh = ANY（SELECT bmbh
            FROM ygxx
                WHERE xm =´李彬´）
```

IN 和＝ANY 完全可以互换，它们都可以看作集合中的"属于"运算，一般多采用 IN 运算。此外，! ＝ALL 和 NOT IN 也可互换。

④ 带有 EXISTS 谓词的子查询。

EXISTS 代表存在量词。带有 EXISTS 谓词的子查询不返回任何数据，只产生逻辑真值 TRUE 或逻辑假值 FALSE。

【例 4.43】 查询所有基本工资（jbgz）低于或等于 2500 元的员工姓名。

相应 T-SQL 语句如下：

```
SELECT xm FROM ygxx
    WHERE EXISTS
        (SELECT *
          FROM gzxx
              WHERE bh = ygxx.bh AND jbgz<= 2500)
```

类似的可以定义 NOT EXISTS 的操作。

需要注意的是，任何含有 IN 的查询通常也可用 EXISTS 表达，但反过来则不一定。

3. 聚合函数查询

SQL 提供的聚合函数如下。

(1) COUNT([DISTINCT|ALL]*)：统计元组个数。

(2) COUNT([DISTINCT|ALL]〈列名〉)：统计一列中值的个数（空值不计）。

(3) SUM([DISTINCT|ALL]〈列名〉)：计算一列值的总和（此列必须是数值型）。

(4) AVG([DISTINCT|ALL]〈列名〉)：计算一列值的平均值（此列必须是数值型）。

(5) MAX([DISTINCT|ALL]〈列名〉)：求一列值中的最大值。

(6) MIN([DISTINCT|ALL]〈列名〉)：求一列值中的最小值。

【例 4.44】 查询 ygxx 表的总人数。

相应 T-SQL 语句如下：

```
SELECT COUNT(*)    FROM ygxx
```

【例 4.45】 计算部门名称(bmmc)为"审计"的员工的平均年龄、最大年龄、最小年龄。

相应 T-SQL 语句如下：

```
SELECT AVG(nl) AS 平均年龄, MAX(nl) AS 最大年龄, MIN(nl) AS 最小年龄
    FROM ygxx
        WHERE bmmc =´审计´
```

【例 4.46】 查询"统计"部门最高基本工资、最低基本工资及最高基本工资与最低基本工资的差值。

相应 T-SQL 语句如下：

```
SELECT MAX(jbgz) AS 最高基本工资, MIN(jbgz) AS 最低基本工资, MAX(jbgz)-Min(jbgz) AS 差值
    FROM ygxx,gzxx
        WHERE ygxx.bh = gzxx.bh and ygxx.bmbh =〈select bmbh from bm where bmmc =´统计´〉
```

4. 分组查询

T-SQL 允许对关系表按属性列或属性列组合在行的方向上进行分组，然后再对每个分组执行 SELECT 操作。T-SQL 语言提供了 GROUP BY 子句和 HAVING 子句来实现分组统计。GROUP BY 子句将查询结果表按某一列或多列值分组，值相等的为一组。如果分组后还要求按一定的条件对这些组进行筛选，则值相等的为一组；如果分组后还要求按一定的条件对这些组进行筛选，且最终只输出满足指定条件的组，则可以使用 HAVING 子句指定筛选条件。

（1）GROUP BY 子句与 HAVING 子句的语法格式。

```
SELECT column_list FROM table_name
    WHERE search_condition
        GROUP BY group_by_expression
            HAVING search_condition
```

HAVING 子句应位于 GROUP BY 子句之后，并且在 HAVING 子句中不能使用 text、image 和 ntext 数据类型。

（2）GROUP BY 和 HAVING 子句的使用。

【例 4.47】 查询各部门编号（bmbh）及相应部门的人数，且只输出超过 3 人的部门编号。

相应 T-SQL 语句如下：

```
SELECT bmbh AS 部门编号,COUNT(bh) AS 部门人数
    FROM ygxx
        GROUP BY bmbh
            HAVING COUNT(bh)>3
```

例 4.47 的执行结果如图 4.40 所示。

图 4.40 例 4.47 的执行结果

【例 4.48】 统计各部门的基本工资（jbgz）总和及平均基本工资。要求查询结果按基本工资总和的升序排列。

相应 T-SQL 语句如下：

```
SELECT bmbh as 部门编号,AVG(jbgz) AS 平均基本工资,SUM(jbgz) AS 基本工资总和
    FROM ygxx,gzxx
        WHERE ygxx.bh = gzxx.bh
            GROUP BY ygxx.bmbh
                ORDER BY SUM(jbgz)
```

例 4.48 的执行结果如图 4.41 所示。

	部门编号	平均基本工资	基本工资总和
1	06	2330.000000	2330.00
2	01	2365.000000	4730.00
3	03	2430.000000	7290.00

图 4.41 例 4.48 的执行结果

在例 4.48 中，首先，根据 WHERE 子句的条件，对关系 ygxx 和 gzxx 执行连接操作，再按部门编号(bmbh)的值对员工进行分组，将 bmbh 列的值相同的元组分为一组；对每一个分组进行求平均和合计操作；最后，再对结果进行排序(ORDER BY 子句)。

（3）分组查询的注意事项。

① GROUP BY 子句中不能使用聚合函数。

② 必须在 GROUP BY 子句中列出 SELECT 选择列的数据项。即使用 GROUP BY 子句后，SELECT 子句中的列表中只能包含在 GROUP BY 中指出的列或在聚合函数中指定的列。

4.5.2　多表查询(连接查询)

对多表数据的查询，是通过表与表之间满足一定条件的行连接来实现的，结果通常是含有参加连接运算的两个表或多个表的指定列所组成的表。实现来自多个关系的查询时，如果要引用不同关系中的同名属性，则在属性名前加关系名，即用"关系名.属性名"的形式表示，以便区分。

连接查询有两大类表示形式：一是符合 SQL 标准连接谓词的表示形式，二是使用关键字 JION 的表示形式。

下面主要介绍连接谓词形式。

（1）以 WHERE 子句连接查询。

可以在 SELECT 语句的 WHERE 子句中使用比较运算符来给出连接条件，对表进行连接，这种表示形式称为连接谓词形式。其语法格式为：

```
SELECT table_name 1.column_name, table_name 2.column_name, ...
    FROM {table_name1,table_name2}
        WHERE [table_name1.column_name joint operator table_name2.column_name]
```

其中，joint operator 包括：$=$、$>$、$<$、$>=$、$<=$、$<>$。

【例 4.49】　查询每个员工的编号(bh)、姓名(xm)及基本工资(jbgz)。

相应 T-SQL 语句如下：

```
SELECT ygxx.bh,ygxx.xm, gzxx.jbgz
    FROM ygxx, gzxx
        WHERE ygxx.bh = gzxx.bh
```

该查询语句要对 ygxx 表和 gzxx 表做连接操作。执行连接操作的表示方法是 FROM 子句后面的表名 ygxx 和 gzxx，以及 WHERE 子句后的连接条件 ygxx.bh＝gzxx.bh。

如果连接结果中的列名在各个表中是唯一的，则可以省略字段名前的表名。如例 4.49 也可写成：

```
SELECT ygxx.bh,ygxx.xm,jbgz
    FROM ygxx, gzxx
        WHERE ygxx.bh = gzxx.bh
```

【例 4.50】　查询基本工资(jbgz)在 2500 元以上的所有员工的编号(bh)、姓名(xm)、基本工资(jbgz)及职务级别(jz)。

相应 T-SQL 语句如下：

```
SELECT bh,xm,jbgz,jz
   FROM ygxx,gzxx,zhw
      WHERE ygxx.bh = gzxx.bh AND ygxx.jzdh = zhw.jzdh AND jbgz> = 2500
```

【例 4.51】　查询所有比编号为 20203 的职工的基本工资(jbgz)高的员工编号(bh)、基本工资(jbgz)。

相应 T-SQL 语句如下：

```
SELECT x.bh, x.jbgz, y.jbgz
   FROM gzxx x, gzxx y
      WHERE x.jbgz>y.jbgz AND y.bh = ´20203´
```

例 4.51 是一个表和它自身的大于连接。查询块 FROM 子句中定义了 gzxx 表的两个别名 X 和 Y,则将一个表的自身连接看成两个表的连接。当表名太长时,为简化输入,也常用表的别名。

(2) 以 JOIN 关键字连接查询。

以 JION 关键字指定的连接格式为：

```
SELECT table_name1.column_name,table_name2.column_name,...
   FROM {[table_name1][join_type][table_name2] ON search_condition}
      [WHERE search_condition]
```

其中,ON 用于指定连接条件。join_type 的格式为：

```
[INNER | {LEFT |RIGHT|FULL}[OUTER]|CROSS] JOIN
```

其中,INNER 表示内连接,OUTER 表示外连接,CROSS JOIN 表示交叉连接。可见,以 JOIN 关键字指定的连接有三种类型。

① 内连接。

内连接按照 ON 所指定的连接条件合并两个表,返回满足条件的行。

【例 4.52】　查询 yggl 数据库中每个员工的基本情况及其工资情况。

相应 T-SQL 语句如下：

```
SELECT *
   FROM ygxx INNER JOIN gzxx
      ON ygxx.bh = gzxx.bh
```

例 4.52 的执行结果如图 4.42 所示。

	bh	xm	xb	bmbh	jzdh	xl	csrq	bh	xm	jbgz	gwjt	zwjt	zfbt	zfgjj	sdf
1	20101	王伟	男	01	002	本科	1978-08-12 00:00:00.000	20101	王伟	2400.00	1200.00	1800.00	580.00	830.00	350.00
2	20102	张皓	男	03	001	研究生	1976-09-12 00:00:00.000	20102	张皓	2850.00	1500.00	1800.00	630.00	830.00	430.00
3	20204	朱翠	女	01	001	本科	1974-10-14 00:00:00.000	20204	朱翠	2330.00	1200.00	0.00	630.00	650.00	300.00
4	20205	姚慧	女	04	003	本科	1983-12-15 00:00:00.000	20205	姚慧	2040.00	1200.00	0.00	350.00	245.00	120.00
5	20207	潘宏	男	03	001	研究生	1973-08-21 00:00:00.000	20207	潘宏	2400.00	1500.00	1500.00	630.00	830.00	320.00
6	20501	王丹	女	06	003	专科	1956-01-01 00:00:00.000	20501	王丹	2330.00	1200.00	0.00	630.00	710.00	288.00

图 4.42　例 4.52 的执行结果

内连接是系统默认的,可省略 INNER 关键字。使用内连接后仍然可以使用 WHERE 子句指定条件。

对于内连接,又分为等值连接、不等值连接和自然连接。

等值连接:是指在连接条件中使用等号、在 SELECT 列表中使用 * 且在结果集中显示冗余列数据的连接(如例 4.52)。

不等值连接:是在连接条件中使用除等号运算符以外的其他运算符来比较连接列的列值。

自然连接:是指对结果集的冗余列数据进行限制的连接。

【例 4.53】 查询每个员工的基本信息及基本工资。

相应 T-SQL 语句如下:

```
SELECT ygxx. * ,gzxx.jbgz
   FROM ygxx INNER JOIN gzxx
      ON ygxx.bh = gzxx.bh
```

例 4.53 中指定了需要返回的列,结果集中包含了 ygxx 的所有列和 gzxx 的 jbgz 列。

例 4.53 的执行结果如图 4.43 所示。

	bh	xm	xb	bmbh	jzdh	xl	csrq	jbgz
1	20101	王伟	男	01	002	本科	1978-08-12 00:00:00.000	2400.00
2	20102	张皓	男	03	001	研究生	1976-09-12 00:00:00.000	2850.00
3	20204	朱翠	女	01	001	本科	1974-10-14 00:00:00.000	2330.00
4	20205	姚慧	女	04	003	本科	1983-12-15 00:00:00.000	2040.00
5	20207	潘宏	男	03	001	研究生	1973-08-21 00:00:00.000	2400.00
6	20501	王丹	女	06	003	专科	1956-01-01 00:00:00.000	2330.00

图 4.43 例 4.53 的执行结果

② 外连接。

外连接的结果不仅包括满足连接条件的行,还包括相应表中的所有行。外连接又分为左外连接(LEFT OUTER JOIN)、右外连接(FIGHT OUTER JOIN)和全外连接(FULL OUTER JOIN)三种。

左外连接:结果表中除了包含满足指定条件的行,还包括相应左表中的所有行。

右外连接:结果表中除了包含满足指定条件的行,还包括右表中的所有行。

全外连接:结果表中除了包含满足指定条件的行,还包括两个表中的所有行。

其中 OUTER 可以省略。外连接只能对两个表进行。

【例 4.54】 ygxx 表左外连接 gzxx 表。

相应 T-SQL 语句如下:

```
SELECT ygxx. * ,gzxx.jbgz
   FROM ygxx LEFT OUTER JOIN gzxx
      ON ygxx.bh = gzxx.bh
```

例 4.54 中左外连接限制右表 gzxx 中的行,而不限制左表 ygxx 中的行,即 ygxx 表中不满足条件的行也显示出来,只是其基本工资列显示为 NULL。

例 4.54 的执行结果如图 4.44 所示。

	bh	xm	xb	bmbh	jzdh	xl	csrq	jbgz
1	20101	王伟	男	01	002	本科	1978-08-12 00:00:00.000	2400.00
2	20102	张皓	男	03	001	研究生	1976-09-12 00:00:00.000	2850.00
3	20203	高亮	男	05	003	大专	1964-05-18 00:00:00.000	NULL
4	20204	朱翠	女	01	001	本科	1974-10-14 00:00:00.000	2330.00
5	20205	姚慧	女	04	003	本科	1983-12-15 00:00:00.000	2040.00
6	20207	潘宏	男	03	001	研究生	1973-08-21 00:00:00.000	2400.00
7	20501	王丹	女	06	003	专科	1956-01-01 00:00:00.000	2330.00
8	30101	王薇	女	03	004	本科	1987-07-11 00:00:00.000	NULL

图 4.44 例 4.54 的执行结果

【例 4.55】 ygxx 表右外连接 gzxx 表。

相应 T-SQL 语句如下:

```
SELECT ygxx. * ,gzxx. jbgz
    FROM ygxx RIGHT OUTER JOIN gzxx
        ON ygxx. bh = gzxx. bh
```

例 4.55 中右外连接限制左表 ygxx 中的行,而不限制右表 gzxx 中的行,即 gzxx 表中不满足条件的行也显示出来,只是除基本工资列外,其他的基本信息都显示为 NULL。

例 4.55 的执行结果如图 4.45 所示。

	bh	xm	xb	bmbh	jzdh	xl	csrq	jbgz
1	20101	王伟	男	01	002	本科	1978-08-12 00:00:00.000	2400.00
2	20102	张皓	男	03	001	研究生	1976-09-12 00:00:00.000	2850.00
3	NULL	NULL	NULL	NULL	NULL	NULL	NULL	2330.00
4	20204	朱翠	女	01	001	本科	1974-10-14 00:00:00.000	2330.00
5	20205	姚慧	女	04	003	本科	1983-12-15 00:00:00.000	2040.00
6	20207	潘宏	男	03	001	研究生	1973-08-21 00:00:00.000	2400.00
7	20501	王丹	女	06	003	专科	1956-01-01 00:00:00.000	2330.00
8	NULL	NULL	NULL	NULL	NULL	NULL	NULL	1520.00
9	NULL	NULL	NULL	NULL	NULL	NULL	NULL	1480.00

图 4.45 例 4.55 的执行结果

【例 4.56】 ygxx 表全外连接 gzxx 表。

相应 T-SQL 语句如下:

```
SELECT ygxx. * ,gzxx. jbgz
    FROM ygxx FULL OUTER JOIN gzxx
    ON ygxx. bh = gzxx. bh
```

例 4.56 的执行结果如图 4.46 所示。

	bh	xm	xb	bmbh	jzdh	xl	csrq	jbgz
1	20101	王伟	男	01	002	本科	1978-08-12 00:00:00.000	2400.00
2	20102	张皓	男	03	001	研究生	1976-09-12 00:00:00.000	2850.00
3	20203	高亮	男	05	003	大专	1964-05-18 00:00:00.000	NULL
4	20204	朱翠	女	01	001	本科	1974-10-14 00:00:00.000	2330.00
5	20205	姚慧	女	04	003	本科	1983-12-15 00:00:00.000	2040.00
6	20207	潘宏	男	03	001	研究生	1973-08-21 00:00:00.000	2400.00
7	20501	王丹	女	06	003	专科	1956-01-01 00:00:00.000	2330.00
8	30101	王蒙	女	03	004	本科	1987-07-11 00:00:00.000	NULL
9	NULL	NULL	NULL	NULL	NULL	NULL	NULL	2330.00
10	NULL	NULL	NULL	NULL	NULL	NULL	NULL	1520.00
11	NULL	NULL	NULL	NULL	NULL	NULL	NULL	1480.00

图 4.46　例 4.56 的执行结果

③ 交叉连接。

交叉连接的结果表是由第一个表的每行与第二个表的每行拼接后形成的。结果表中的行数是两个表行数的积。交叉连接不能有条件,且不能带 WHERE 子句。

4.5.3　联合查询

关系是记录的集合,多个 SELECT 语句的结果可进行联合查询。联合查询主要包括三类:并 UNION,交 INTERSECT,差 MINUS。这里只讨论 UNION 子句。UNION 子句用来合并两个或多个 SELECT 语句查询的结果集,其语法格式如下:

```
SELECT column_list [INTO new_table_name]
[FROM clause][WHERE clause]
[GROUP BY clause][HAVING clause]
UNION [ALL]
SELECT column_list
[FROM clause][WHERE clause]
[GROUP BY clause][HAVING clause]
```

【例 4.57】　设在 yggl 数据库中建两个表:计划处员工表、信息中心员工表,表结构与 ygxx 表相同,要求将两表的内容合并到 ygxx 表中。

相应 T-SQL 语句如下:

```
SELECT * FROM ygxx
    UNION ALL
        SELECT * FROM 计划处员工
            UNION ALL
                SELECT * FROM 信息中心员工
                    UNION ALL
```

使用 UNION 将多个查询结果合并起来形成一个结果集,系统会自动去掉重复元组。UNION 操作主要用于归档数据,如归档月报表形成年报表、归档各部门数据等。

4.6 视图

4.6.1 视图概述

视图是一种数据库对象,为用户提供了一种检索数据表中数据的方式。用户可通过视图浏览数据表中感兴趣的部分数据或全部数据。视图被看成是虚拟表,视图所对应的数据不进行实际存储,数据库中只存储视图的定义。当用户对视图中的数据进行操作时,系统会根据视图的定义去操作与视图相关联的基本表。

视图一经定义后,就可以像表一样被查询、修改、删除和更新。

1. 视图的功能

使用视图可以实现以下功能的一种或全部。

(1) 将用户限定在数据表的特定行上,如只允许看到工资信息表中员工本人的工资记录行。

(2) 将用户限定在特定列上。

(3) 将多个表中的列连接起来,使其看起来像一个表。

(4) 提供聚合信息而不是详细信息。

2. 视图的优点

从视图可以实现的功能来看,视图具有以下优点。

(1) 数据保密。对不同的用户定义不同的视图,使用户只能看到与自己有关的数据。

(2) 简化查询操作。为复杂的查询建立一个视图,用户不必了解复杂的数据库中的表结构,不必键入复杂的查询语句,只需针对视图做简单的查询即可。

(3) 保证数据的逻辑独立性。对于视图的操作,如查询,只依赖于视图的定义。当视图基于的数据表要修改时,只需修改视图定义中的子查询部分,而基于视图的查询则无须改变。

(4) 便于数据共享。各个用户不必都定义和存储自己所需的数据,可共享数据库的数据,同样的数据只需存储一次。

3. 使用视图的注意事项

使用视图时,需要注意下列事项。

(1) 只有在当前数据库中才能创建视图。

(2) 视图的命名必须遵循标识符命名规则,不能与表同名,且对每个用户必须是唯一的,即不同的用户,即使定义相同的视图,也必须使用不同的名字。

(3) 规则、默认值或触发器不能与视图相关联。

(4) 不能在视图上建立任何索引。

4.6.2 创建视图

SQL Server 2005 提供了两种创建视图的方法,即使用对象资源管理器和使用 T-SQL

语句。

1. 使用对象资源管理器创建视图

(1) 进入 SQL Server 2005 对象资源管理器。

(2) 单击"数据库"项左侧的加号（＋），展开数据库组，展开要在其中创建视图的数据库。右击"视图"项，在弹出的快捷菜单中选择"新建视图"命令（如图 4.47 所示）。

图 4.47　在对象资源管理器中新建视图

（3）单击"新建视图"命令后，打开了"添加表"对话框，在"添加表"对话框提供的列表中选择要使用的表或视图，单击"添加"按钮，或双击选中的表或视图，然后单击"关闭"按钮，出现如图 4.48 所示的视图设计器。

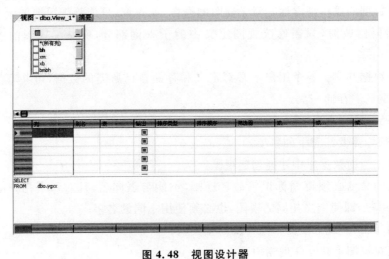

图 4.48　视图设计器

视图设计器共有四个区，从上到下依次为表区、列区、SQL Script 区、数据结果区。从表区的数据表框中选择相应的列。对每一列进行选中或取消选中，可以控制该列是否要在视图中出现。列区将显示所选中的包括在视图中的数据列。相应的 SQL 语句显示在 SQL Script 区。在列区选择或取消"输出"选项可以控制该列是否出现在视图中显示。如果需要对某一列进行分组,可右击该列,从弹出的快捷菜单中选择"添加分组依据"命令。

(4) 单击 SQL Server 管理控制台窗口中工具栏中的红色惊叹号(!)按钮来预览结果,单击 SQL Server 管理控制台窗口中"保存"按钮并输入视图的名称,完成视图的创建(如图 4.49所示)。

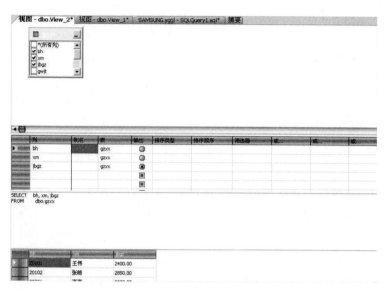

图 4.49　创建新视图的预览效果

2. 使用 T-SQL 语句创建视图

可以使用 CREATE VIEW 语句来创建视图。CREATE VIEW 语句的语法格式如下:

```
CREATE VIEW view_name[(column_name[,...n])]
[WITH ENCRIPTION]
AS
Select_statement
[WITH CHECK OPTION]
```

其中,WITH ENCRIPTION 表示加密选项;AS 之后的 SELECT 语句表示视图要完成的操作;WITH CHECK OPTION 选项强制所有通过视图修改的数据满足代码中的 SELECT 语句中指定的选择条件,这样可以确保数据修改后,仍然可以通过视图看到修改后的数据。

注意,在 SELECT 语句中,不允许使用 ORDER BY 和 DISTINCT 短语,如果需要排序,可以在视图定义后,对视图查询时再进行排序。

【例 4.58】　针对 ygxx 表创建一个简单视图。

相应 T-SQL 语句如下:

```
USE yggl
```

```
GO
CREATE VIEW ygxx_view1
AS
SELECT bh,xm,bmbh,xl
   FROM ygxx
```

【例 4.59】 使用 WITH ENCRIPTION 加密选项为 ygxx 表创建视图。

相应 T-SQL 语句如下：

```
USE yggl
GO
CREATE VIEW ygxx_view2
WITH ENCRIPTION
AS
SELECT bh as 编号,xm as 姓名,zhzh as 住址,lxdh as 联系电话
   FROM ygxx
      WHERE bmbh = '03'
```

【例 4.60】 使用聚合函数 AVG()创建视图,计算每个部门的平均基本工资。

相应 T-SQL 语句如下：

```
USE yggl
GO
CREATE VIEW bmgz_view(部门编号,平均基本工资)
AS
SELECT bmbh,avg(jbgz)
   FROM ygxx,gzxx
      WHERE ygxx.bh = gzxx.bh
         GROUP BY bmbh
```

在 CREATE VIEW 语句中使用 AVG()、SUM()等聚合函数时,要注意以下两点。

(1) 必须提供要创建的视图中的列的名称。

(2) 使用 AVG(),SUM()等聚合函数需要 GROUP BY 子句。

4.6.3 查询视图

视图定义后,就可以如同查询基本表那样对视图进行查询了。

【例 4.61】 查询视图 bmgz_view 中所有信息。

相应 T-SQL 语句如下：

```
SELECT * FROM bmgz_view
```

例 4.61 的执行结果如图 4.50 所示。

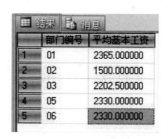

图 4.50　例 4.61 的执行结果

从例 4.61 可以看出，创建视图可以向最终用户隐藏复杂的表连接，简化了用户的 SQL 程序设计，也可以使用户对数据的访问只限制在某些列或某些行上，从而达到数据保密的目的。

4.6.4　更新视图

通过更新视图数据（包括插入、删除和修改）可以修改基本表数据。但并不是所有的视图都是可更新的，只有满足可更新条件的视图才能进行更新。如果创建视图的 SELECT 语句中没有聚合函数，且没有 TOP 子句、GROUP BY 子句、UNION 子句及 DISTINCT 关键字，或创建视图的 SELECT 语句的 FROM 子句中至少要包含一个基本表，或创建视图的 SELECT 语句中不包含从基本表列通过计算所得的列，这样的视图都是可更新的视图。

1. 通过视图插入数据

【例 4.62】　向视图 ygxx_view1 中插入下面一条新记录。

(20207,秦奋,02,研究生)

相应 T-SQL 语句如下：

```
INSERT  INTO ygxx_view1 VALUES('20207','秦奋','02','研究生')
```

使用 SELECT 语句查询 ygxx_view1 依据的基本表 ygxx 的 T-SQL 语句为：

```
SELECT * FROM ygxx
```

可以看到 ygxx 表已添加了相应的行。

2. 通过视图修改数据

【例 4.63】　将视图 ygxx_view1 中王伟的学历改为"研究生"。

相应 T-SQL 语句如下：

```
UPDATE ygxx_view1 SET xl = '研究生' WHERE xm = '王伟'
```

然后执行下列语句：

```
SELECT * FROM ygxx
```

可以看到，王伟的学历已经改为"研究生"。

3. 通过视图删除数据

【例 4.64】　删除视图 ygxx_view1 中秦奋的记录。

相应 T-SQL 语句如下：

```
DELETE FROM ygxx_view1 WHERE xm = ´秦奋´
```

对表 ygxx 进行查询,可以发现"秦奋"这条员工记录已经被删除。

4.6.5　管理维护视图

1. 查看和修改视图定义

用户可以通过对象资源管理器和 T-SQL 语句两种方式来查看和修改视图定义。

(1) 使用对象资源管理器查看和修改视图定义。

进入对象资源管理器,展开"服务器",单击加号(＋)展开"数据库",展开用户数据库(yggl),展开视图,右击要修改定义的视图名,在弹出的快捷菜单中选择"修改"命令,打开视图设计器窗口,在此可以查看视图定义,也可以按照创建视图的方法对原有的视图进行各种修改。

(2) 使用 T-SQL 语句修改视图定义。

通过使用 ALTER VIEW 语句可以修改视图定义。ALTER VIEW 语句的语法格式如下:

```
ALTER VIEE view_name[(column_name[,...n])]
[WITH ENCRIPTION]
AS
select_statement
[WITH CHECK OPTION]
```

【例 4.65】　将视图 ygxx_view1 修改为只包含"02"部门员工的编号、姓名和学历。

相应 T-SQL 语句如下:

```
USE yggl
GO
ALTER VIEW ygxx_view1
AS
SELECT bh,xm,xl
    FROM ygxx
        WHERE bmbh = ´02´
```

2. 视图的删除

删除视图同样可以通过对象资源管理器和 T-SQL 语句两种方式来实现。

在对象资源管理器中删除视图的过程是:进入对象资源管理器,展开"服务器",单击加号(＋)展开"数据库",展开用户数据库(yggl),展开视图,右击要删除的视图名,在弹出的快捷菜单中选择"删除"命令,打开"删除对象"对话框,单击"确定"按钮即可。

删除视图的语句是 DROP VIEW,其语法格式如下:

```
DROP VIEW view_name
```

使用 DROP VIEW 一次可以删除多个视图。

4.7　索引

4.7.1　索引概述

用户对数据库最基本、最频繁的操作是数据查询。在数据库中,查询数据就是对数据表进行扫描。通常,查询数据时需要浏览整个表来搜索数据,所以当表中的数据很多时,搜索数据就需要很长时间。为了从大量的数据中迅速找到需要的内容,减少服务器的响应时间,数据库系统引入了索引机制,使得数据查询时不必扫描整个数据库就能查到所需要的内容。

索引是一种数据库对象,它保存着表中排序的索引列,并且记录了索引列在数据表中的物理存储位置,实现了表中数据的逻辑排序。索引由一行行的记录组成,每一行记录都包含数据表中一列或若干列值的组合和相应指向表中数据页的逻辑指针。由于索引包含了表中的部分数据以及记录这些数据的地址指针,所以索引能大大加快查询速度。另外,索引还可以使表和表之间的连接速度加快,特别是在实现数据的参照完整性时,可以将表的外键制作成索引,从而加速表与表之间的连接。

但是,索引的存在也让系统付出了一定的代价。创建索引和维护索引都会耗费时间。另外,当对表中的数据进行增加、删除和修改的时候,索引就要进行维护,否则索引的作用就会下降。同时,每个索引都会占用一定的物理空间,如果占用的物理空间过多,就会影响整个系统的性能。

虽然索引能够提高查询速度,但是它需要消耗一定的系统性能,因此,创建索引时也需要遵循一定的原则,主要有以下几点。

（1）在定义有主键的列上可以建立索引。由于主键可以唯一表示一条记录,索引通过主键可以快速定位到数据表的某一行。

（2）在定义有外键的列上可以建立索引。外键的列表示了数据表和数据表之间的连接,在其上建立索引可以加快数据表之间的连接。

（3）在经常查询的列上可以建立索引。

（4）在那些查询中很少涉及的列以及重复值比较多的列上不要建立索引。

（5）在定义为 text、ntext、image 和 bit 数据类型的列上不要建立索引。因为这些数据类型的数据列的数据量要么很大,要么很小,都不利于使用索引。

4.7.2　索引的分类

如果一个表没有创建索引,则数据行不按任何特定的顺序存储,这种结构称为堆集。

SQL Server 2005 中有两种类型的索引,分别是聚集索引和非聚集索引。另外,SQL Server 2005 还支持唯一索引、索引视图和全文索引。一个表中最多只能有一个聚集索引,但可以有一个或多个非聚集索引。

1. 聚集索引

聚集索引中,索引存储的值的顺序和表中的数据记录的物理存储顺序完全一致。当对数据表中的某些列建立聚集索引时,系统将对表中的数据按列进行排序,表中数据记录的物理位置发生变化,然后再重新存储到磁盘上。即数据记录的物理存储顺序与索引顺序完全相同,所以,一个数据表中只能建立一个聚集索引。

2. 非聚集索引

非聚集索引不改变表中数据记录的物理存储顺序,数据记录与索引分开存储。非聚集索引中的数据排列顺序与数据表中记录的排列顺序不一致。

非聚集索引中仅仅包含索引值和指向数据存储位置的指针(行定位器)。查询数据时,对非聚集索引进行搜索时,找到数据在表中的存储位置,然后根据得到的数据位置信息,到磁盘上的该位置处读取数据。

聚集索引和非聚集索引各有特点,到底使用哪种索引,可以根据表 4.12 进行适当选择。

表 4.12 使用聚集索引或非聚集索引情况汇总

数据查询特点	使用聚集索引	使用非聚集索引
列经常被分组排序	√	√
返回某范围内的数据	√	
一个或极少不同值	√	
小数目的不同值	√	
大数目的不同值		√
频繁更新的列		√
外键列	√	√
主键列	√	√
频繁修改索引列		√

3. 唯一索引

唯一索引是指索引值必须是唯一的,不允许数据表中具有两行相同的索引值。在数据表中创建主键约束或唯一性约束时,SQL Server 2005 系统默认建立一个唯一索引。

聚集索引和非聚集索引是从索引数据存储的角度来区分的,而唯一索引是从索引值来区分的。唯一索引可以是聚集索引,也可以是非聚集索引。

4. 索引视图

如前面所述,视图是一个保存的 T-SQL 查询。SQL Server 2005 允许为视图创建独特的聚集索引,可以让复杂视图的查询性能得以改善。当对视图创建一个索引后,视图将被执行,结果集被存放在数据库中,存放的方式与带有索引的表的存放方式相同,这样可以有效提高复杂查询的数据访问性能。

5. 全文索引

全文索引可以对存储在数据库中的文本数据进行快速检索。全文索引只对字符模式进行操作,对字和语句进行搜索功能。

4.7.3　索引的创建

1. 使用对象资源管理器创建索引

（1）进入对象资源管理器，展开指定的服务器和数据库，展开要创建索引的表，选择"索引"（如图 4.51 所示），下面列出了表中已经建立的索引，包括索引名、索引类型等。

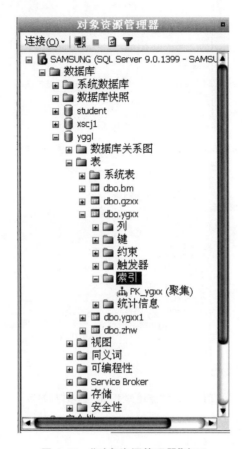

图 4.51　"对象资源管理器"窗口

（2）右击索引，从弹出的快捷菜单中选择"新建索引"命令，打开"新建索引"对话框。在"新建索引"对话框中的"索引名称"文本框中输入要创建的索引名称，在"索引类型"下拉列表框中选择"聚集"或"非聚集"，"唯一"单选框决定是否设置为唯一索引。

（3）在"新建索引"对话框中，单击"添加"按钮，打开如图 4.52 所示的对话框，从该对话框的表列中选择需要创建索引的列。

单击"确定"按钮，返回"新建索引"对话框，所选择的列出现在"索引键列"的列表框中，可以选择作为索引键值的排序顺序。

（4）通过"新建索引"对话框的"选项"标签页，设定索引的属性（如图 4.53 所示）。

（5）完成所有的设定工作后，单击"确定"按钮完成索引的创建工作。

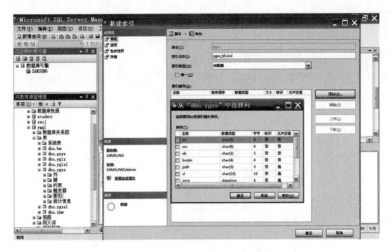

图 4.52 "新建索引"对话框及添加索引键对话框

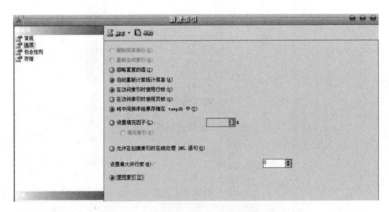

图 4.53 "新建索引"的"选项"标签页

2. 使用 T-SQL 语句创建索引

使用 T-SQL 语句创建索引的语法格式如下:

```
CREATE [UNIQUE][CLUSTERED | NONCLUSTERED]INDEX index_name
ON {table | view }(column[ ASC | DESC][,...n])
[WITH [PAD_INDEX]
[[,]FILLFACTOR = fillfactor]
[[,]IGNORE_DUP_KEY]
[[,]DROP_EXISTING]
[[,]STATISTICS_NORECOMPUTE]
[[,]SORT_IN_TEMPDB]
]
[ON filegroup]
```

各参数含义说明如下。

UNIQUE：表示为表或视图创建唯一索引。视图上创建的聚集索引必须是 UNIQUE 索引。

CLUSTERED、NONCLUSTERED：用于指定创建聚集索引还是非聚集索引。

index_name：为索引名。索引名在表或视图中必须唯一，但在数据库中不必唯一。

table、view：用于指定要创建索引的表或视图名。

column：用于指定建立索引的字段，参数 n 表示可以为索引指定多个字段。

ASC、DESC：用于指定索引列的排序方式。ASC 表示升序，DESC 表示降序。

PAD_INDEX：用于指定索引中间级中每个页（节点）上保持开放的空间。

FILLFACTOR：用于指定创建索引过程中，各索引页叶级的填满程度。

IGNORE_DUP_KEY：用于确定对唯一聚集索引字段插入重复值时的处理方式。如果为索引指定了 IGNORE_DUP_KEY，则插入重复值时，SQL Server 2005 将发出警告消息，并取消重复行的插入操作。

DROP_EXISTING：用于指定删除已经存在的同名聚集索引或非聚集索引。

STATISTICS_NORECOMPUTE：用于指定过期的索引不会自动重新计算。

SORT_IN_TEMPDB：指定用于生成索引的中间排序，结果将存储在 tempdb 数据库中。

ON filegroup：用于在指定的文件组上创建指定的索引。

【例 4.66】　在 ygxx 表上的 bh 列上创建名为 bh_index 的唯一索引。

相应 T-SQL 语句如下：

```
USE yggl
GO
CREATE UNIQUE INDEX bh_index ON ygxx(bh)
GO
```

【例 4.67】　在 ygxx 表上的 xm 列上创建名为 xm_index 的索引，例子中使用 FILLFAC-TOR 参数。

相应 T-SQL 语句如下：

```
USE yggl
GO
CREATE INDEX xm_index ON ygxx(xm) WITH FILLFACTOR = 60
GO
```

4.7.4　索引的删除

1. 在对象资源管理器中删除索引

当索引不再使用时，或是表上的某个索引已经对系统性能造成负面影响时，可以将其从数据库中删除，从而回收它使用的磁盘资源。

在对象资源管理器中，展开指定的服务器和数据库，展开表，右击欲删除的索引的表，在弹出的快捷菜单中选择"删除"命令,打开"删除对象"确认对话框,用来让用户确认是否删除索引,单击"确定"按钮,即可删除选择的索引。

如果建立了主键索引或唯一索引,则必须先删除主键约束或唯一约束,然后才能删除约束使用的索引。当删除表的所有索引时,首先要删除非聚集索引,然后再删除聚集索引。

2. 使用 T-SQL 语句删除索引

使用 T-SQL 语句删除索引的语法格式如下:

```
DROP INDEX table_name. index_name[,…n]
```

【例 4.68】 删除 yggl 数据库中 ygxx 表中 xm 列上所创建的聚集索引 xm_index。

相应 T-SQL 语句如下:

```
USE yggl
GO
DROP INDEX ygxx.xm_index
GO
```

4.8 存储过程和触发器

4.8.1 存储过程

1. 存储过程概述

(1)存储过程的定义。

在大型的数据库系统中,随着功能的不断完善,系统也变得越来越复杂,大量的时间将耗费在 T-SQL 代码和应用程序代码的编写上。在多数情况下,许多代码被重复使用多次,而每次都输入相同的代码既烦琐又会降低系统运行效率。SQL Server 系统提供了一种方法,它可以将一些固定的操作集中起来,由 SQL Server 2005 数据库服务器完成,以实现某个特定的任务,这种方法就是存储过程。也就是说,把完成一项特定任务的许多 T-SQL 语句编写在一起,组成一个存储过程,只要执行该存储过程,就可以完成相应的任务。

SQL Server 2005 的存储过程类似于编程语言中的过程。其主体构成是标准 T-SQL 命令,同时包括 SQL 的扩展:语句块、结构控制命令、变量、常量、运算符、表达式和流程控制等。存储过程存储在数据库内,可由应用程序通过一个调用执行,而且允许用户声明变量、有条件执行以及使用其他强大的编程功能。使用存储过程可以使得对数据库的管理以及显示关于数据库及其用户信息的工作容易得多。

(2)存储过程的优点。

使用存储过程的优点在于可以提高响应速度,方便前台多个应用程序共享。如果某些事务规则改变了,只需对后台的存储过程进行改变即可,而不必到每个前台应用中去改变。另外,存储过程可以作为单独的安全性机制,让某些用户有权执行而另一些用户无权执行,这样就可以方便地把一些相关操作写在某个存储过程中,作为一个整体来授权。

存储过程的具体优点归纳如下。

① 存储过程是预先编译的。使用存储过程可以加快程序的执行速度,是执行查询或批处理的最快方法。

② 使用存储过程可以减少网络流量。存储过程可以包含一条或多条 T-SQL 语句,存储在数据库内,由应用程序通过一个调用语句就可以执行它,而不需要将大量的 T-SQL 语句传送到服务器端。

③ 允许模块化的程序设计。一个存储过程可以调用另一个存储过程,一个存储过程可以被多个用户共享和重用。

④ 提高数据库的安全性。用户可以调用存储过程,实现对表中数据的有限操作,但可以不赋予其直接修改数据表的权限,这样可以提高表中数据的安全性。

存储过程可以直接接收输入参数并可以返回输出值,同时会将执行情况的状态代码返回给调用它的程序。

（3）存储过程的类型。

系统存储过程主要存储在 master 数据库中,并以“sp_”为前缀,且系统存储过程主要从系统表中获得信息。通过存储过程,SQL Server 2005 中的许多管理性或信息性的活动都可以顺利有效地完成。尽管这些存储过程被放在 master 数据库中,却可以在其他数据库中对其进行调用,在调用时不必再在存储过程名前加上数据库名。当创建一个新数据库时,一些系统存储过程会在新数据库中被自动创建。系统存储过程使得用户很容易地从系统提取信息、管理数据库,并执行涉及更新系统表的其他任务。

存储过程可分为以下几类。

① 本地存储过程。本地存储过程就是用户自行创建完成某一特定功能并存储在用户数据库中的存储过程。一般所说的存储过程即指本地存储过程。

② 临时存储过程。临时存储过程属于本地存储过程。如果本地存储过程的名称前面有一个“#”,则该存储过程就称为局部临时存储过程。局部临时存储过程只有创建它并连接的用户能够执行,一旦这位用户断开与 SQL Server 2005 的连接,局部临时存储过程就会自动删除。如果本地存储过程的名称是以“##”开头,则该过程为全局临时存储过程,这种存储过程可以在所有用户会话中使用。

③ 远程存储过程。在 SQL Server 2005 中,远程存储过程是位于远程服务器上的存储过程。用户可以使用分布式查询和 EXECUTE 命令执行一个远程存储过程。

④ 扩展存储过程。扩展存储过程是用户使用外部程序语言（如 C++ 等）编写的存储过程。扩展存储过程的名称通常以“xp_”开头。扩展存储过程是对动态链接库（Dynamic Link Library,DLL）函数的调用。

2. 创建存储过程

（1）使用对象资源管理器创建存储过程。

首先,进入对象资源管理器,展开要创建存储过程的用户数据库 yggl,在数据库目录树中,右击“可编程性”项下的“存储过程”,在弹出的快捷菜单中选择“新建存储过程”命令,打开 SQL 编辑器存储过程模板文件（如图 4.54 所示）。

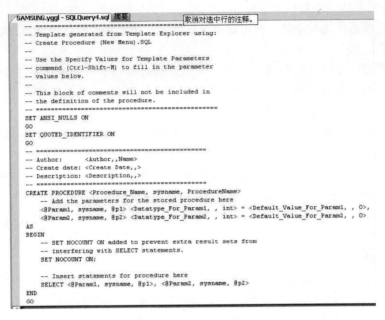

图 4.54　存储过程模板

接着,在 SQL 编辑器存储过程模板文件中的相应位置填入存储过程的正文内容,也可以单击 SQL 编辑器工具栏上的"指定模板参数的值"按钮,弹出如图 4.55 所示的"指定模板参数的值"对话框,输入模板相关的参数值,单击"确定"按钮更新存储过程中的值。

参数	类型	值
Author		Name
Create Date		
Description		
Procedure_Name	sysname	ProcedureName
@Param1	sysname	@p1
Datatype_For_Param1		int
Default_Value_For_Pa...		0
@Param2	sysname	@p2
Datatype_For_Param2		int
Default_Value_For_Pa...		0

图 4.55　"指定模板参数的值"对话框

单击 SQL 编辑器工具栏上的"分析"按钮,进行语法检查。

单击 SQL 编辑器工具栏上的"执行"按钮,创建存储过程。

单击"保存"按钮,保存所创建存储过程的 SQL 代码。

（2）使用 T-SQL 语句创建存储过程。

可以使用 T-SQL 语句中的 CREATE PROCEDURE 命令创建存储过程。用 T-SQL 语句创建存储过程时需要注意以下几个方面。

① 不能将 CREATE PROCEDURE 语句与其他语句组合到单个批处理中。

② 创建的存储过程是有权限的，其默认权限属于数据库所有者，该所有者可将此权限授予其他用户。

③ 存储过程是一个数据库对象，其名称必须遵守标识符规则。

④ 只能在当前数据库中创建属于当前数据库的存储过程。

创建存储过程的语法格式如下：

```
CREATE PROC[EDURE] procedure_name
[{@parameter data_type}]
[VARYING][ = DEFAULT][OUTPUT] [,...n]
[WITH {RECOMPILE|ENCRYPTION| RECOMPILE,ENCRYPTION }]
[FOR REPLICATION]
   AS sql_statement
```

各参数含义说明如下。

procedure_name：存储过程的名称，必须符合标识符规则，且对于数据库及其所有者必须唯一。

@parameter data_type：过程中的参数名及参数的数据类型。

VARYING：输出参数的内容可以变化，仅适用于游标参数。

default：参数的默认值。如果定义了默认值，则不必指定该参数的值即可执行存储过程。

OUTPUT：表明参数是返回参数。

RECOMPILE：表明 SQL Server 2005 不会缓存该过程的计划，该过程将在运行时重新编译。

ENCRYTION：表明 SQL Server 2005 加密 syscomments 表中包含语句文本的条目。使用 ENCRYTION 可防止将过程作为 SQL Server 2005 复制的一部分发布。

FOR REPLICATION：指定不能在订阅服务器上执行为复制创建的存储过程。

sql_statement：指定在存储过程中要完成的工作。

3. 执行存储过程

存储过程创建成功后，存储过程将保存在数据库中，用户可以通过对象资源管理器来执行存储过程，也可以使用 EXECUTE 命令来执行存储过程。

（1）使用对象资源管理器执行不带参数的存储过程。

第一步，进入对象资源管理器，选择指定服务器，展开要执行存储过程的数据库，如 yggl（如图 4.56 所示）。

图 4.56　在对象资源管理器中选择要执行存储过程的数据库

　　第二步,在对应的数据库目录树中,展开"可编程性"节点下的"存储过程"节点,显示该数据库中的所有存储过程(如图 4.57 所示)。

图 4.57　展开"可编程性"

第三步,右击要执行的存储过程,在弹出的快捷菜单中选择"执行存储过程"命令,打开如图 4.58 所示的"执行过程"窗口。窗口显示了系统的状态、存储过程的参数等相关信息,单击窗口下方的"确定"按钮开始执行该存储过程。

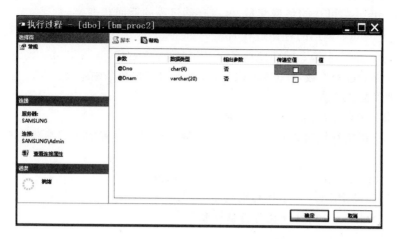

图 4.58 "执行过程"窗口截图

系统返回执行结果如图 4.59 所示。

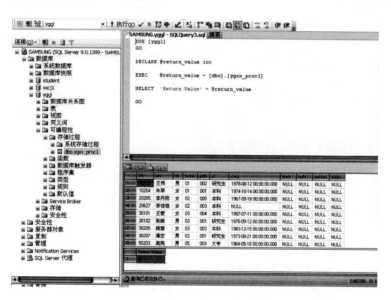

图 4.59 存储过程的执行结果

(2) 使用 T-SQL 语句执行存储过程。

存储过程无论是否带参数,都可以通过使用 T-SQL 语句中的 EXECUTE 命令来执行所创建的存储过程。其语法格式如下:

```
[EXE[CUTE]]
[@return_status = ] {procedure_name|@procedure_name_var}
```

[[@parameter =]{value|@variable[OUTPUT]|[DEFAULT]}[,...n]]

[WITH RECOMPILE]

各参数含义说明如下。

@return_status：可选的整型变量，保存存储过程的返回状态。

procedure_name：调用的存储过程名。

@procedure_name_var：局部变量名，代表存储过程名称。

@parameter：过程参数，在 CREATE PROCEDURE 命令中定义。

value：过程参数的值。

@variable：用来保存参数或返回参数的变量。

OUTPUT：指定存储过程必须返回一个参数。该存储过程的匹配参数也必须由关键字 OUTPUT 创建。

DEFAULT：根据过程的定义，提供参数的默认值。

WITH RECOMPILE：表示执行前要重新编译。

4. 使用 T-SQL 语句创建和执行存储过程举例

(1) 不带参数的存储过程。

【例 4.69】 对 yggl 数据库的员工信息表 ygxx，创建一个名为 ygxx_proc1 的存储过程，其功能为从 ygxx 表查询所有男员工的信息。

相应 T-SQL 语句如下：

```
USE yggl
GO
CREATE PROCEDURE ygxx_proc1
AS
SELECT * FROM ygxx WHERE xb = ´男´
GO
```

执行该存储过程的 T-SQL 语句如下：

```
USE yggl
GO
EXECUTE ygxx_proc1
GO
```

(2) 带参数的存储过程。

对于带参数的存储过程，需要确定其组成的三个部分。

① 所有的输入参数以及传给调用者的输出参数。

② 被执行的针对数据库的操作语句，包括调用其他存储过程的语句。

③ 返回给调用者的状态值，以指明调用是成功还是失败。

【例 4.70】 针对部门表 bm，创建一个名称为 bm_proc2 的存储过程。该存储过程的功能为向 bm 表中插入一条记录，新记录的值由参数提供。

相应 T-SQL 语句如下：

```
USE yggl
GO
```

```
CREATE PROCEDURE bm_proc2(@Dno char(4),@Dnam varchar(20))
AS
INSERT INTO bm VALUES(@Dno,@Dnam)
GO
```

执行带参数的存储过程有使用参数名传送参数值和按位置传送参数值两种方法。

就例 4.70 而言,使用参数名传递参数值的 T-SQL 语句如下:

```
USE yggl
GO
EXECUTE bm_proc2 @Dno='07',@Dnam='信息处'
```

使用参数名传递参数值可以任意指定参数值顺序,故可以将以上 EXECUTE 语句中的两个参数的次序颠倒后执行。

如果按位置传递参数值,例 4.70 相应 T-SQL 语句如下:

```
USE yggl
GO
EXECUTE bm_proc2 '07','信息处'
```

按位置传递参数值时要注意传递值的顺序与存储过程中定义的输入参数顺序相一致。

(3) 带有默认值的存储过程。

【例 4.71】 yggl 数据库中,针对员工工资表 gzxx,创建一个名称为 gzxx_proc1 的存储过程,执行该存储过程可以实现向 gzxx 表中插入一条记录,新记录的值由参数提供。如果未给出职务津贴 zwjt 的值,则其值由参数的默认值代替。

相应 T-SQL 语句如下:

```
USE yggl
GO
CREATE PROCEDURE gzxx_proc1(@no char(5),@nam char(8),@psala
numeric(7,2),@wsala numeric(7,2),@tsala numeric(7,2)=800,@hsala
numeric(7,2),@hf numeric(7,2),@wef numeric(7,2),@fee numeric(7,2))
AS
INSERT INTO gzxx VALUES(@no,@nam,@psala,@wsala,@tsala,@hsala,@hf,@wef)
GO
EXECUTE gzxx_proc1 @no='20115',@nam='路宽',
@psala=1120.00,@wsala=350.00,@hsala=380.00,@hf=450.00,@wef=100.00
```

(4) 带有 OUTPUT 参数的存储过程。

【例 4.72】 对 yggl 数据库创建存储过程 gztotal,其功能为计算每个员工的工资总额。

相应 T-SQL 语句如下:

```
USE yggl
GO
CREATE PROCEDURE gztotal @nam char(8),@total numeric(7,2) OUTPUT
AS
```

```
select @total = jbgz + gwjt + zwjt + zfbt - zfgjj - sdf
    FROM gzxx
        WHERE xm = @nam
```

执行该存储过程的相应 T-SQL 语句如下：

```
USE yggl
GO
DECLARE @t_gz numeric(7,2),@name char(8)
EXECUTE gztotal ´姚慧´,@t_gz output
SELECT ´姚慧´,@t_gz
GO
```

注意：

① OUTPUT 变量必须在定义存储过程和使用该变量时都进行定义。

② 定义时的参数名和调用时的参数名不一定要匹配，但数据类型和参数位置必须匹配。

5. 修改存储过程

（1）使用对象资源管理器修改存储过程。

① 进入对象资源管理器，展开相应的数据库，展开"可编程性"，展开"存储过程"。

② 右击要修改的存储过程，在弹出的快捷菜单中选择"修改"命令，然后在打开的 SQL 编辑器中进行修改。

③ 修改完毕后，单击 SQL 编辑器工具栏上的"分析"按钮，对所编写的程序代码进行检查，最后单击"执行"按钮，完成存储过程的修改工作。

（2）使用 T-SQL 语句修改存储过程。

使用 ALTER PROCEDURE 命令可以修改存储过程，其语法格式如下：

```
ALTER PROCEDURE procedure_name
[{@parameter data_type}[ = DEFAULT][OUTPUT][,...n]
[WITH {RECOMPILE | ENCRYPTION | RECOMPILE,ENCRYPTION}]]
AS sql_statement
```

其中的参数含义与创建存储过程语句中相同。

【例 4.73】 对存储过程 ygxx_proc1 进行修改。

相应 T-SQL 语句如下：

```
USE yggl
GO
ALTER PROCEDURE [dbo].ygxx_proc1
AS
SELECT * FROM ygxx WHERE xb = ´男´ and year(csrq)<1986
```

6. 删除存储过程

用户既可以使用对象资源管理器删除存储过程，也可以通过 T-SQL 语句删除存储过程。这里仅介绍 T-SQL 语句方式删除存储过程。

利用 DROP PROCEDURE 可以将一个或多个存储过程从当前数据库中删除,其语法格式如下:

```
DROP PROCEDURE procedure_name[,…n]
```

其中的参数含义与创建存储过程语句中相同。

【例 4.74】 将存储过程 bm_proc2 从数据库中删除。

相应 T-SQL 语句如下:

```
DROP PROCEDURE bm_proc2
```

4.8.2 触发器

1. 触发器概述

(1) 触发器的概念。

触发器是一类特殊类型的存储过程,与表的关系密切,用于保护表中的数据。触发器不同于一般的存储过程。触发器通过事件触发而被执行,而存储过程可以通过其名称而被直接调用。当使用 INSERT、UPDATE 和 DELETE 中一种或多种数据修改操作命令对指定表中的数据进行修改时,触发器自动执行。

触发器是一系列当对表中数据进行修改时要执行的 T-SQL 语句的集合。在 SQL Server 2005 中可以创建在表中插入、删除或修改数据时触发的触发器。触发器既可以用于约束、默认值和规则的完整性检查,还可以完成普通约束难以实现的复杂功能。

(2) 触发器的优点。

触发器可以解决高级形式的业务规则或复杂行为限制以及实现定制记录等方面的问题。例如,触发器能找出某一表在数据修改前后状态的差异,并根据差异执行一定的处理。触发器还有助于强制引用完整性,以便在插入、修改或删除表中记录保留表之间的已定义的关系。

具体来说,触发器具有以下优点。

① 比 CHECK 约束有更加复杂的数据完整性。

在数据库中可以通过 CHECK 约束或触发器来实现数据完整性约束,但 CHECK 约束不允许引用其他表中的列来完成检查工作,而触发器则可以引用其他表中的列来完成数据完整性的约束。

② 使用自定义的错误信息。

有时用户需要在数据完整性遭到破坏时,发出预先定义好的错误信息或动态自定义的错误信息。借助于触发器,用户可以获得破坏数据完整性的操作,并返回预先定义的错误信息。

③ 实现数据库中多个表之间的级联修改。

用户可以通过触发器对数据库中的相关表进行级联修改,从而保证数据库中数据的完整性。

(3) 触发器的分类。

触发器可以分为 AFTER 触发器和 INSTEAD OF 触发器。

① AFTER 触发器。

AFTER 触发器是在数据变动(INSERT、UPDATE 或 DELETE 操作)完成以后才被触发。通过对变动的数据进行检查,如果发现错误,将拒绝接受或回滚变动的数据。AFTER 触发器只能在表中定义。同一个表中可以创建若干个 AFTER 触发器。

② INSTEAD OF 触发器。

INSTEAD OF 触发器在数据变动之前触发,执行触发器定义的操作而不执行变动数据的操作(即 INSERT、UPDATE 或 DELETE 操作)。INSTEAD OF 操作可以在表或视图中进行定义。每个数据表最多可以定义一个 INSTEAD OF 触发器。

2. 创建触发器

用户可以通过对象资源管理器或 T-SQL 语句创建触发器。创建触发器需要注意以下几个方面的问题。

① CREATE TRIGGER 语句必须是批命令的第一条语句,随后的其他语句则都被解释为 CREATE TRIGGER 语句定义的一部分。

② 创建触发器的权限默认分配给表的所有者,且不能将该权限转让给其他用户。

③ 触发器是数据库对象,名称要符合标识符的命名规则。

④ 只能在当前数据库中创建触发器,但触发器可以引用当前数据库以外的数据对象。

⑤ 不能在视图或临时表上创建触发器。

⑥ 一个触发器只能对应一个表。

(1) 使用对象资源管理器创建触发器。

使用对象资源管理器创建触发器的步骤如下。

① 在对象资源管理器中,展开指定的服务器和数据库,展开要创建触发器的表所在的数据库。

② 展开要创建触发器的表,右击"触发器"项,在弹出的快捷菜单中选择"新建触发器"命令(如图 4.60 所示)。

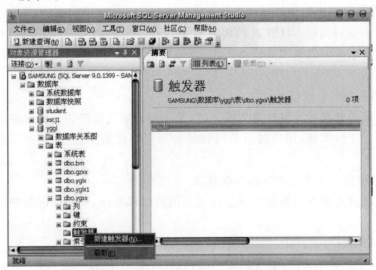

图 4.60　使用对象资源管理器创建触发器

③ 在对象资源管理器的右边窗口出现创建触发器窗口,用户在此可以输入创建触发器的语句(如图 4.61 所示)。

图 4.61　创建触发器窗口

创建一个触发器必须指定以下几个内容:

触发器的名称、在其上定义触发器的表、触发器何时被激发、执行触发操作的编程语句。

在窗口的文本区域内,给出创建触发器的默认文本:

```
CREATE TRIGGER 〈Schema_Name, sysname, Schema_Name〉.〈Trigger_Name, sysname, Trigger_Name〉
    ON 〈Schema_Name, sysname, Schema_Name〉.〈Table_Name, sysname, Table_Name〉
    AFTER 〈Data_Modification_Statements, INSERT,DELETE,UPDATE〉
AS
```

根据需要修改默认的语句,并在 AS 子句下输入触发器所要使用的语句。

④ 修改完毕后,单击工具栏上的"分析"按钮,检查创建触发器的语句的正确性。

⑤ 单击工具栏上的"执行"按钮,创建触发器。

(2) 使用 T-SQL 语句创建触发器。

使用 CREATE TRIGGER 语句创建触发器的格式如下:

```
CREATE TRIGGER trigger_name
ON { table | view }
[ WITH ENCRYPTION ]
{ FOR | AFTER | INSTEAD OF } { [ INSERT ][,][ DELETE ][,][UPDATE]}
AS
[ IF UPDATE ( column_name )
[ { AND | OR } UPDATE ( column_name )][ ,…n]]
```

sql_statements

各参数含义说明如下。

trigger_name：用户要创建的触发器名称。

table、view：与创建的触发器相关联的表或视图的名字，并且该表或视图必须已经存在。

WITH ENCRYPTION：表示对包含有 CREATE TRIGGER 文本的 syscomments 表进行加密。

AFTER：表示只有在执行了指定的操作之后触发器才被激活，从而执行触发器中的 SQL 语句。若是仅使用 FOR 关键字，则表示系统默认创建 AFTER 触发器。

INSTEAD OF：创建 INSTEAD OF 触发器。

INSERT、DELETE、UPDATE：用来指明哪种数据操作将激活触发器。至少要指明一个选项，在触发器的定义中三者的顺序不受限制，各选项之间用逗号隔开。

IF UPDATE(column_name)：测定对某列是插入操作还是更新操作，可以指定两个以上的列。

sql_statements：触发器将要执行的动作。

在触发器的工作过程中，有两个特殊的临时表，分别是 Inserted 表和 Deleted 表，这两个表都存在于内存中。

Inserted 表中存储着被 INSERT 语句和 UPDATE 语句影响的新的数据行。执行 IN-SERT 语句或 UPDATE 语句时，新的数据行被添加到指定表中，同时在 Inserted 表中也存储了这些数据行。

Deleted 表中存储着被 DELETE 语句和 UPDATE 语句影响的旧数据行。执行 DE-LETE 语句或 UPDATE 语句时，指定的数据行从基本表中删除，然后在 Deleted 表中保存。基本表中和 Deleted 表中一般不会有相同的数据行。

因为 Inserted 表和 Deleted 表存在于内存中，仅在触发器执行时存在，在某一特定时间和某一特定表相关，所以触发器结束执行后，相应的两个表中的数据都会丢失。若想永久地把这些数据保存下来，就需要把这两个表的数据复制到一个永久的表内。

3. 用 T-SQL 命令创建触发器举例

(1) INSERT 触发器。

【例 4.75】 在 yggl 数据库的 ygxx 表上创建一个 ygxx_trigger1 触发器，当执行 IN-SERT 操作时该触发器被激活。

相应 T-SQL 语句如下：

```
USE yggl
GO
CREATE TRIGGER ygxx_trigger1
ON ygxx
FOR INSERT
AS
RAISERROR('非法操作',10,1)
```

当向 ygxx 表中插入数据时触发器被触发，但是数据仍能被插入表中。如向表中插入如下记录：

```
INSERT INTO ygxx VALUES(´60509´,´张明´,´男´,´06´,´005´,
´本科´,´1988-02-18´,null,null,null,null)
```

通过查询语句来查看表的内容，发现上述记录已经插入 ygxx 表中。这是由于定义触发器时，指定的是 FOR 关键字，因此 AFTER 成了默认设置。触发器只有在 INSERT 操作成功完成后才激活，因此可以将数据插入 ygxx 表中。要实现触发器被执行的同时取消触发触发器的 SQL 语句的操作，可以通过使用 INSTEAD OF 关键字来实现。

【例 4.76】 在 yggl 数据库的 ygxx 表上创建一个名为 ygxx_trigger2 的触发器，当插入数据时触发触发器，要求触发器报警并取消插入操作。

具体 T-SQL 语句如下：

```
USE yggl
GO
CREATE TRIGGER ygxx_trigger2
ON ygxx
INSTEAD OF INSERT
AS
RAISERROR(´对不起,您没有插入记录的权限´,10,1)
```

向表 ygxx 中插入数据，具体语句如下：

```
INSERT INTO ygxx VALUES(´60510´,´张赫´,´男´,´06´,´005´,
´本科´,´1988-02-18´,null,null,null,null)
```

执行结果显示为"对不起，您没有插入记录的权限"。

通过 SELECT 语句查看表中内容，发现上述记录并未出现在 ygxx 表中，即 INSTEAD OF 选项取消了 INSERT 操作。

上述两个例子中都出现了 RAISERROR( )函数，该函数返回用户定义的错误信息并设置系统标志以便记录发生的错误。

（2）UPDATE 触发器。

在设有 UPDATE 触发器的表执行 UPDATE 操作时，将触发 UPDATE 触发器。使用 UPDATE 触发器可以通过定义 IF UPDATE（column_name）来实现，当特定列被更新时触发器被激活。可以通过在触发器定义中使用 and 或 or 连接多个 IF UPDATE（column_name），实现在多个特定列中的任意一列或多列被更新时触发触发器。

【例 4.77】 在 yggl 数据库的 ygxx 表上建立一个名为 ygxx_trig 的触发器。该触发器在 ygxx 表进行 UPDATE 操作时被激活，且该触发器不允许用户修改表的 bh 列和 xm 列。

相应 T-SQL 语句如下：

```
USE yggl
GO
CREATE TRIGGER ygxx_trig
ON ygxx
INSTEAD OF UPDATE
AS
```

```
IF UPDATE(bh) or UPDATE(xm)
    RAISERROR(´不能修改员工的编号和姓名!´,10,1)
```

对表 ygxx 执行修改编号和姓名的操作,消息窗口就会出现报警,提示不能修改,如将编号为 10101 的员工姓名修改为王翠的相应 T-SQL 语句如下:

```
USE yggl
GO
UPDATE ygxx
SET xm = ´王翠´ WHERE bh = ´10101´
```

执行结果显示为"不能修改员工的编号和姓名!"即操作无法进行,触发器起到了保护作用。

当然,UPDATE 操作对没有建立保护触发器的其他列进行更新操作时并不会触发触发器。

(3) DELETE 触发器。

【例 4.78】 在 yggl 数据库的 ygxx 表上建立一个名为 ygxx_trig2 的 DELETE 触发器,该触发器实现对 ygxx 表中执行删除记录的操作时给出提醒,同时取消当前的删除操作。

相应 T-SQL 语句如下:

```
USE yggl
GO
CREATE TRIGGER ygxx_trig2
ON ygxx
INSTEAD OF DELETE
AS
    RAISERROR(´对不起,你无权删除记录!´,10,1)
```

在表 ygxx 中删除一条记录,具体语句如下:

```
DELETE FROM ygxx where bh = ´10101´
```

查询分析器的消息返回窗口出现"对不起,你无权删除记录!"的提示信息。查询 ygxx 表可以发现要删除的记录仍然存在于表中。

4. 修改触发器

SQL Server 2005 允许对触发器进行修改,而无须删除后重建。

(1) 通过对象资源管理器修改触发器。

在对象资源管理器中找到需要修改的触发器,右击要修改的触发器,在弹出的快捷菜单中选择"修改"命令,在查询分析器窗口出现要修改的触发器文本,根据修改需要进行相应的修改,分析并执行修改后的触发器。

(2) 通过 T-SQL 语句修改触发器。

使用 ALTER TRIGGER 语句的语法格式如下:

```
USE TRIGGER trigger_name
ON {table|view}
    [WITH ENCRYPTION]
```

```
{FOR |AFTER|INSTEAD OF }{[INSERT][,][UPDATE][,][DELETE]}
AS
IF UPDATE(column_name)
[{AND | OR }UPDATE(column_name)][,...n]
sql_statements
```

各参数含义与创建触发器语句中参数的含义相同。

5. 删除触发器

删除已创建的触发器有以下三种方法。

(1) 使用 DROP TRIGGER 命令。其语法格式如下:

```
DROP TRIGGER trigger_name
```

(2) 删除触发器所在表的同时,SQL Server 2005 将自动删除与该表相关的触发器。

(3) 通过对象资源管理器删除触发器,右击需要删除的触发器,在弹出的快捷菜单中选择"删除"命令,在弹出的"删除对象"对话框中单击"确定"按钮。

4.9 备份还原与导入导出

数据库的备份和还原是一项非常重要的系统管理工作。备份是指对数据库结构、对象和数据的复制,以便在数据库遭到破坏时能够恢复数据库。还原是指将数据库备份还原加载到服务器中的过程。导入导出是数据库系统与外部进行数据交换的操作。

导入数据是从外部数据源中检索数据,并将数据插入 SQL Server 表的过程,也就是把其他系统的数据引入 SQL Server 2005 的数据库中。外部数据源包括 ODBC 数据源(如 Oracle 数据库)、OLE DB 数据源(如其他 SQL Server 数据库)、ASCII 文本和 EXECEL 电子表格。

导出数据是将 SQL Server 2005 数据库中的数据转换为某些用户指定格式的过程,即把 SQL Server 2005 数据库中的数据引入到其他系统。

4.9.1 数据库的备份

1. 数据库的备份和还原类型

SQL Server 2005 提供了一套功能强大的数据备份和还原工具。在系统发生错误时,可以利用数据的备份来还原数据库中的数据。在 SQL Server 2005 中,备份数据库有以下四种方式。

(1) 完全数据库备份。

完全数据库备份是将整个数据库进行备份,包括数据文件和日志文件,这需要较多的时间和空间,不宜频繁使用。恢复时,仅需要恢复最后一次完全备份即可。

(2) 差异数据库备份。

差异数据库备份也叫增量备份,指仅仅备份最后一次完全备份后被修改的数据,备份所需的时间和空间较少。恢复时,先恢复最后一次完全备份再恢复最后一次差异备份。

(3) 事务日志备份。

事务日志备份只备份上次日志备份后所有的事务日志记录,备份所用的时间和空间更少。利用事务日志进行恢复时,可以指定恢复到某一事务。恢复时,先恢复最后一次完全备份,再恢复最后一次差异备份,再顺序恢复最后一次差异备份以后的所有事务日志备份。

(4) 文件或文件组的备份。

文件或文件组的备份即备份某个特定的数据文件或数据文件组,它必须与事务日志备份相结合才有意义。例如,某数据库中有两个数据文件,如果一次仅可以备份一个文件,则在每个数据文件备份完成后都需要进行事务日志备份。在恢复时,使用事务日志可将所有的数据文件恢复到同一时间点。

2. 使用对象资源管理器进行备份

(1) 进入对象资源管理器,展开一个数据库服务器。

(2) 展开"数据库"文件夹,右击要进行备份的数据库 yggl,然后在弹出的快捷菜单中选择"任务"—"备份"命令(如图 4.62 所示)。

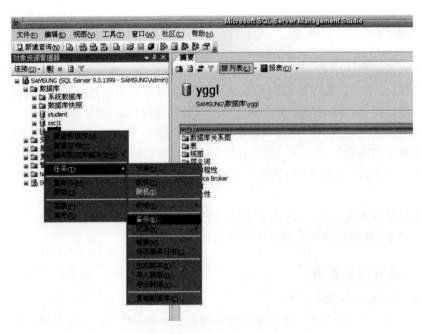

图 4.62 选择"备份"的命令

(3) 单击"备份"命令后打开了"备份数据库"对话框(如图 4.63 所示)。在"源"区域选择要备份的数据库 yggl,然后单击"备份类型"下拉列表框,选择备份的类型,选择备份组件的"文件和文件组",备份数据库中的某个文件和文件组。

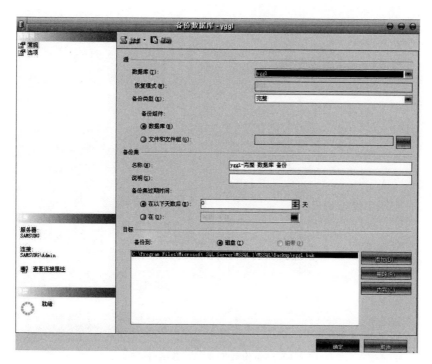

图 4.63 "备份数据库"对话框

（4）在"备份数据库"对话框中，单击"目标"区域中的"添加"按钮，弹出如图4.64所示的"选择备份目标"对话框，在此指定一个备份文件或备份设备，完成备份目的地的选择。

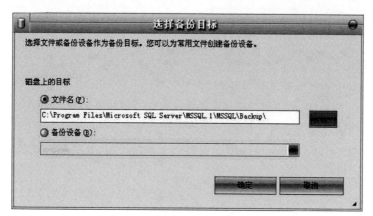

图 4.64 "选择备份目标"对话框

（5）在"备份数据库"对话框中，选择"选项"标签页，在"覆盖媒体"区域选择备份方式（如图 4.65 所示）。单击"确定"按钮，开始执行备份操作，并出现相应的提示信息。

（6）当出现备份操作已顺利完成的提示信息时，单击"确定"按钮，结束备份操作（如图 4.66 所示）。

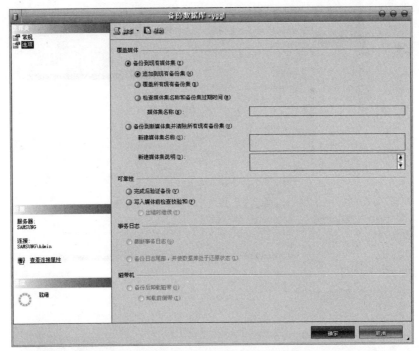

图 4.65　"备份数据库"的"选项"标签页

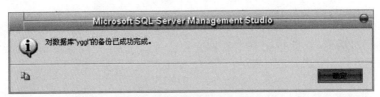

图 4.66　备份完成提示信息

3. 使用 T-SQL 语句进行数据库备份

在 SQL Server 2005 中,可以通过执行相关系统存储过程和语句来完成数据库的备份操作。

(1) 用系统存储过程完成备份操作。

系统存储过程 sp_addumpdevice 用于创建一个备份设备,其语法格式如下:

EXEC sp_addumpdevice [@devtype =]′device_type′,

[@logicalname =]′logical_name′,

[@physicalname =]′physical_name′

其中,device_type 用于指定备份设备的类型。备份设备是用来存放备份数据的物理设备,包括磁盘、磁带,分别用 disk 和 tape 表示。建立一个备份设备时,需要给该备份设备分配一个逻辑备份名称(logical_name)和物理备份名称(physical_name)。物理备份名称是操作系统访问物理设备时所使用的名称。逻辑备份名称是物理设备名称的一个别名,便于 SQL Server 2005 管理备份设备,使用逻辑设备名称访问更加方便。

【例 4.79】　在本地磁盘上创建一个备份设备,其逻辑名称为 yggldatabackup,物理名称为"D:\yggl. back"。

相应 T-SQL 语句如下：

```
EXEC sp_addumpdevice ´disk´,´yggldatabackup´,´d:\yggl.back´
```

删除该备份设备则执行以下语句：

```
EXEC sp_dropdevice ´yggldatabackup´
```

（2）用 BACKUP 语句执行备份操作。

BACKUP 命令子句很多，在此仅给出其最简单的表达方式。

① 完全备份。其语法格式为：

```
BACKUP   DATABASE ⟨database_name⟩ TO ⟨backup_device⟩
[WITH [INIT|NOTINIT]]
```

其中，INIT 表示新备份的数据覆盖当前设备上的每一项内容，即原来在此设备上的数据信息将不再存在；NOTINIT 则表示新备份的数据添加到备份设备上已有内容的后面。

② 差异备份。其语法格式为：

```
BACKUP   DATABASE ⟨database_name⟩ TO ⟨backup_device⟩
[WITH DIFFERENTIAL [INIT|NOTINIT]]
```

③ 日志备份。其语法格式为：

```
BACKUP LOG   ⟨database_name⟩ TO ⟨backup_device⟩
[WITH [INIT|NOTINIT]]
```

④ 备份文件和文件组。其语法格式为：

```
BACKUP   DATABASE ⟨database_name⟩
FILE = ´logical_filename´|FILEGROUP = ´logical_filegroup_name´
TO ⟨backup_device⟩   [WITH [INT|NOTINT]]
```

4.9.2 数据库的还原

还原是与备份相对应的操作。还原数据库时，SQL Server 2005 会自动将备份文件中的数据全部复制到数据库，并回滚任何未完成的事务，以保证数据库中数据的一致性。

1. 使用对象资源管理器还原数据库

下面的步骤完成了用前面章节备份的 yggl 数据库的备份文件"yggl. bak"将数据库还原为原来状态。

（1）进入对象资源管理器，展开数据库服务器。

（2）右击"数据库"，在弹出的快捷菜单中选择"还原数据库"命令，打开如图 4.67 所示的"还原数据库"对话框。

（3）在"还原的目标"区域的"目标数据库"下拉列表框中选择或输入要还原的目标数据库，该数据库可以是不同于备份数据库的另一个数据库，即可以将一个数据库的备份还原到另一数据库中。若输入一个新的数据库名称，SQL Server 2005 将自动新建一个数据库，并将数据库备份还原到新建的数据库中。

（4）在"还原的源"区域中选择还原方式，包括"源数据库"和"源设备"方式。"源数据库"

方式可以方便地还原数据库。但这种方式要求要还原的数据库备份必须在 msdb 数据库中保存了备份历史记录。如果在其他服务器上创建的备份在 msdb 数据库中没有记录，此时要将一个服务器上制作的备份数据库还原到另一个服务器时，就不能使用"源数据库"还原方式，而只能使用"源设备"方式。

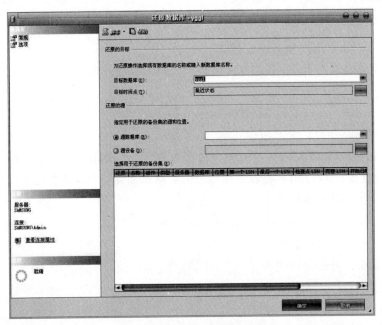

图 4.67　"还原数据库"对话框

（5）在"还原数据库"对话框中选择"源设备"方式，展开"源设备"，弹出如图 4.68 所示的"指定备份"对话框，可在其中选择"备份媒体"为"文件"或"备份设备"。这里选择"文件"，单击"添加"按钮，在弹出的选择框中选择"D:\yggl.bak"，单击"确定"按钮，返回如图 4.69 所示的"还原数据库"对话框。

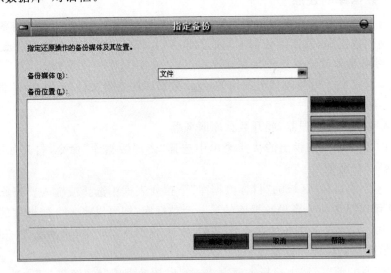

图 4.68　"指定备份"对话框

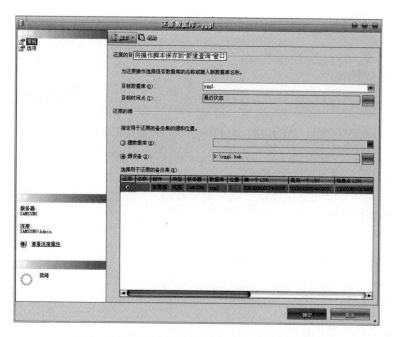

图 4.69　进行相关设置后的"还原数据库"对话框

（6）单击"还原数据库"对话框左侧的"选项"标签，在"选项"标签页中设置还原的选项（如图 4.70 所示）。设置完毕后，单击"确定"按钮，开始还原操作，最后出现数据库还原完成消息提示框（如图 4.71 所示）。

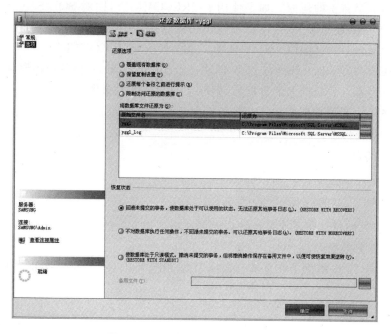

图 4.70　"还原数据库"选项标签页

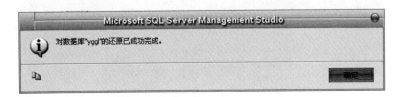

图 4.71　数据库还原完成消息提示框

2. 使用 T-SQL 语句还原数据库

使用 RESTORE 语句不仅可以完成对整个数据库的还原，也能还原数据库的日志文件或特定的文件组和文件。

（1）还原整个数据库。

其语法格式为：

RESTORE DATABASE 〈databasename〉FROM 〈backup_device〉

[WITH [FILE = n][,NORECOVERY|RECOVERY][,REPLACE]]

各参数含义说明如下。

FILE＝n：表示从第几个备份中还原。例如数据库在同一备份设备上做了两次备份，则当还原第一个备份时使用"FILE＝1"，还原第二个备份时使用"FILE＝2"。

RECOVERY：指定在数据库还原完成后，SQL Server 2005 回滚被还原的数据库中所有未完成的事务，以保证数据的一致性。还原后，用户就可以访问数据库了。即 RECOERY 选项用于最后一个备份的还原。如果使用 NORECOVERY，则对 SQL Server 2005 不回滚所有未完成的事务，还原结束后，用户不能访问数据库。所以，当不是对要还原的最后一个备份进行还原时，使用 NORECOERY 选项。系统默认为 RECOVERY。

REPLACE：指明 SQL Server 2005 创建一个新的数据库，并将备份还原到新数据库中；若服务器中已经存在一个同名的数据库，则原来的数据库被删除。

从完全备份中还原数据库和从差异备份中还原数据库的语法格式一样。

（2）恢复事务日志。

其语法格式为：

RESTORE LOG 〈databasename〉FROM 〈backup_device〉

[WITH [FILE = n][,NORECOVERY|RECOVERY]]

其中，各参数的意义与还原整个数据库语法格式中的参数意义相同。

（3）恢复部分数据库。

SQL Server 2005 提供了恢复部分数据库的功能，可以只将某一部分的备份还原到相应的数据库文件中。

其语法格式为：

RESTORE DATABASE 〈databasename〉〈file_logicalname|filegroup_logicalname〉

FROM 〈backup_device〉

[WITH [PARTIAL]

[,FILE = n][,NORECOVERY|RECOVERY][,REPLACE]]

其中，file_logicalname 和 filegroup_logicalname 表示要恢复的数据库文件或文件组名称；PARTIAL 表示此次恢复只恢复数据库的一部分。NORECOVERY、RECOVERY、RE-PLACE 的参数意义与还原整个数据库语法格式中的参数意义相同。

4.9.3 数据导入

可以利用 SQL Server 2005 的导入和导出向导完成数据的导入工作。下面以把 EX-CEL 电子表格中的数据导入 SQL Server 2005 为例描述数据的导入过程。被导入的 EX-CEL 文件名为 yglx，里面存放了员工的联系信息。用户可以按照 yglx.xls 的格式在 yggl 中创建 yglx 表，列的顺序与 EXCEL 文件中的顺序一样，然后将 EXCEL 文件中的数据直接添加到表中；也可以在导入过程中新建 yglx 表。本书介绍的过程为前者。

（1）进入对象资源管理器，展开服务器，右击数据库 yggl，在弹出的快捷菜单中选择"任务"—"导入数据"命令（如图 4.72 所示）。

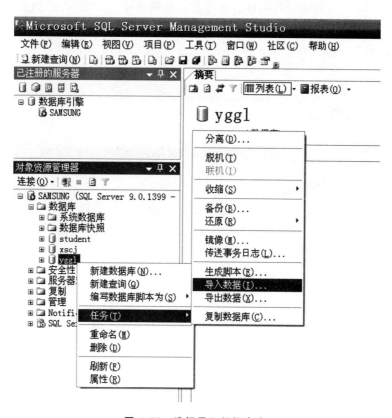

图 4.72　选择导入数据命令

（2）进入"导入和导出向导"的第一个对话框（如图 4.73 所示），单击"下一步"按钮，进入"导入和导出向导"的"选择数据源"对话框（如图 4.74 所示）。

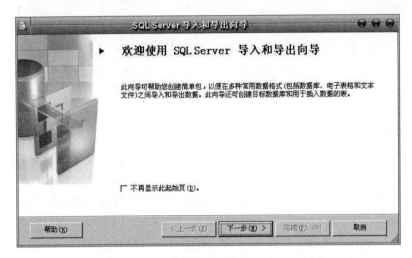

图 4.73 "导入和导出向导"的第一个窗口

（3）在图 4.74 所示的对话框中可以选择数据源的类型，在"数据源"的下拉列表框中选择 Microsoft Excel，"Excel 版本"列表中选择"Microsoft Excel 97-2005"，单击"文件路径"文本框右侧的"浏览"按钮，选择要导入的 Excel 文件，选定后如图 4.75 所示。

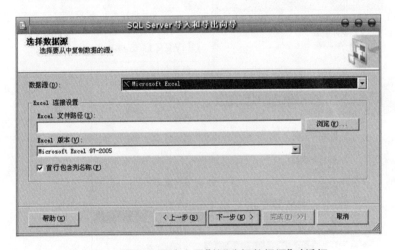

图 4.74 "导入和导出向导"的"选择数据源"对话框

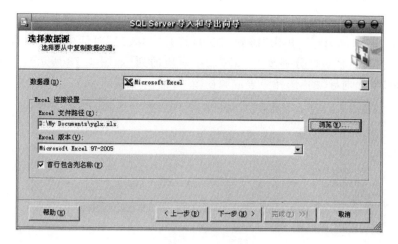

图 4.75 选定数据源

（4）单击"下一步"按钮，进入"导入和导出向导"的"选择目标"对话框（如图 4.76 所示），在此进行选择目标、服务器名称、身份验证方式和数据库的操作。

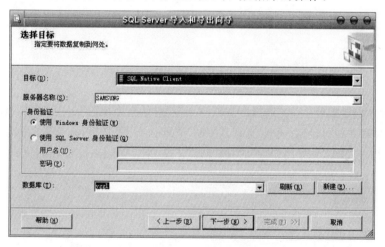

图 4.76 "导入和导出向导"的"选择目标"对话框

（5）单击"下一步"按钮，在如图 4.77 所示的对话框中选择"复制一个或多个表或视图的数据"。

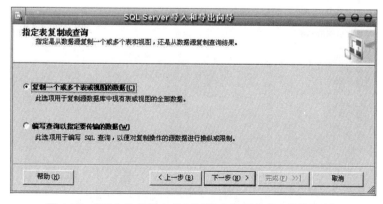

图 4.77 "导入和导出向导"的"指定表复制或查询"对话框

（6）单击"下一步"按钮，在"导入和导出向导"的"选择源表或源视图"对话框中，选择目标为"[yggl].[dbo].[yglx]"，单击"编辑"按钮，打开"列映射"对话框，选择"向目标表中追加行"。在映射框内，将目标分别改为 yglx 表中对应的列（如图 4.78 所示），单击"确定"按钮回到"导入和导出向导"的"选择源表或源视图"对话框。

图 4.78　"列映射"对话框

（7）在"导入和导出向导"的"选择源表或源视图"对话框中单击"下一步"按钮，进入"导入和导出向导"的"保存并执行包"对话框，选择其中的"立即执行"复选框，并单击"完成"按钮，最后出现如图 4.79 所示的"导入和导出向导"的"执行成功"提示框。单击"关闭"按钮完成导入工作。

图 4.79　"导入和导出向导"的"执行成功"提示框

（8）在对象资源管理器中，打开 yglx 表，可以发现其中已经添加了 Excel 文件中对应的数据。在此，可以对数据进行调整（如图 4.80 所示）。

bh	xm	zh	yb	shj	gddh	email
20108	张飞	中山北路78号	210009	13851742920	83375672	zhf@163.com
20111	许愿	永庆巷6号210016	NULL	13857277098	84593221	xyuan@126.com
30114	李哲	青年路	210056	13851432212	83546772	lzhe@sina.com
40119	杨谧	中央路	210013	13851764842	83476542	yy@sohu.com
NULL	NULL	NULL	NULL	NULL	NULL	NULL

图 4.80　导入了 Excel 数据的 yglx 表

4.9.4　数据导出

以将 yggl 数据库的 ygxx 表中数据导出为例描述 SQL Server 2005 的数据导出过程。

（1）进入对象资源管理器，展开服务器，右击数据库 yggl，在弹出的快捷菜单中选择"任务"—"导出数据"命令，打开"导入和导出向导"的第一个对话框，单击其中的"下一步"按钮，进入"导入和导出向导"的"选择数据源"对话框（如图 4.81 所示）。在此设置数据源和身份验证方式和数据库。

图 4.81　"导入和导出向导"的"选择数据源"对话框

（2）单击"下一步"按钮，进入"导入和导出向导"的"选择目标"对话框，在此将"目标"设置为"Microsoft Excel"，"Excel 文件路径"设置为"D:\My Documents ygxx.xls"，"Excel 版本"选择为"Microsoft Excel 97-2005"（如图 4.82 所示）。

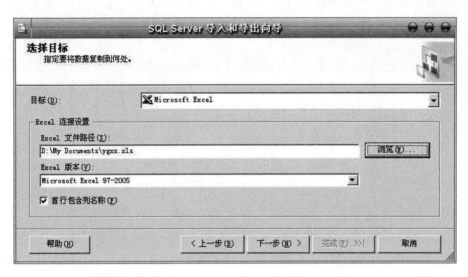

图 4.82　"导入和导出向导"的"选择目标"对话框

　　(3) 单击"下一步"按钮,进入"导入和导出向导"的"指定表复制或查询"对话框(如图 4.83 所示)。用户可以选择其中任意一种选项。若选择"复制一个或多个表或视图的数据",则进入如图 4.84 所示的"导入和导出向导"的"选择源表或源视图"对话框。

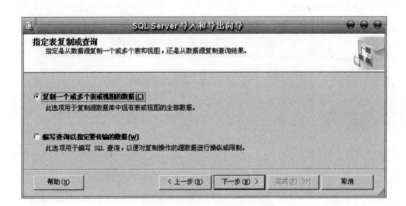

图 4.83　"导入和导出向导"的"指定表复制或查询"对话框

　　(4) 在"导入和导出向导"的"选择源表或源视图"对话框中,选择源为"[yggl].[dbo].[ygxx]"。目标为"ygxx"。单击"下一步"按钮,进入"导入和导出向导"的"保存并执行包"对话框,选择其中的"立即执行"复选框,并单击"完成"按钮。最后出现"导入和导出向导"的"执行成功"提示框,单击"关闭"按钮完成导出工作。

图 4.84 "导入和导出向导"的"选择源表或源视图"对话框

若在第(3)步选择的是"编写查询以指定要传输的数据",则进入如图 4.85 所示的"导入和导出向导"的"提供源查询"对话框,在 SQL 语句区域中写相应的查询语句,并单击"下一步"按钮,打开如图 4.86 所示的选择源表和源视图对话框,将目标设为"ygxx",单击"下一步"按钮或"完成"按钮,在向导的进一步指引下完成导出工作。

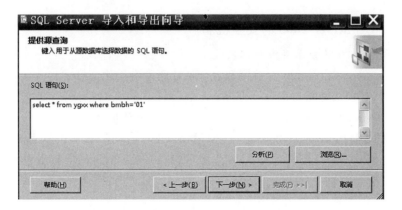

图 4.85 "导入和导出向导"的"提供源查询"对话框

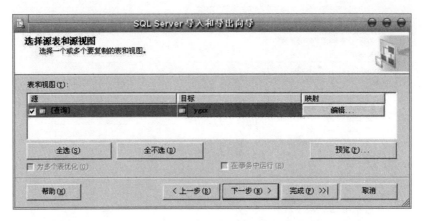

图 4.86 "导入和导出向导"的"选择源表和源视图"对话框

打开 ygxx. xls,可以发现其中已添加了 ygxx 表及对应的数据。

4.10　SQL Server 2005 的安全性管理

SQL Server 2005 的安全性管理是建立在认证(Authentication)和访问许可(Permission)两种机制上的。认证是指确定登录 SQL Server 2005 的用户的登录账号和密码是否正确,据此来验证其是否具连接 SQL Server 2005 的权限。然而,通过了认证阶段并不代表能够访问 SQL Server 2005 中的数据,只有获得访问数据库的权限之后,用户才能对服务器上的数据库进行权限许可的各种操作。用户访问数据库权限的设置是通过用户账号来实现的。

4.10.1　SQL Server 2005 的安全机制

1. SQL Server 2005 登录身份验证模式

SQL Server 2005 有 Windows 认证和混合认证两种身份认证模式。

Windows 认证模式是指对用户登录 Windows NT 时进行身份认证,而登录 SQL Server 2005 不再进行身份验证。混合认证模式则是指 Windows 认证和 SQL Server 认证两种认证模式都是可用的。Windows 的用户既可以使用 Windows 认证,也可以使用 SQL Server 认证。使用 SQL Server 认证模式时,用户在连接 SQL Server 2005 时必须提供登录名和登录密码,这些登录信息存储在系统 syslogins 中,与 Windows 的登录账号无关。SQL Server 2005 自己执行认证处理,若输入的登录信息与系统表 syslogins 中的一条记录相匹配,则登录成功。

2. SQL Server 2005 数据库的安全性

SQL Server 2005 提供内置的安全性和数据保护机制。利用这些安全性和数据保护机制,用户可以创建一个安全的数据库,并可阻止未授权的访问,允许用一种可控而有序的方式来更新数据。

SQL Server 2005 的安全性机制是分层次的结构。在这种层次结构中,存在四种类型的用户,即系统管理员、数据库所有者、数据库对象拥有者和其他数据库用户。

(1) 系统管理员。

系统管理员(登录 ID 是 sa)和 sysadmin 角色的成员。系统管理员可以无限制访问 SQL Server 2005,可以执行任意 SQL Server 语句或命令,还拥有对其他用户的访问权限进行授权的权限。

(2) 数据库所有者。

数据库所有者(DBO)是创建数据库或已经拥有所有权的用户。DBO 对其数据库内的所有对象都拥有权限,还可以分配对象权限给其他用户。

(3) 数据库对象拥有者。

创建数据库对象的人被认为是对象的拥有者,并被称为数据库对象拥有者。如果用户有创建对象的权限,便将自动获得此对象的所有权限(包括 SELECT、UPDATE、INSERT、DELETE、REFERENCE 和 EXECUTE)。

(4) 其他数据库用户。

其他数据库用户是指其他拥有对象操作权限的用户,系统管理员可以将语句权限授予其他用户,使他们能够创建和删除对象。

3. SQL Server 2005 数据库对象的安全性

数据库对象的安全性是通过设置访问权限来实现的,常见的访问权限如下。

(1) SELECT 权限:对数据对象中数据的查询权限。

(2) UPDATE 权限:对数据对象中数据的更新权限。

(3) INSERT 权限:对数据对象中数据的插入权限。

(4) DELETE 权限:对数据对象中数据的删除权限。

4.10.2　管理服务器的安全性

1. SQL Server 登录账号

在 SQL Server 2005 中,一个合法的登录账号只表明该账号通过了 Windows 认证或 SQL Server 认证,并不意味着其可以对数据库中的数据和数据对象进行某种或某些操作,所以,一个登录账号总是和一个或几个数据库用户相对应,这样才可以访问数据库。

2. 设置 SQL Server 身份认证模式

可通过 Microsoft SQL Server Management Studio 设置认证模式,过程如下。

(1) 启动 Microsoft SQL Server Management Studio,在对象资源管理器中选择要进行认证模式设置的服务器。

(2) 右击该服务器,在弹出的快捷菜单中选择"属性"命令,弹出"服务器属性"对话框。

(3) 在"服务器属性"对话框中选择"安全性"标签页(如图 4.87 所示)。

(4) 在"服务器身份验证"区域选择要设置的认证模式,同时在"登录审核"区域选择任意一个单选按钮来决定跟踪记录用户登录时的哪种信息。

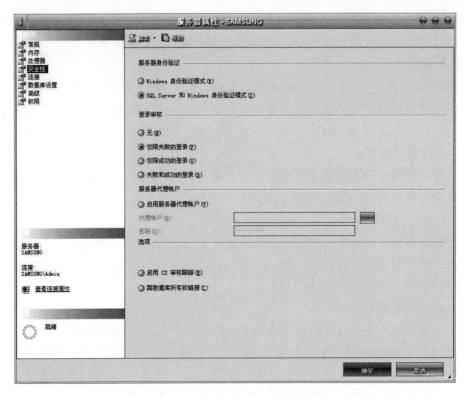

图 4.87 "服务器属性"的"安全性"标签页

3．添加 Windows 身份认证登录账号

（1）通过 Microsoft SQL Server Management Studio 来建立 Windows 身份认证的登录账号。

首先，创建 Windows 的用户：以管理员身份，登录到 Windows，选择"我的电脑"并右击，在弹出的快捷菜单中选择"管理"命令，进入"计算机管理"界面（如图 4.88 所示）。展开

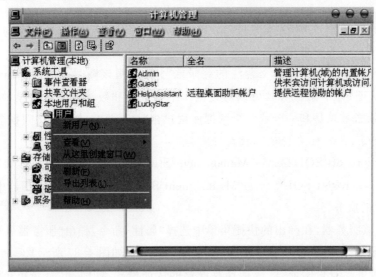

图 4.88 "计算机管理"界面

"本地用户和组",右击"用户",在弹出的快捷菜单中选择"新用户"命令,进入如图 4.89 所示的"新用户"对话框,输入用户名、密码,单击"创建"按钮,然后单击"关闭"按钮。

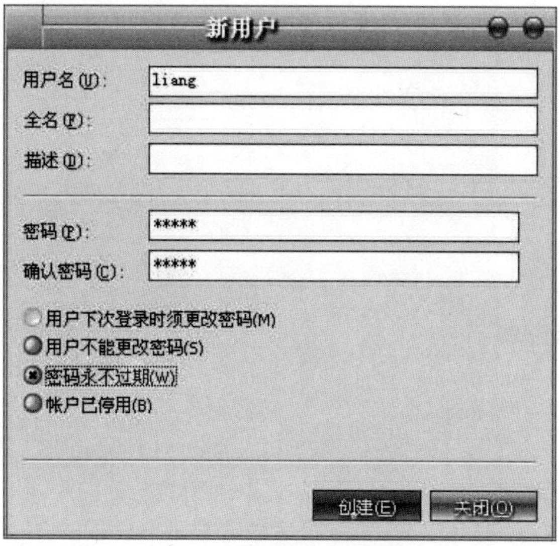

图 4.89 "新用户"界面

接着,将 Windows 网络账号加入 SQL Server 2005 中:以管理员身份登录到 SQL Server 2005,进入 Microsoft SQL Server Management Studio,在对象资源管理器中展开如图 4.90 所示的"安全性",右击"登录名",在弹出的快捷菜单中选择"新建登录名"命令。进入图 4.91 所示的"登录名-新建"对话框,选择"常规"标签页,单击"搜索"按钮,然后选择用户名或用户组添加到 SQL Server 登录用户列表中。本例的登录名为"SAMSUNG\liang",其中"SAMSUNG"为本地计算机名。

图 4.90 "新建登录名"快捷菜单

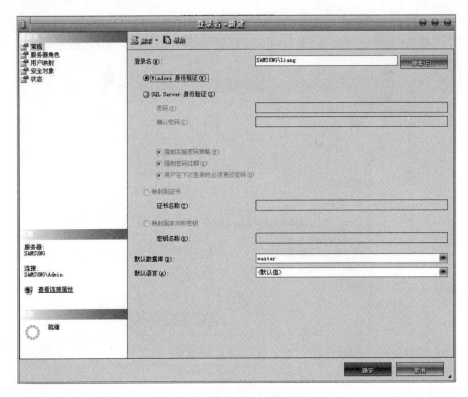

图 4.91 "登录名-新建"对话框

（2）通过 T-SQL 命令建立 Windows 身份认证的登录账号。

在创建 Windows 的用户或组后，可以使用系统存储过程 sp_grantlogin 将一个 Windows 的用户或组的登录账号添加到 SQL Server 中，以便可以通过 Windows 身份验证连接到 SQL Server 2005。其语法格式为：

sp_grantlogin [@loginname =]′login′

各参数含义说明如下。

@loginname＝：原样输入的常量字符串。

login：要添加的 Windows 用户或用户组。

执行 sp_grantlogin 后，用户可以登录 SQL Server 2005，如果要访问一个数据库，还必须在该数据库中创建用户的账户，否则对用户数据库的访问仍被拒绝。可以使用 sp_grant-dbaccess 在数据库中创建用户账户。

【例 4.80】 把计算机名为 SAMSUNG 中的 liang11 用户加入到 SQL Server 中。

相应 T-SQL 语句如下：

EXEC sp_grantlogin ′SAMSUNG/liang11′

4. 添加 SQL Server 身份认证登录账号

（1）通过对象资源管理器建立 SQL Server 身份认证登录账号。

以创建一个名为"L-login"的账号为例，创建步骤如下。

第一步,启动 Microsoft SQL Server Management Studio,在对象资源管理器中选择服务器,展开"安全性",右击"登录名",在弹出的快捷菜单中选择"新建登录名"命令。

第二步,在打开的"登录名-新建"对话框内(如图 4.92 所示),选择"常规"标签页,并进行相应的设置。单击"确定"按钮,完成新建 SQL Server 登录账号的工作。

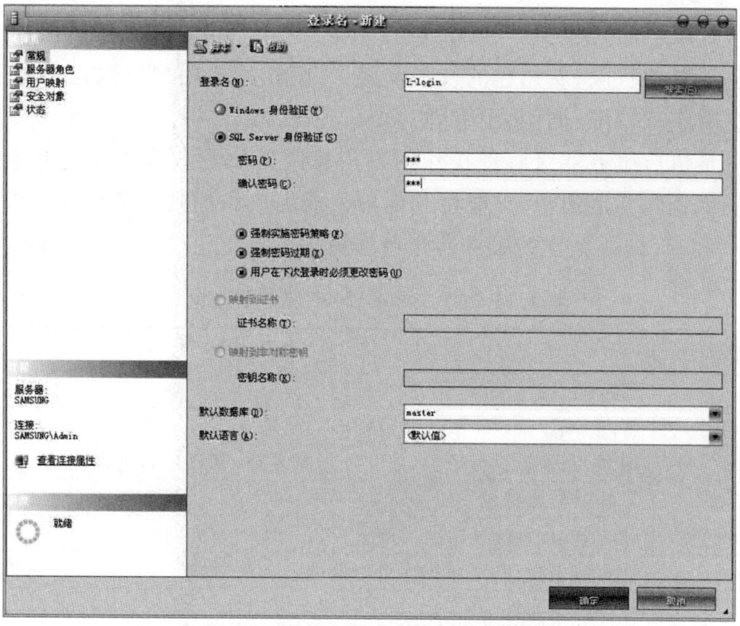

图 4.92 设置 SQL Server 身份验证登录账号

(2) 通过 T-SQL 语句创建 SQL Server 身份认证登录账号。

可以使用系统存储过程 sp_addlogin 创建新的 SQL Server 身份认证登录账号,其语法格式如下:

```
sp_addlogin [@login = ]´login´
[,[@passwd = ]´password´]
[,[@defdb = ]´database´]
[,[@deflanguage = ]´language´]
[,[@sid = ]´sid´]
[,[@encryption = ]´encryption_option´]
```

各参数含义说明如下。

@login:登录名。

@passwd:登录密码。

@defdb:登录时默认数据库。

@deflanguage:安全标识码。

@sid:将密码存储到系统表时是否对其加密。

@encryption:有 3 个选项,NULL 表示对密码进行加密;skip_encryption 表示对密码不加密;skip_encryption_old 只在 SQL Server 升级时使用,表示旧版本已对密码加密。

【例 4.81】 创建一个登录用户 jenny,密码为 123。

相应 T-SQL 语句如下:

```
EXEC sp_addlogin ´jenny1´,´123´
```

5. 服务器角色

角色是一种权限机制,实现对权限的集中管理。当若干用户被赋予同一个角色时,他们都继承了该角色拥有的权限;若角色的权限改变了,则相关的用户权限也会发生变更,因此,角色便于管理员对用户权限进行集中管理。

服务器角色是执行服务器级管理操作的用户权限的集合。这些角色是系统内置的,数据库管理员不能创建服务器角色,只能将其他角色或用户添加到服务器角色中。

SQL Server 2005 默认创建的服务器角色参见表 4.13。

表 4.13　SQL Server 2005 服务器角色

服务器角色	权限描述
sysadmin	可以在 SQL Server 中执行任何活动
serveradmin	管理 SQL Server 服务器范围内的配置
setupadmin	增加、删除连接服务器,建立数据库复制、管理存储过程
securityadmin	管理数据库登录
processadmin	管理 SQL Server 中运行的进程
Dbcreator	创建数据库,并对数据库进行修改
diskadmin	管理磁盘文件
bulkadmin	执行 BULK INSERT 语句,进行大容量数据插入操作

(1) 通过对象资源管理器添加服务器角色成员。

首先,以系统管理员身份登录 SQL Server 2005 服务器,进入对象资源管理器,展开"登录名"(如图 4.93 所示)。

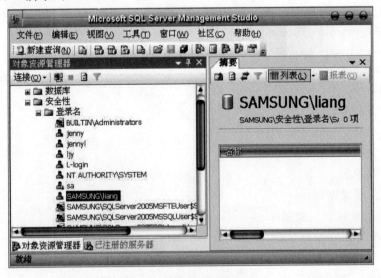

图 4.93　展开"登录名"项

双击或右击列表中的"SAMSUNG/liang"账号,进入如图 4.94 所示的"登录属性"对话框,选择"服务器角色"标签,在对话框中列出了所有的固定服务器角色,将 sysadmin 服务器角色前的复选框选中,单击"确定"按钮完成设置。

也可以在新建用户登录账号时进行服务器角色的设置。

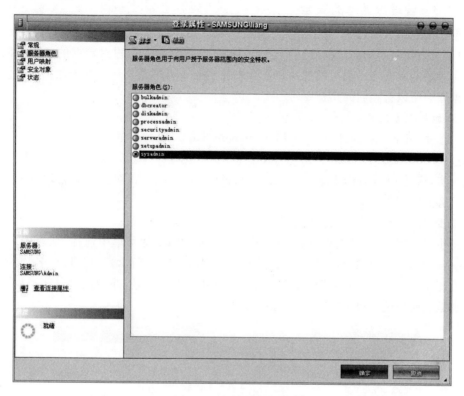

图 4.94 "登录属性"对话框

(2) 通过 T-SQL 语句添加服务器角色成员。

可通过系统存储过程 sp_addsrvrolemember 将某一登录加入服务器角色,使其成为该角色的成员。其语法格式为:

```
sp_addsrvrolemember [@loginame = ]´login´,[@rolename = ]´role´
```

各参数含义说明如下:

@loginame:登录者名称。

@rolename:服务器角色名称。

【例 4.82】 将登录者 L-login 加入到 sysadmin 角色中。

相应 T-SQL 语句如下:

```
EXEC sp_addsrvrolemember ´L-login´,´sysadmin´
```

如果要将某一登录者从某一服务器角色中删除,可使用系统存储过程 sp_dropsrvrolemember。当该成员从服务器角色中删除时,便不再具有该服务器角色所设置的权限。其语法格式为：

sp_dropsrvrolemember [@loginame =]´login´,[@rolename =]´role´

其参数含义同 sp_addsrvrolemember 中的参数含义。

4.10.3 管理数据库的安全

数据库用户用来指出哪个人可以访问数据库。使用服务器的登录名成功登录服务器后，用户将可以按照不同的数据库用户名来访问各个数据库。用户对数据的访问权限以及对数据库对象的所有关系都是通过用户账号来控制的。用户账号总是基于数据库的。两个不同数据库中可以有相同的用户账号。

1. 添加数据库用户

（1）通过 Microsoft SQL Server Management Studio 添加数据库用户。

通过 Microsoft SQL Server Management Studio 创建一个新数据库用户的步骤如下。

第一步，启动 Microsoft SQL Server Management Studio，在对象资源管理器中单击登录服务器旁的"＋"号。

第二步，展开"数据库"文件夹，展开要创建用户的数据库 yggl。

第三步，展开"安全性"文件夹，右击"用户"，在弹出的快捷菜单中选择"新建用户"命令（如图 4.95 所示），弹出"数据库用户-新建"对话框（如图 4.96 所示）。在"用户名"文本框中输入数据库用户名，在"登录名"选择框内选择已创建的登录账号，并为该用户选择相应的操作权限和数据库角色。单击"确定"按钮完成创建。

图 4.95 在对象资源管理器中新建用户

（2）通过 T-SQL 语句添加数据库用户。

系统存储过程 sp_grantdbacess 可用来为 SQL Server 登录者或 Windows 用户或用户组创建一个相匹配的数据库用户账号。其语法格式为：

sp_grantdbacess [@loginame =]′login′[,[@name_in_db =]′name_in_db′]

各参数含义说明如下：

@loginame：表示 SQL Server 登录账号或 Windows 用户或用户组。若使用 Windows 用户或用户组，则必须给出主机名或网络域名。登录账号或 Windows 用户或用户组必须存在。

@name_in_db：表示与登录账号相匹配的数据库账号。该账号存在于当前数据库中，如果不给出该参数值，则 SQL Server 2005 把登录名作为默认的用户名称。

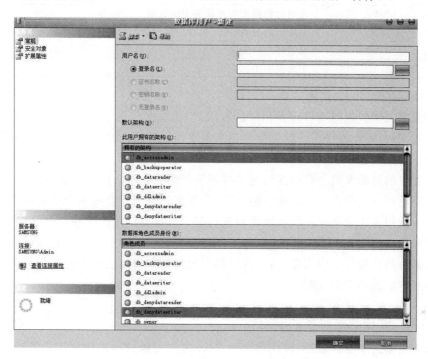

图 4.96 "数据库用户-新建"对话框

【例 4.83】 将 SQL Server 的登录账号 shtt 加入 yggl 数据库中，用户名为 shtt。
相应 T-SQL 语句如下：

```
USE yggl
EXEC SP_grantdbaccess ′shtt′,′shtt′
```

2. 管理数据库角色

数据库角色是对数据库对象操作的权限的集合。SQL Server 2005 的数据库角色分为固定的数据库角色（系统创建的）和用户自定义的数据库角色两种。

（1）固定的数据库角色。

固定的数据库角色是指这些角色所具有的管理、访问数据库权限已经被 SQL Server 2005 定义，并且 SQL Server 2005 管理者不能对其所具有的权限进行修改。SQL Server 2005 固定的数据库角色及权限参见表 4.14。

表 4.14 SQL Server 2005 固定的数据库角色

角色名称	权　限
DB_ACCESSADMIN	可以添加和删除用户标识
DB_BACKUPOPERATOR	可以发出 DBCC、CHECKPOINT、BACKUP 语句
DB_DATAREADER	仅能对数据库中任何用户表执行 SELECT 语句,从而读取表中的数据
DB_DATAWRITER	可以更改数据库任何用户表中的数据
DB_DDLADMIN	可以发出 DDL 语句命令,但 GRANT、REVOKE 或 DENY 除外
DB_DENYDATAREADER	不能对数据库中任何表执行 SELECT 操作
DB_DENYDATAWRITER	不能更改数据库内任何表中的数据
DB_OWNER	数据库的所有者,可以执行任何数据库管理工作
DB_SECURITYADMIN	可以管理所有权限、对象所有权、角色和角色成员资格
PUBLIC	公用数据库角色

（2）用户自定义的数据库角色。

当需要为某些数据库用户设置相同的权限,但是这些权限不同于预定义的数据库角色所具有的权限时,可以定义新的数据库角色来实现这一目的,从而使这些用户能够在数据库中实现某一特定功能。

用户定义的数据库角色有标准角色和应用角色两种类型。标准角色通过对用户权限等级的认定而将用户划分为不同的用户组,使用户总是相当于一个或多个角色,从而实现管理的安全性。应用角色是一种比较特殊的角色类型。当我们打算让某些用户只能通过特定的应用程序来间接存储数据库中的数据,而不是直接存取数据库中的数据时,就可以使用应用角色。若某一用户使用了应用角色,则其所拥有的只是应用角色被设置的权限,而放弃了其被赋予的所有数据库专有权限。

4.10.4 管理数据对象的安全性

对数据对象的安全性管理,SQL Server 2005 通过对象权限来进行。对象权限总是针对表、视图、存储过程等而言,它决定了能对这些数据对象执行哪些操作。

不同的数据对象支持执行不同的操作。SQL Server 2005 的各种对象可能的操作参见表4.15。

表 4.15 对象操作权限总结

对　象	操　作
表	SELECT、INSERT、UPDATE、DELETE、REFERENCE
视图	SELECT、UPDATE、INSERT、DELETE
存储过程	EXECUTE
列	SELECT、UPDATE

1. 通过对象资源管理器管理权限

以表为例,给数据库用户授予对象的过程如下。

第一步,进入对象资源管理器,选择某个用户数据库的一个表,右击该表,在弹出的快捷菜单中选择"属性"命令(如图 4.97 所示)。

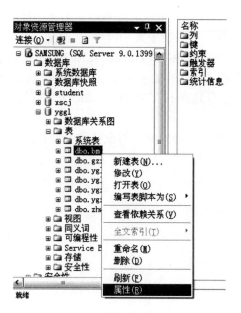

图 4.97　选择"属性"命令

第二步,单击"属性"后,打开"表属性"对话框(如图 4.98 所示),选择"权限"标签,在"用户或角色"栏中添加用户或角色,然后在下面的"L-login 的显式权限"栏中给相应的用户或角色授予相应的权限。

第三步,单击"确定"按钮完成权限授予。

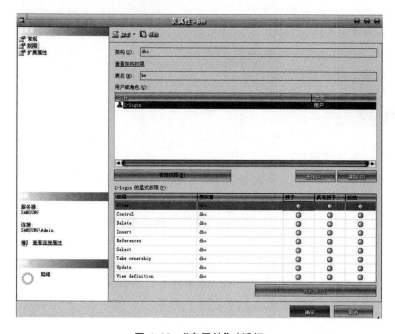

图 4.98　"表属性"对话框

2. 通过 GRANT、REVOKE 和 DENY 三个命令来管理权限

（1）GRANT：用来把某一权限授予某一用户，从而允许该用户执行对该对象的操作和允许其运行某些命令语句（如 CREATE TABLE、CREATE DATABASE）。

（2）REVOKE：取消某一用户对某一对象或语句的权限，不允许该用户执行针对数据库对象的某些操作或不允许其执行某些语句（如 CREATE TABLE、CREATE DATABASE）。

（3）DENY：用来禁止用户获得对某一对象或语句的权限。

GRANT 语句的语法格式为：

```
GRANT{ALL|statement [,...n]} TO security_account[,...n]
```

REVOKE 语句的语法格式为：

```
REVOKE{ALL|statement [,...n]} FROM security_account[,...n]
```

DENY 语句的语法格式为：

```
DENY{ALL|statement [,...n]} TO security_account[,...n]
```

4.11　本章小结

SQL Server 2005 是一个功能强大、先进、一体化的商务智能平台。本章在简单介绍其主要管理工具的基础上，重点介绍其数据库引擎的相关知识，包括用户数据库的创建和管理、表的创建和使用、T-SQL 语言及其使用（利用 T-SQL 语句操作表和查询数据），还介绍了 SQL Server 2005 的其他数据库对象，如视图、存储过程和触发器等，分析了 SQL Server 2005 的数据保护和安全机制，包括如何通过约束实现数据完整性保护、数据库的备份和还原及 SQL Server 2005 的安全性管理等，并对 SQL Server 2005 与其他数据源之间的转换进行了描述，如数据的导入和导出。

4.12　本章习题

1. 请简要回答下列问题。

（1）SQL Server 2005 中的系统数据库有哪些？它们各自的功能是什么？

（2）SQL Server 2005 中数据库对象有哪些？

（3）为什么在 SQL Server 2005 中要设置备份和还原功能？

（4）数据导入导出的含义是什么？

（5）SQL Server 2005 中服务器角色有哪些？每种服务器角色的权限有哪些？

（6）特殊的临时表 Inserted 表和 Deleted 表各有什么作用？

2. 有一个用于学生成绩管理的教学管理数据库 jxgl，其中包含学生的信息（student）、课程（course）的信息以及学生的成绩（grade）信息，各表结构如下。

student 表结构

列　名	数据类型	长　度	是否允许为空值	说　明
stud_id	char	10		学　号
stud_name	char	10		姓　名
stud_birthday	datetime	8		出生日期
sex	cha	2	×	性　别
address	char	20	√	地　址
zip	char	6	√	邮　编
phone_number	char	12	√	电话号码
email_adress	char	30	√	电子邮件地址
major	char	20	×	专　业

course 表结构

列　名	数据类型	长　度	是否允许为空值	说　明
course_id	char	3		课程号
course_name	varchar	30		课程名称
course_type	char	6	√	课程性质(选修或必修)

grade 表结构

列　名	数据类型	长　度	是否允许为空值	说　明
stud_id	char	10		学　号
course_id	char	3		课程号
grade	numeric	4	√	成　绩

按照下列要求,写出对应的 T-SQL 语句。

(1) 创建该 jxgl 数据库及三个表。

(2) 向 3 个表中添加若干条记录,记录内容自定。

(3) 查询每个学生的基本信息。

(4) 查询每个学生所选修的课程及对应的课程成绩。

(5) 统计每门课程的选修人数。

(6) 统计每个学生所学所有课程的平均成绩。

(7) 对表 grade 中的字段 grade 建立 CHECK 约束,要求 grade 的值必须为 0~100 的数值。

(8) 建立一个计算每个专业的学生人数的视图。

(9) 为 course 表的 course_id 建立名为 course_id_idx 的唯一索引。

(10) 创建一个存储过程,按性别统计学生人数,并调用该存储过程,统计男生人数。

4.13　本章参考文献

1. 刘卫国,熊拥军. 数据库技术与应用——SQL Server 2005[M]. 北京:清华大学出版社,2010.

2. 梁庆枫,颜红. SQL Server 2005 应用教程[M].北京：北京大学出版社,2010.

3. 李伟红. SQL Server 2005 实用教程[M].北京：水利水电出版社,2008.

4. 郑阿奇,刘启芬,顾韵华. SQL Server 2000 实用教程[M].北京：电子工业出版社,2002.

5. 文龙,张自辉,胡开胜,等. SQL Server 2005 入门与提高[M].北京：清华大学出版社,2007.

6. 赵松涛. SQL Server 2005 系统管理实录[M].北京：电子工业出版社,2006.

7. 张蒲生. 数据库应用技术 SQL Server 2005 基础篇[M].北京：机械工业出版社,2008.

8. Solid Quality Learning. SQL Server 2005 从入门到精通[M].王为,译.北京：清华大学出版社,2006.

9. 桂颖,等. 从零开始学 SQL Server [M].北京：电子工业出版社,2011.

第5章

Access 数据库

Access 是微软公司推出的基于 Windows 的关系数据库管理系统,是被广泛应用的 Office 系列软件之一。它提供了表、查询、窗体、报表、页、宏、模块等 7 种用来建立数据库系统的对象;提供了多种向导、生成器、模板,把数据存储、数据查询、界面设计、报表生成等操作规范化;为建立功能完善的数据库管理系统提供了方便,也使得普通用户不必编写代码就可以完成大部分数据管理的任务,是一直以来广受应用者欢迎的数据库。本章由浅入深地通过图形化界面的详细讲解,使读者更好地掌握 Access 数据库的使用和基本操作。

本章主要内容包括:

1. 概述;
2. Access 基本操作;
3. Access 数据库及其基本操作;
4. Access 数据库的使用。

5.1 概述

Access 2003 是美国微软公司推出的关系数据库管理系统(RDBMS)。作为 Office 的一部分,Access 2003 具有与 Word、Excel 和 PowerPoint 等相同的操作界面和使用环境,深受广大用户的喜爱。Access 2003 是 Office 2003 的一个组件,在安装 Office 2003 时,通常进行默认安装就可以将 Access 2003 安装到电脑上。需要特别注意的是,Office 2003 中的所有成员只支持已安装 Service Pack 3 的 Windows 2000、Windows XP 或 Windows Server 2003 及之后的操作系统。

Access 不需要数据库管理者有专业的程序设计能力,非专业的人士完全可以利用 Access 设计出一个功能强大的数据库系统。微软公司推出 Access 的目的有如下两点。

(1) 能够简单实现 Excel 无法实现或很难实现的数据统计和报表功能。

(2) 可非常方便地开发简单的数据库应用软件,如进销存管理系统、计件工资管理系统、人员管理系统、超市管理系统等,除非要执行复杂或专业的操作,否则使用 Access 时不需要编写任何程序。

自从 Access 2003 新添了"项目数据库"这一概念,并强化 Access 与后端数据库的整合后，长久以来，Access 提供的功能与日俱增。Access 2003 推出后，改善了 Internet 上电子数据文件的整合能力（XML 支持），并且提供了更强的错误检查、控件排序、自动校正、备份/压缩数据库与导入/导出功能等，整体来看提高了使用与操作 Access 的管理性能，同时更易于和 Office 家族的其他成员（如 Word、Excel、PowerPoint）整合。Access 2003 的新添功能如下：① 查看对象相关性信息；② 窗体和报表的错误检查；③ 自动更正功能；④ 传播字段属性；⑤ 改良的控件排序；⑥ 智能标记；⑦ 备份数据库或项目；⑧ SQL 视图增强的字体功能；⑨ SQL 视图中基于上下文的帮助；⑩ 导入、导出及链接；⑪ XML 支持；⑫ 安全性的加强；⑬ Windows XP 主题支持；⑭ 其他新添功能。

本章主要介绍 Access 2003 的工作界面、基本操作、数据库建立和数据的简单应用。

5.2　Access 基本操作

5.2.1　窗口界面简介

当用户安装完 Office 2003（典型安装）之后，Access 2003 也将成功地安装到系统中，这时启动 Access 2003，然后就可以使用它来创建数据库。

使用过 Office 软件的人都知道，Office 2003 家族的成员其基本操作界面几乎都是相同的，差别只在于每一种软件有其专门的工具按钮或版面，Access 也不例外，它继承了 Office 家族的统一界面风格，简洁方便，图 5.1 显示的是 Access 2003 打开时的主窗口。

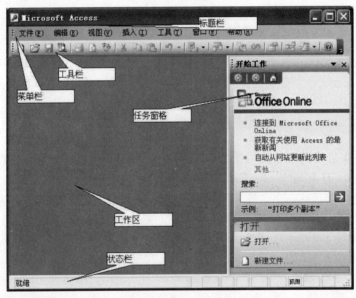

图 5.1　Access 2003 打开时的主窗口

Access 2003 与以前版本打开时最大的不同是增加了任务窗格，其主要特点如下。

（1）显而易见的选项使用户保持较高的工作效率。用户不需要再通过菜单来遍寻所需的选项。所有选项都位于工作区右侧的任务窗格中，触手可及。

（2）Microsoft Office Online 近在咫尺。用户只需单击一下鼠标，就可以转到 Office Online 网站，浏览更多的剪贴画、模板和帮助。

（3）快速创建或定位文档。从"开始工作"任务窗格中，可选择需要开始工作或继续处理的文档。用户可能需要模板或帮助性提示，所有这些都可以从该任务窗格得到满足。

（4）搜索所需的信息、工具和服务。用户可从 Office Online 网站查找模板、帮助、剪贴画以及更多内容，包括模板、下载内容和有关用户所关注的产品的最新新闻。

（5）快速设置文档格式。通过使用"样式和格式"任务窗格，用户可查看打开的文档中所使用的样式。添加、修改或删除样式以及自定义样式的视图，以便只显示所需的样式。

（6）剪切和粘贴更加简单。用户最多可收集 24 个项目，并且查看能够被剪切或复制的任何项目（如文本和图形）的缩略图。当用户准备粘贴时，可以一次全部粘贴，也可以一次粘贴一个项目，如果改变主意，还可以删除全部内容。

（7）工作时进行信息检索。包括翻译词汇、短语或文档；查找定义或同义词；在 Web 上搜索创建文档所需的信息，并将 Office 中的新服务添加到"信息检索"任务窗格。

（8）有条不紊地集中处理邮件。用户有很多封信函要发送时，使用"邮件合并"任务窗格可以创建套用信函、邮件标签、信封，然后集中处理电子邮件或传真分发。

（9）与其他 Office 用户相连。从"〈产品名称〉帮助"任务窗格中，用户可与其他 Office 用户互通有无。如果用户遇到问题，可能就会从 Microsoft 的最有价值专家（Most Valuable Professional，MVP）之一处获得高明的解答。

（10）获取自动更新。用户单击"自动更新"即可获取发送到用户的任务窗格的更新，以便持续了解有关应用程序以及用户所关注的区域的最新信息。

Access 文件的后缀名是".mdb"。一般来说，用户打开 Access 将包括两种操作：第一种是打开已经存在的 Access 数据库文件，可执行"文件"菜单中的"打开"命令，或者单击相关工具栏按钮，寻找 mdb 文件；第二种是新建 Access 数据库文件，可执行"文件"菜单中的"新建"命令，或者单击相关工具栏按钮。这两种操作都会弹出使用数据库窗口，这个窗口是最常使用的工作环境（如图 5.2 所示）。

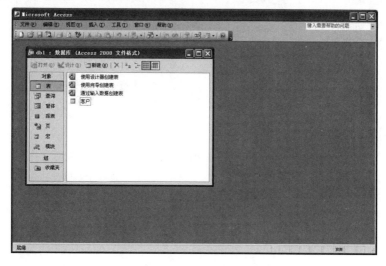

图 5.2 使用数据库窗口

5.2.2 菜单栏的使用

单击菜单栏上的任意一个菜单,都可以打开一个下拉菜单。下拉菜单中的各个水平项即为命令列表,每个命令可以执行一个相应的功能。部分命令左侧边有图像,对应工具栏上的按钮,便于快速与命令关联。菜单栏可以是内置的,也可以是自定义的。不经常使用或从未使用过的命令将隐藏,可单击菜单底部的箭头显示,如图5.3和图5.4所示的就是展开的菜单。

图 5.3 Access 下拉菜单 1

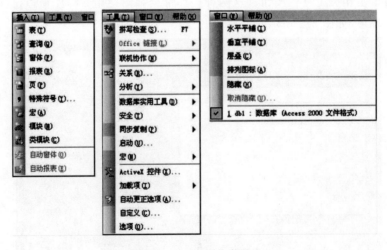

图 5.4 Access 下拉菜单 2

有些命令右侧有省略号,表示执行这些命令后将弹出一个对话框。有些命令右侧有一个小三角,表示其下方可打开一个子菜单,将鼠标移动到该命令上,子菜单就会弹出。

5.2.3　工具栏的使用

工具栏由多个工具按钮组成,单击每一个按钮都可实现一个功能。一般情况下,Access 2003 窗口中只显示一个较为常用的工具栏,当要使用其中的工具按钮时,鼠标单击即可。图 5.5 所示为 Access 2003 中的工具栏。

图 5.5　Access 2003 中的工具栏

工具栏也会随着工作窗口的变化而产生微妙的变化,图 5.6 所示的就是打开数据表时的工具栏。

图 5.6　打开数据表时的工具栏

工具栏是可以浮动的,用户可以根据需要来改变工具栏的位置。方法是将鼠标移动到工具栏最右侧,鼠标变成十字黑箭头时,通过拖动鼠标可以改变工具栏的位置。

5.2.4　数据库窗口的使用

Microsoft Access 文件包括 Access 数据库或 Access 项目文件。其中,Access 数据库将数据库对象和数据存储在一个“.mdb”文件中;Access 项目文件中不包含数据,而是用于连接到 Microsoft SQL Server 数据库。当创建或打开 Microsoft Access 文件时,就会出现“数据库”窗口。“数据库”窗口是 Access 文件的命令中心。用户在这里可以创建和使用 Access 数据库或 Access 项目中的任何对象。图 5.7 显示的是一个客户管理系统的“数据库”窗口。

(1)“数据库”窗口的标题栏显示数据库的名称和文件格式。

(2)在“数据库”窗口的工具栏上,使用“打开”按钮可以处理现有对象,使用“设计”按钮可以修改现有对象,使用"新建"按钮可以创建新对象。

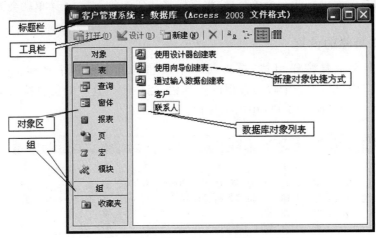

图 5.7　客户管理系统的"数据库"窗口

(3) 在"对象"下面,单击某个对象类型(如"表"或"窗体")以显示该类型对象的列表。

(4) 在"组"下面显示一列数据库对象组。用户可以向组中添加不同类型的对象,这些组由其所辖数据库对象的快捷方式组成。

(5) 用户可以用对象列表顶部的新建对象按钮来创建新的数据库对象。

(6) 数据库对象的列表按照在"对象"下所单击的对象类型的不同而变化。

5.2.5　添加和删除工具栏按钮

工具栏上的按钮不是一成不变的。用户单击"帮助"按钮旁边的黑三角,就可以显示自定义工具栏的菜单,如图 5.8(a)所示,以执行工具栏按钮的添加和删除操作。工具栏按钮的添加和删除分两个方面,一个是针对数据库窗口打开后的,如图 5.8(b)所示,一个是可以自定义的,如图 5.8(c)所示。

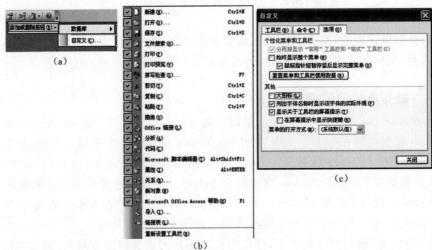

图 5.8　工具栏按钮

5.2.6 有关组的操作

每一个组其实都可以看成是一个具有主题的容器,用户可以向这个主题容器中添加与主题相关的不同类型对象,构成组的成员。实际上,成员就是所辖数据库对象的快捷方式。

1. 新建、删除或重命名组

要想新建一个组,只要将鼠标移动到 Access 数据库窗口的左边,右击,在弹出的快捷菜单中选择"新组"命令(如图 5.9 所示),这时就会弹出一个对话框,要求输入"新组名称",输入完毕后,单击"确定"按钮就新建了一个组(如图 5.10 所示)。

图 5.9 删除组

图 5.10 新建组

如果要删除一个已经存在的组,就将鼠标移动到要删除的组上,右击,从弹出的快捷菜单中选择"删除组"命令,这个组就被删除了。

如果要修改一个组的名称,就将鼠标移动到组名上,右击这个组名,在弹出的快捷菜单中选择"重命名组"命令,这时就会弹出一个"重命名组"的对话框,在这个对话框的名字栏中输入新的组名,然后单击"确定"按钮就可以了。

2. 在组中添加、删除对象

建立组是为了更方便地管理数据库中的各种对象。若要向建立好的空组中添加对象,就首先要选中对象所属的类别,然后在已有对象的列表中选中要添加的对象,并将它拖动到组中就可以了。

例如,要将"客户"表添加到"客户相关"组中,可首先单击"对象"下的"表",然后将鼠标移动到右边对象列表中的"客户"表上,按下鼠标左键,将"客户"表拖到"客户相关"组中(如图5.11所示),然后松开鼠标左键。单击"客户相关"组,就会发现"客户相关"组的对象列表中已经有"客户"表了(如图5.12所示)。图5.13是向"客户相关"组添加了查询、窗体、Web页后的效果,用户可以方便地打开这些对象,快速执行对象的编辑。

图 5.11　添加对象 1

图 5.12　添加对象 2

图 5.13　添加完功能后的客户组

要想删除组中的一个对象,只要选中这个对象,然后按键盘上的"Delete"键,就会弹出一个对话框,询问是否要删除这个对象,单击"是"按钮以后就会发现组中的这个对象已经被删除了。实际上,这只是删除了这个对象在组中的快捷方式,并没有将这个对象真正地删除。

5.3　Access 数据库及其基本操作

5.3.1　用向导建立数据库

利用"数据库向导",用一步操作即可为所选数据库类型创建必需的表、窗体和报表。这是创建数据库的最简单方法。该向导提供了有限的选项来自定义数据库。

(1)单击工具栏上的"新建"按钮,出现如图5.14所示的"新建文件"任务窗格。

(2)在"新建文件"任务窗格中,在"模板"下,单击"本机上的模板",弹出如图5.15所示的数据库"模板"对话框。

图 5.14　新建数据库

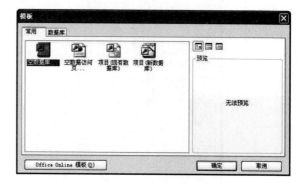

图 5.15　"模板"对话框

（3）在"模板"对话框中，"常用"选项卡中列出的是比较常用的创建项目，包括空数据库、空数据访问页、项目（现有数据库）和项目（新建数据库）。对话框的右侧是预览区。

（4）选择"空数据库"将会创建一个空的数据库文件，然后单击"确定"按钮，弹出如图 5.16 所示的"文件新建数据库"对话框。

图 5.16　"文件新建数据库"对话框

（5）在"文件新建数据库"对话框中，指定数据库的名称和位置，然后单击"创建"按钮。例如，创建名称为"客户管理系统"的数据库，保存完毕后（如图 5.17 所示），就创建了一个没有任何对象的数据库文件。

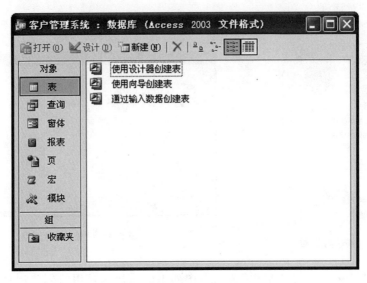

图 5.17 创建好的空数据库

（6）当然，Access 2003 提供了现成的数据库模板供用户使用。在"模板"对话框的"数据库"选项卡上，单击要创建的数据库类型的图标，如创建一个"讲座管理"数据库（如图 5.18 所示），然后单击"确定"按钮。

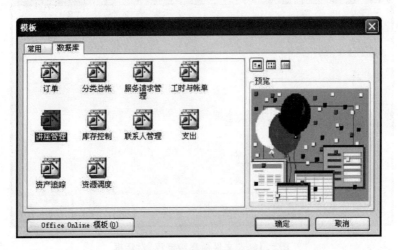

图 5.18 数据库"模板"对话框

（7）确定创建后，弹出如图 5.19 所示对话框，提示讲座管理数据库将存储的对象信息。

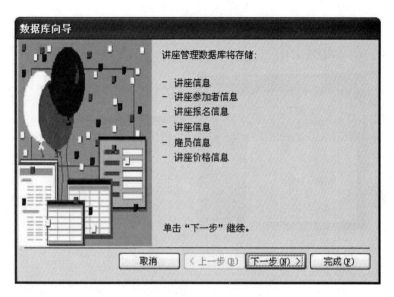

图 5.19 确定数据库存储的对象信息

（8）在图 5.19 所示对话框中单击"下一步"按钮，进入如图 5.20 所示对话框，提示用户创建数据库需要的字段，可选的附加字段在"表中的字段"中用斜体来表示，并且可能位于多个表中。选定需要的字段后，单击"下一步"按钮。

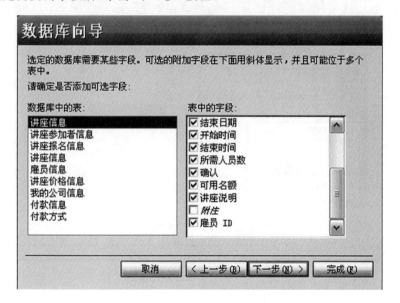

图 5.20 选择字段

（9）确定屏幕的显示样式（如图 5.21 所示）。Access 2003 提供了"国际""宣纸""工业""标准""水墨画""沙岩"等显示样式，这里选择"标准"，然后单击"下一步"按钮。

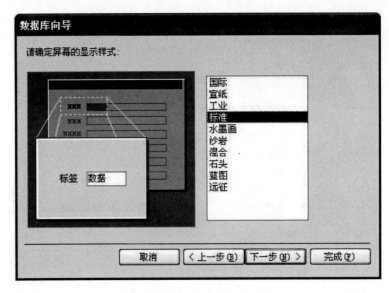

图 5.21　确定屏幕的显示样式

　　（10）确定报表打印采用的样式（如图 5.22 所示）。Access 2003 提供了"大胆""正式"
"淡灰"等打印样式，这里选择"组织"，然后单击"下一步"按钮。

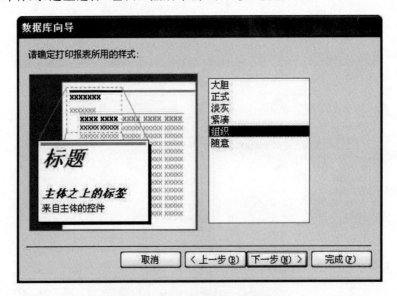

图 5.22　确定报表打印采用样式

　　（11）指定数据库的标题（如图 5.23 所示）。在文本框中输入"讲座管理"，如果需要在
报表上加一个图片，还可选中"是的，我要包含一幅图片"复选框，再单击"图片"按钮，从计算
机中选择一幅图片（如图 5.24 所示），然后单击"下一步"按钮。

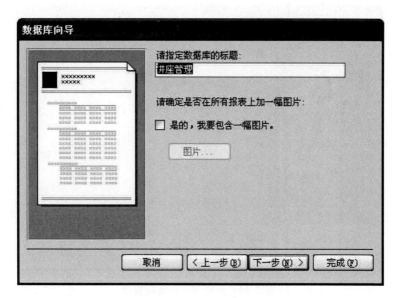

图 5.23　指定数据库标题

图 5.24　在报表上添加图片

　　(12) 至此完成了用"数据库向导"构建数据库所需的全部操作(如图 5.25 所示)。如果确定构建之后启动,可选中"是的,启动该数据库"复选框。然后单击"完成"按钮,Access 2003 就开始创建数据库了。图 5.26 所示为创建数据库进度。

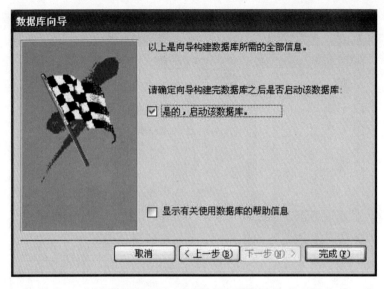

图 5.25　完成向导构建数据库

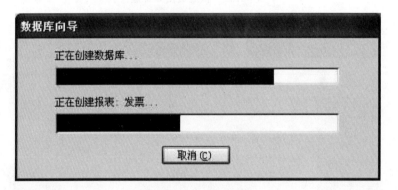

图 5.26　创建数据库进度

（13）数据库创建完毕后，Access 2003 提示用户填写公司信息（如图 5.27 所示），填完之后关闭公司信息窗口。

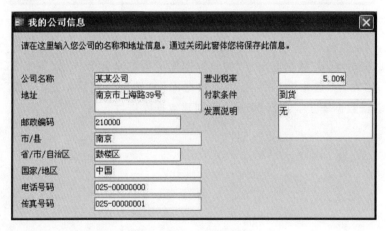

图 5.27　填写公司信息

（14）进入"主切换面板"（如图 5.28 所示）。用户可在此选择输入数据表信息，也可以预览报表，或者退出该数据库。

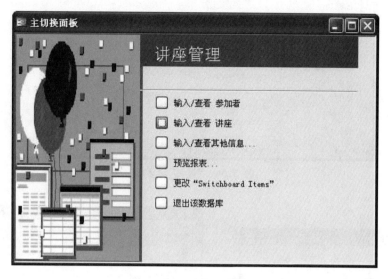

图 5.28 "主切换面板"

（15）在"主切换面板"中选择"输入/查看 参加者"，打开"参加者"对话框，在此输入参加者信息（如图 5.29 所示）。

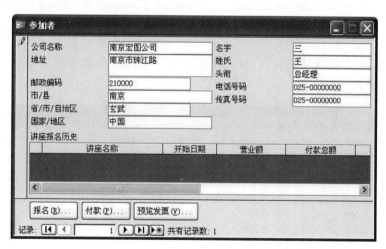

图 5.29 "参加者"对话框

（16）在"参加者"对话框中单击"报名"按钮，弹出"报名"对话框，在此填写报名信息（如图 5.30 所示）。Access 2003 自动为该数据库中的各个表建立了关联，当填写到"业务员"字段时，因为第一次填写，双击该文本框可弹出"雇员"对话框（如图 5.31 所示）。双击"讲座"文本框，还会弹出"讲座"对话框（如图 5.32 所示）。

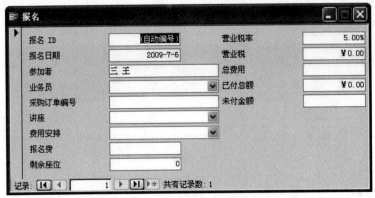

图 5.30 "报名"对话框

图 5.31 "雇员"对话框

图 5.32 "讲座"对话框

（17）退出所有输入/查看窗口,就可以看见"讲座管理"数据库的所有相关数据库窗口（如图 5.33 所示）。

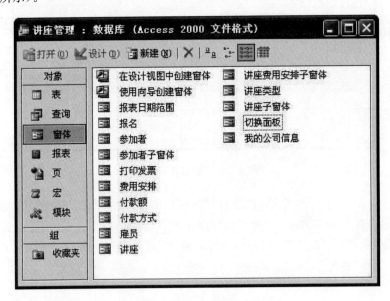

图 5.33 所有相关数据库窗口

注意,不能使用"数据库向导"向已有的数据库中添加新的表、窗体或报表。

5.3.2　表的建立

表是与特定主题(如产品或供应商)有关的数据的集合。对每个主题使用一个单独的表意味着用户只需存储该数据一次,这可以提高数据库的效率,并减少数据输入错误。

表将数据组织成列(称为字段)和行(称为记录)的形式。

图5.34所示为"产品"表,表中的每个字段包含每个产品的相关信息,如供应商ID;表中的每个记录则包含一个产品的所有信息。

产品:表		
产品名称	供应商ID	库存量
苹果汁	1	39
牛奶	1	17
蕃茄酱	1	13
盐	2	53
麻油	2	0

图5.34　"产品"表

如果创建的是一个空数据库,则需要单独建立数据表。表的创建有使用设计器创建表、使用向导创建表、通过输入数据创建表三种方式。

1. 使用设计器创建表

表设计器是一种可视化工具,用于设计和显现已经连接到数据库中的表。

表设计器有两部分。上半部分显示网格,每行网格描述一个数据库列。对于每个数据库列,该网格显示其基本特征,包括列名称、数据类型等。下半部分显示上半部分网格中选中的数据列的其他特征。

从表设计器也可以访问属性页,通过属性页可以创建并更改关系、约束、索引以及表的键。

(1)在新建对象快捷方式区双击"使用设计器创建表",弹出第一张表"表1"的创建对话框。填写信息如图5.35所示。用户需要填写"字段名称",选择"数据类型",填写"说明"。

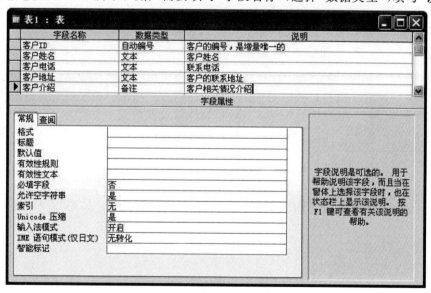

图5.35　使用表设计器创建表

关于 Access 2003 的数据类型说明如下。

① 文本：这种数据用于保存文本或数字，最大字符数为 255 个。如邮政编码、电话号码、传真号码和 E-mail 地址等字段都可设置文本类型。

② 备注：可以用于保存比较多的文本，最大允许 64 000 个字符。一般用于保存经历、说明等文字比较多的内容。

③ 数字：用于保存数学计算的数值数据。

④ 日期/时间：可以保存日期及时间，允许的范围从 100 年 1 月 1 日—9999 年 12 月 31 日。

⑤ 货币：用于保存货币值或用于数学计算的数值数据，有美元和欧元符号可供选择。

⑥ 自动编号：由 Access 自动分配，不能人工改变的数字。

⑦ 是/否：其值只允许输入是和否的字段。

⑧ OLE 对象：内容为图形、声音和其他软件制作的文件或数据。

⑨ 超链接：存入的内容可以是文件路径、网页的地址等。

⑩ 查阅向导：来自其他表、查询或用户提供的数值清单的数据。

如果要进一步了解如何决定表中字段的数据类型，可单击表设计窗口中的"数据类型"列，然后按 F1 键，打开"帮助"的"DataType"属性来查看。

在表设计窗口的下方是字段属性栏，有"常规"和"查阅"两个选项卡。这个区域一次只能显示一个字段的属性，每一种数据类型的属性也不尽相同，但有些属性对各种数据类型都存在，这里只介绍常见的属性，简单的如格式、标题等也不再赘述。

① 允许空字符串：如果为"是"，则该字段可以接受空字符串为有效输入项。

② 字段大小：文本默认长度为 50，数值为长整型。

③ 索引：可以选择是否为这个字段建立索引或者是否允许重复建立索引。

④ 默认值：定义自动插入字段的值，必要时可在数据项输入不同值。

⑤ 必填字段：用于设置这个字段是否必须填写，设置成"是"时，这个字段不能空着。

（2）表的字段创建完毕后，关闭当前对话框，弹出如图 5.36 所示对话框，询问用户是否保存当前表。单击"是"按钮后弹出"另存为"对话框，在此输入表名（如图 5.37 所示）。

图 5.36　确认创建表

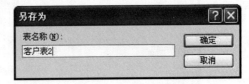

图 5.37　"另存为"对话框

Access 2003 对象命名同字段、窗体、报表、查询、宏和模块等一样都有一定的规则，其规则如下。

① 名称可以包括除句号(.)、感叹号(!)、重音符号(')等之外的标点符号；

② 表和查询不能同名；

③ 名称最多可用 64 个字符，包括空格，但是不能以空格开头；

④ 不能包含控制字符（从 0 到 31 的 ASCII 值）；

⑤ 表、视图或存储过程的名称中不能包括双引号；

⑥ 为字段、控件或对象命名时，最好确保新名称和 Microsoft Access 中已有的属性和其他元素的名称不重复；否则，在某些情况下，数据库可能产生意想不到的结果。

有关命名的详细信息可以查看 Office 助手。

(3) 确定建立表"客户表 2"后，Access 提示是否定义主键（如图 5.38 所示）。主键的使用将在 5.4 节中介绍。但是要注意，主键并不是必需的，这里可以单击"是"按钮，由 Access 提示建立，也可以单击"否"按钮，稍后再创建。

图 5.38　提示是否定义主键

2. 使用向导创建表

(1) 打开"客户管理系统"的空数据库，在"对象"列表中单击"表"对象，双击"使用向导创建表"，或者单击数据库窗口中的对应按钮，打开"新建表"对话框，选择"表向导"选项，单击"确定"按钮，打开"表向导"对话框（如图 5.39 所示）。

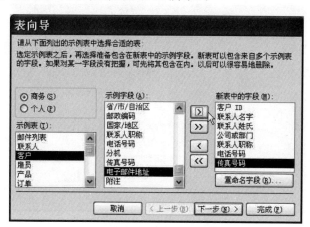

图 5.39　"表向导"对话框

(2) 选择"商务"单选按钮，然后在"示例表"列表框中选择"客户"选项，在"示例字段"列表框中选择所需要的字段名，通过双击该字段名或单击">"按钮，将所选择的字段添加到"新表中的字段"列表框中。

(3) 重复步骤(2)中的操作，将新建表中所需要的其他字段添加到"新表中的字段"列表框中。

添加、删除和重命名字段的方法有以下几种：

① 单击"》"按钮，可以将"示例字段"列表框中所有的字段都添加到"新表中的字段"列表框中；

② 选中一个已经添加到"新表中的字段"列表框中的字段,双击该字段名或单击"〈"按钮,可以在"新表中的字段"列表框中将其删除;

③ 单击"》"可以将"新表中的字段"列表框中所有的字段均删除;

④ 如果要在"新表中的字段"列表框中移动字段,则需要先删除它,然后在"新表中的字段"列表框中单击字段要出现的地方,再将这个字段添加进来;

⑤ 在"新表中的字段"列表框中选中一个字段,单击"重命名字段"按钮,调出"重命名字段"对话框(如图 5.40 所示),在"重命名字段"文本框中输入新的字段名,单击"确定"按钮,就可以对字段重命名。

图 5.40　"重命名字段"对话框

(4) 在"表向导"对话框中单击"下一步"按钮,调出如图 5.41 所示的"表向导"对话框,在"请指定表的名称"文本框中输入表的新名称,选择"是,帮我设置一个主键"单选按钮。

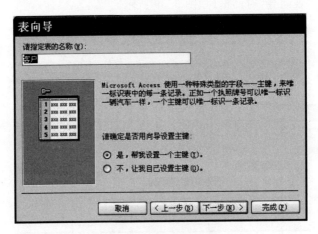

图 5.41　指定表的名称

(5) 单击"下一步"按钮,调出"表向导"对话框(如图 5.42 所示),在这个对话框中要对创建完表以后的操作进行设置。

图 5.42　设置创建完表以后的操作

（6）单击"完成"按钮，就可以根据上一步的设置，调出表窗口或窗体，同时在数据库窗口中也可看到刚刚建立的表。

3．通过输入数据创建表

（1）在 Access 2003 中，表共有四种视图，即数据表视图、设计视图、数据透视表视图和数据透视图视图。通过输入数据创建表的方法就是双击"通过输入数据创建表"快捷方式，打开数据表视图（如图 5.43 所示）。

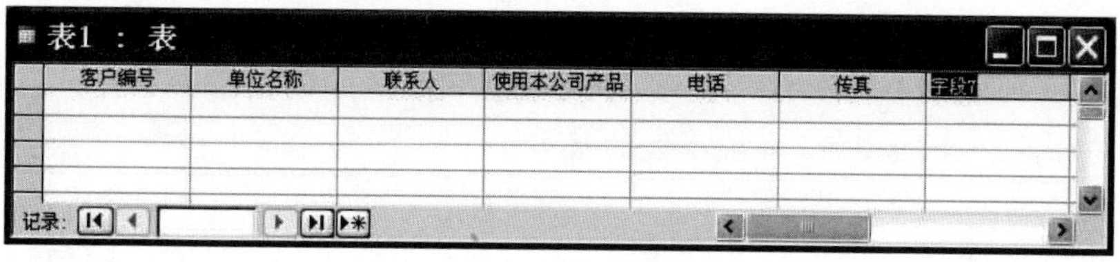

| 客户编号 | 单位名称 | 联系人 | 使用本公司产品 | 电话 | 传真 | 字段 |

图 5.43　输入表数据

该窗口是由行和列构成的表格，其中列标记是"字段 1""字段 2"这样的名称，行方向上可以输入不同的记录。

（2）双击"字段 1"文字，使其反白显示，输入新的字段名称，然后用同样的方法在"字段 2""字段 3"……中输入字段名称。

（3）单击"关闭"按钮，弹出提示保存表的对话框（如图 5.44 所示）。

（4）单击"是"按钮，弹出"另存为"对话框（如图 5.45 所示）。如果第（3）步单击工具栏上的"保存"按钮，则会直接弹出"另存为"对话框。

图 5.44　提示保存表的对话框

图 5.45　"另存为"对话框

（5）在"表名称"文本框中输入表的名称，按 Enter 键或单击"确定"按钮，弹出提示对话框，请用户确认是否定义主键（如图 5.46 所示）。弹出这个对话框的原因是在表中输入字段时没有设置主键，有关主键的含义及设置方法将在 5.4.1 节进行介绍。

图 5.46　提示是否定义主键

（6）单击"是"按钮，由系统自动设置主键。

这时表设计视图关闭，同时可以在数据库窗口中看到刚刚建立的表。

5.3.3　表的基本操作

在添加了数据表之后，我们实际上就初步完成了一个数据库的建立工作。接下来，我们就可以通过 SQL 语句对数据库进行操作了。当然，在 Access 2003 中，对表的操作十分方便，用户可以浏览表，为表添加、删除备忘录，对表记录进行排序。因为 Access 2003 是面向一些普通用户的，所以其操作方法不需要用户清楚 SQL 语句的语法及结构。在此，我们就简要地介绍一下在 Access 2003 环境下表的基本操作。

1. 浏览表

打开原先建立的"客户管理系统"数据库，在对象栏中双击"客户"表的图标即可打开"客户"表（如图 5.47 所示）。

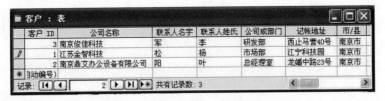

图 5.47　"客户"表

在打开了数据表之后，我们就可以通过记录选定器（图 5.47 中左边界的栏目），定位按钮和滚动条（在记录长度和数据超过一屏可以显示的范围时，窗体将自动在右边界与右下边界出现滚动条）。

2. 添加记录

在打开了的表窗体中即可添加记录,直接将鼠标定位到表的最下一个空白行即可添加新的记录。

3. 删除表中的记录

对表中记录的删除有两种。一种是删除一条记录,其操作方法是单击该条记录左边的记录选定器,选定该记录,然后右击,在弹出的快捷菜单中选择"删除记录"命令即可。另一种是删除多条记录,其操作方法是单击要删除的第一条记录的记录选定器,同时不要松开鼠标,继续向下拖动,直至选中要删除的其他记录为止,然后右击并在弹出的快捷菜单中选择"删除记录"命令即可。

当然,如图 5.48 所示,用户除了对表中的记录进行删除操作外,还可对记录执行添加新记录、剪切、复制、粘贴以及设置行高的操作,每一列的宽度也可以通过用鼠标选中列分割线拖曳来改变。

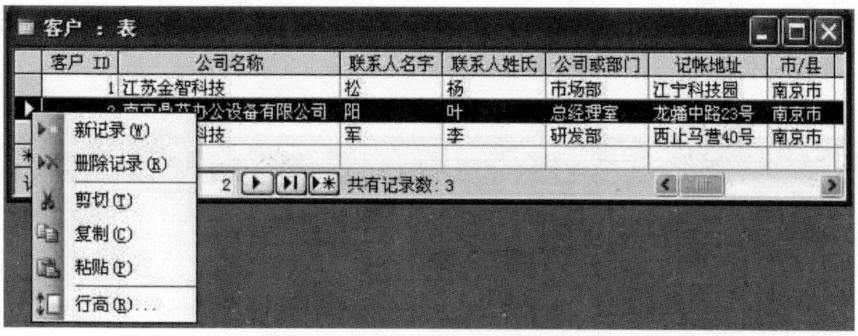

图 5.48　通过快捷菜单可对表进行的各种操作

5.4　Access 数据库的使用

5.4.1　定义主键

Access 2003 是一种关系数据库管理系统,其强大的功能来自于其可以使用查询、窗体和报表快速地查找并组合存储在各个不同表中的信息。为了做到这一点,每个表都应该设定主关键字。关键字是用于唯一标识每条记录的一个或一组字段,Access 2003 建议为每一个表设置一个主关键字,主关键字简称为主键。设立主键能提高 Access 2003 在查询、窗体和报表操作中的快速查找能力。

1. 主键的概念

表中所存储的每条记录的唯一标识称作表的主键。指定了表的主键之后,Access 2003 将阻止在主键字段中输入重复值或 Null 值。

主键可以包含一个或多个字段,以保证每条记录都具有唯一的值。设定主键的目的在于:一是保证表中的所有记录都能够被唯一识别;二是保持记录按主键字段项目排序;三是加速处理。Access 2003 中可以设置三种主键,即自动编号、单字段、多字段。

(1)自动编号主键。

当向表中添加一条记录时,可将自动编号字段设置为自动输入连续数字的编号。将自动编号字段指定为表的主键是创建主键的最简单的方法。如果在保存新建的表之前未设置主键,则 Access 2003 会询问是否要创建主键,如果回答为"是",则 Access 2003 将创建自动编号主键。

(2) 单字段主键。

如果某字段中包含的都是唯一的值,如 ID 号或部件号码,则可以将该字段指定为主键。只要某字段包含数据,且不包含重复值或 Null 值,就可以将该字段指定为主键。

(3) 多字段主键。

在不能保证任何单字段包含唯一值时,可以将两个或更多的字段组合起来指定为主键。

2. 设定和删除主键的方法

如果表中没有可以用作唯一识别表中记录的字段,则可以使用多个字段来组合成主键。在表设计器中设置主键的步骤如下。

(1) 在表设计视图中,单击字段名称左边的字段选择按钮,选择要作为主键的字段。单击字段选择按钮的同时按住 Ctrl 键,可以同时选择多个字段,Access 2003 支持多个字段共同设置为主键(如图 5.49 所示)。

字段名称	数据类型	说明
客户 ID	自动编号	
公司名称	文本	
联系人名字	文本	
联系人姓氏	文本	
公司或部门	文本	
记帐地址	文本	
市/县	文本	
省/市/自治区	文本	
邮政编码	文本	
国家/地区	文本	

图 5.49　选择将作为主键的字段

(2) 选择"编辑"菜单下的"主键"命令,或单击工具栏上的"主键"按钮,就会在选中字段的左边显示钥匙标记(如图 5.50 所示)。

字段名称	数据类型	说明
客户 ID	自动编号	
公司名称	文本	
联系人名字	文本	
联系人姓氏	文本	
公司或部门	文本	
记帐地址	文本	
市/县	文本	
省/市/自治区	文本	
邮政编码	文本	
国家/地区	文本	

图 5.50　主键标记

也可以选中字段后,右击,在弹出的快捷菜单中选择"主键"命令(如图 5.51 所示)。

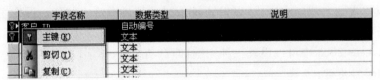

图 5.51　通过快捷菜单设置主键

如果要删除主键,只要重复上面两步操作,Access 2003即会取消设置的主键。

5.4.2　创建索引

1. 索引的概念

"索引"是数据库(不只是 Access)中极为重要的概念,它就像数据的指针,能够迅速地找到某一条数据。当表中的数据量越来越大时,就会越来越体现出索引的重要性。以公司的人事数据库为例,一般的查询方式是利用"编号"或"姓名",但姓名可能重复(同名同姓),编号则不会有两人一样的情况,因而"编号"就比"姓名"更适合作为索引键。

并不是所有的数据类型都可以建立索引,不能在"自动编号"及"备注"数据类型上建立索引,在设定时请稍加注意。此外,并非是表中所有的字段都有建立索引的必要,因为每增加一个索引,就会多出一个内部的索引文件,增加或修改数据内容时,Access 2003同时也需要更新索引数据,故增加索引有时反而降低系统的效率。

2. 建立索引

(1) 创建单字段索引。

单字段索引的意思是一张表中只有一个用于索引的字段。使用下列步骤进行操作可以创建单字段索引。

第一步,在"设计"视图中打开表。

第二步,在"设计"视图的字段列表中单击要创建索引的字段,选定它。

第三步,在"常规"选项卡中单击"索引"属性框内部,然后从右侧的下拉列表中选择"有(有重复)"或"有(无重复)"项(如图5.52所示)。

图 5.52　创建单字段索引

索引的这三个选项的含义如下。

① 无:该字段不需要建立索引。

② 有(有重复):以该字段建立索引,其属性值可重复出现。

③ 有(无重复):以该字段建立索引,其属性值不可重复。设置为主键的字段取得此属性,要删除该字段的这个属性,首先应先删除主键。

接下来关闭图5.52所示的视图后,索引就建立好了。此后,就可以将此字段中的值按升序或者降序的方式进行排序,并让各行记录值重新排列后再显示。也就是说,这种重新排序的结果是使得各行记录按索引的定义在表中重新排列,从而有利于浏览数据记录。

注意,用于索引的字段通常是一些可以用于排序的数据记录,如数字、英文单词。索引也能用于中文,但不常用。

（2）创建多字段索引。

为了创建多字段索引，可以使用下列步骤进行操作。

第一步，在"设计"视图中打开表。

第二步，单击"设计"视图工具栏中的"索引"按钮（如图 5.53 所示）。

图 5.53　"设计"视图中的"索引"按钮

第三步，若表中当前没有索引和主键的话，可在如图 5.54 所示的"索引"对话框中，单击"索引名称"栏中的第一个空行，然后输入索引名称。也可在该栏的第二行中再输入一个索引名称，以便建立第二个索引。

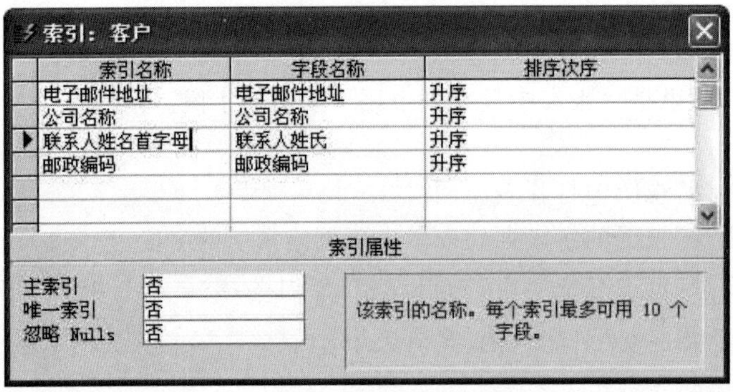

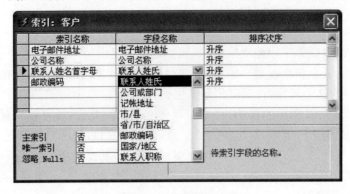

图 5.54　输入索引名称

索引名称仅是索引的标识，用户可以使用索引字段的名称来命名，或使用具有某种含义的字符串来命名。如本例将建立"联系人姓氏"索引，以便以后按联系人姓氏的首字母排序来浏览数据记录，所以给出了图 5.54 中所示的索引名称，将"联系人姓氏"改成了"联系人姓名首字母"。

第四步，在"字段名称"栏中，单击下拉按钮，然后从下拉列表中选定用于索引的字段（如图 5.55 所示）。例如，选择联系人姓名首字母对应的字段名是"联系人姓氏"。

图 5.55　选择索引字段

第五步,将光标移至右旁的"排序次序"栏中,单击下拉按钮,从下拉列表中选择排序方式(如图 5.56 所示)。例如,将联系人姓名首字母的索引排序次序设置为"升序",即按照英文字母的升序排列。

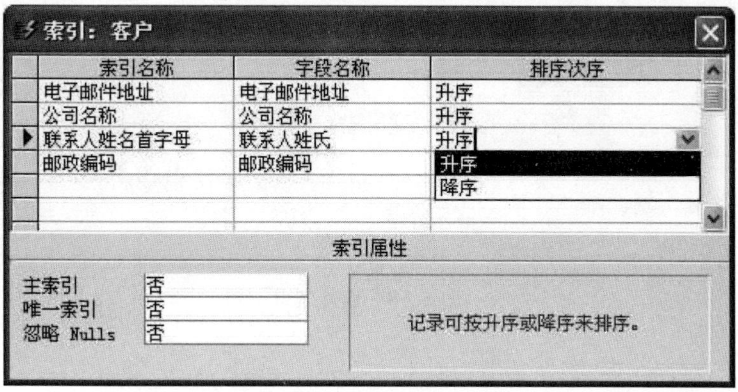

图 5.56　选择排序方式

第六步,若要使用多个索引,并且重新定义"主键",则可单击"索引"对话框的左下部的"主索引"下拉按钮,然后从图 5.57 所示的下拉列表中选择"是"或"否"。

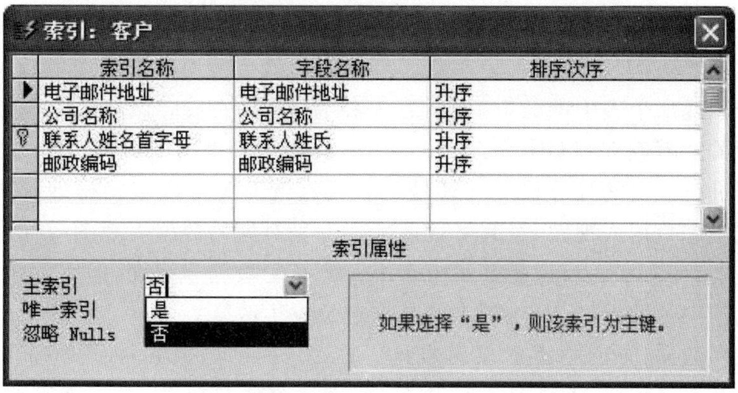

图 5.57　选择是否设置为主索引

第七步,将光标移至"字段名称"栏的下一行中,单击该行所在单元格,然后通过下拉列表选定第二个索引字段。例如将"电子邮件地址"设置为非主索引。

这一步操作将指定第二个索引,而该行的"索引名称"栏中仍将是空白。用户可以重复该操作,直到选择了应包含在索引中的所有字段,最多可达到 10 个字段。关闭"索引"对话框后,用于该表的索引就建立好了。此后,用户还可在任何时候,按照上面的操作进入"索引"对话框中来查看和编辑索引。若要删除某一个索引的话,只需要在这个对话框的列表中将它删除即可。这种删除不会显示到表中的结构与数据记录中。删除索引的操作如图 5.58 所示。

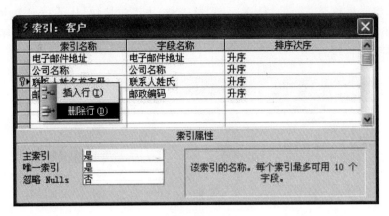

图 5.58　删除索引

5.4.3　建立和使用查询

查询是对数据源进行一系列检索的操作,它可以从表中按照一定的规则取出特定的信息,在取出数据的同时可以对数据进行一定的统计、分类和计算。查询的结果可以作为窗体、报表和新数据表的数据来源。

在 Access 2003 数据库中的表并不是一个百宝箱,不需要将所有的数据都保存在一张表中。不同的数据可以分门别类地保存在不同的表中。在创建数据库时,并不需要将所有可能用到的数据都罗列在表上,尤其是一些需要计算的值。使用数据库中的数据时,并不是简单地使用这个表或那个表中的数据,而常常是将有关系(关系应该在表之间创建,读者有兴趣可以查看相关文献或查询 Office Access 的帮助)的很多表中的数据一起调出使用,有时还要把这些数据进行一定的计算以后才能使用。用查询对象可以很轻松地解决这个问题,它同样也会生成一个数据表视图,看起来就像新建的表对象的数据表视图一样。查询的字段来自很多相互之间有关系的表,这些字段组合成一个新的数据表视图,但它并不存储任何的数据。当改变"表"中的数据时,"查询"中的数据也会发生改变。

表负责保存数据,查询则负责取出数据。在 Access 2003 中,将表和查询都视为对象。正式的数据库开发过程中,通常是先创建表,后创建窗体及报表,如果有需要,再创建查询。本书从理解的角度出发,简单介绍查询的概念和使用。

1. 查询的作用和种类

Access 2003 中的查询,可以对一个数据库中的一个表或多个表中存储的数据信息进行查找、统计、计算和排序。Access 2003 提供了多种查询工具,通过这些工具,用户可以进行各种查询。

(1) 查询的作用。

查询的主要目的是通过某些条件的设置,从表中选择所需要的数据。查询与表一样都是数据库的一个对象,它允许用户依据条件或查询条件抽取表中的字段和记录。

查询为用户使用数据库提供了很大的方便。通过查询,用户不仅可以检索数据库中的信息,还可以直接编辑数据源中的数据。此外,在查询中进行的修改还可以一次改变整个数据库中的相关数据,而这只是查询众多功能中的一种。在 Access 2003 中,利用查询可以完成以下功能。

①　选择字段。在查询中可以指定所需要的字段,而不必包括表中的所有字段。

②　选择记录。用户可以指定一个或多个条件,只有符合条件的记录才能在查询的结果中显示出来。

③　分级和排序记录。用户可以对查询结果进行分级,并指定记录的顺序。

④　完成计算功能。用户可以建立一个计算字段,利用计算字段保存计算结果。

⑤　使用查询作为窗体、报表或数据访问页的记录源。用户可以建立一个条件查询,将该查询的数据作为窗体或报表的记录源。当用户每次打开窗体或打印报表时,该查询就从基本表中检索最新数据。

(2) 查询的种类。

Access 2003 共有选择查询、参数查询、交叉表查询、操作查询和 SQL 查询五种查询类型。

①　选择查询。

选择查询是最常见的查询类型,它从一个表或多个表中检索数据,并按照用户所需要的排列次序以数据表的方式显示结果。用户还可以使用选择查询来对记录进行分组,并且对记录进行总计、计数、平均值以及其他类型的计算。

②　参数查询。

在执行参数查询时会显示一个对话框,要求用户输入参数,系统会根据所输入的参数找出符合条件的记录。例如,某公司每个月都要统计过生日人员的名单,那么,就可以使用参数查询,因为这些查询的格式相同,只是查询条件有所变化而已。

③　交叉表查询。

交叉表查询显示来源于表中某个字段的汇总值(合计、计数以及平均等),并将它们分组,一组行在数据表的左侧,一组列在数据表的上部。

④　操作查询。

操作查询是在一个记录中更改许多记录的查询。操作查询后的结果不是动态集合,而是转换后的表。操作查询有生成表查询、追加查询、更新查询和删除查询四种类型。

⑤　SQL 查询。

SQL 查询是用户使用 SQL 查询语句创建的查询。SQL 是一种用于数据库的标准化语言,许多数据库管理系统都支持该种语言。在查询设计视图中创建查询时,Access 2003 将在后台构造等效的 SQL 语句。实际上,在查询设计视图的属性表中,大多数查询属性在SQL 视图中都有等效的可用子句和选项。如果需要,可以在 SQL 视图中查看和编辑 SQL语句。但是,在对 SQL 视图中的查询进行更改之后,查询可能无法按以前在设计视图中所显示的方式进行显示。

2. 创建查询

创建查询可以有多种方法,下面仅介绍其中的几种。

(1) 使用向导创建简单的选择查询。

使用向导创建简单的选择查询,可以从一个或多个表或查询中指定的字段检索数据,但不能通过设置条件来限制检索的记录。具体操作步骤如下。

第一步,在数据库窗口中,单击"对象"列表中的"查询"对象(如图 5.59 所示)。

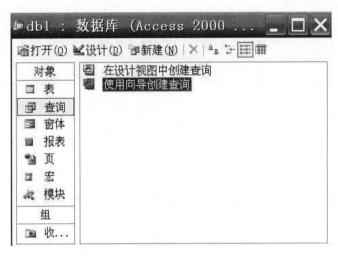

图 5.59 在"对象"列表中选择"查询"

使用下面的一种方法，调出"简单查询向导"对话框。

① 单击数据库窗口中的"新建"按钮，打开"新建查询"对话框（如图 5.60 所示）。在"新建查询"对话框中有 5 个选项，其中"简单查询向导"和"设计视图"选项用于创建比较简单的查询，适合初学者使用。这里选择"简单查询向导"选项，单击"确定"按钮，打开"简单查询向导"对话框（如图 5.61 所示）。

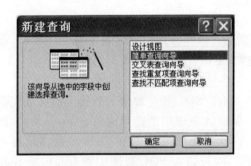

图 5.60 "新建查询"对话框

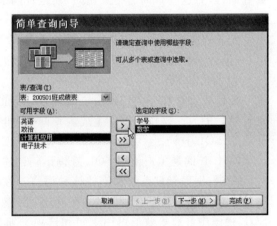

图 5.61 "简单查询向导"对话框

② 在"插入"菜单下选择"查询"命令，打开"新建查询"对话框（如图 5.60 所示），选择"简单查询向导"选项，单击"确定"按钮，打开图 5.61 所示的对话框。

③ 双击图 5.59 所示数据库窗口中的"使用向导创建查询"选项，也可以调出图5.61 所示的"简单查询向导"对话框。

第二步，在"简单查询向导"对话框中，选择查询基于的表或查询的名称，然后选择要检索数据的"可用字段"，单击">"按钮将其添加到"选定的字段"栏中（如图 5.62 所示）。单击"下一步"按钮，打开如图 5.63 所示对话框。

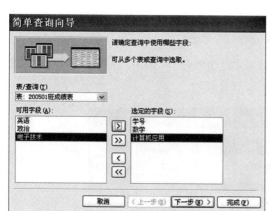

图 5.62 选定字段

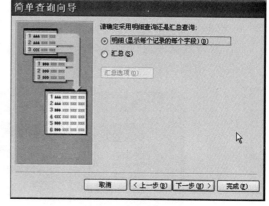

图 5.63 选定查询类型

第三步,在图 5.63 所示对话框中选择"明细"单选按钮,然后单击"下一步"按钮,打开如图 5.64 所示对话框。

第四步,在图 5.64 所示对话框中指定查询的标题,选择"打开查询查看信息"单选按钮,单击"完成"按钮,查询结果如图 5.65 所示。

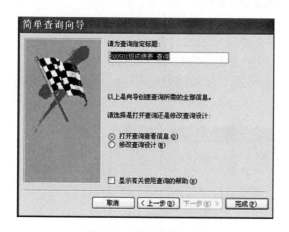

图 5.64 指定查询标题

图 5.65 生成查询结果

在第三步中,如果选择的不是"明细",而是"汇总",则其下方的"汇总选项"按钮有效,单击该按钮,可以打开"汇总选项"对话框。在"汇总选项"对话框中进行设置后,就可以在查询的同时完成相应的计算。

(2) 使用设计视图创建查询。

上面介绍了使用向导建立查询的方法,虽然简单,但有其局限性。如果使用向导建立的查询不能满足实际需求,就需要使用人工的方法来创建查询。下面以 Access 2003 中自带的"罗斯文"数据库为例,介绍使用设计视图创建查询的方法。

使用设计视图创建选择查询的操作步骤如下。

第一步,在数据库窗口中,单击"对象"列表中的"查询"对象。

第二步,使用下面的方法之一,调出查询的设计视图。

① 单击数据库窗口中的"新建"按钮,打开"新建查询"对话框,选择"设计视图"选项,单击"确定"按钮。

② 双击数据库窗口中的"在设计视图中创建查询"选项,同时弹出"查询"和"显示表"两个对话框(如图 5.66 所示)。

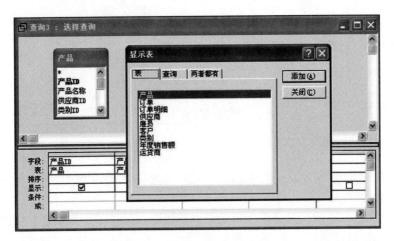

图 5.66 用设计视图创建查询

第三步,在"显示表"对话框的"表"选项卡中选择要使用的对象,如"产品"表,然后单击"添加"按钮,用此方式依次添加好需要的表后,单击"关闭"按钮。

第四步,在查询的设计视图中,把表中的所需字段直接拖到设计网格的字段行中(如图 5.67 所示)。

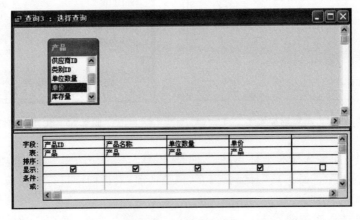

图 5.67 添加查询字段

第五步,单击"关闭"按钮,弹出"另存为"对话框,在"查询名称"文本框中输入该查询的名称,单击"确定"按钮保存。

Access 2003 使用设计视图还可以创建多表查询。例如,如果要查看"订单"的公司名称(客户 ID)、订购日期、产品 ID、单价和订购数量,而客户 ID 和订购日期来自"订单"表,产品

ID、单价和订购数量来自"订单明细"表,这就需要建立一个基于"订单"和"订单明细"两个表的多表查询,具体创建步骤如下。

第一步,在数据库窗口中,单击"对象"列表中的"查询"对象,然后单击"新建"按钮,打开"新建查询"对话框。

第二步,在"新建查询"对话框中,选择"设计视图"选项,单击"确定"按钮。

第三步,在"显示表"对话框中,选择"订单"表和"订单明细"表,并将它们添加到"查询"窗口中,单击"关闭"按钮。

第四步,由图5.68中可以看出两个表是一对多的关系。

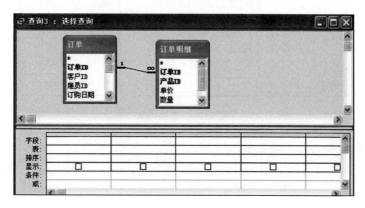

图5.68 建立两个表的关联1

第五步,将"订单"表中的"客户ID"和"订购日期","订单明细"表中的"产品ID""单价"和"数量"拖到设计网格中(如图5.69所示)。

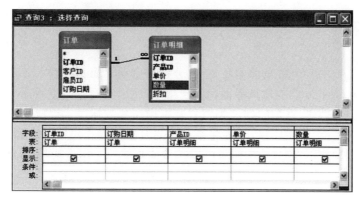

图5.69 建立两个表的关联2

第六步,为了查看查询结果,单击工具栏上的"视图"按钮,得到查询运行结果(如图5.70所示)。

第七步,保存查询。

订单ID	订购日期	产品	单价	数量
10248	2015-07-04	猪肉	¥14.00	12
10248	2015-07-04	糙米	¥9.80	10
10248	2015-07-04	酸奶酪	¥34.80	5
10249	2015-07-05	沙茶	¥18.60	9
10249	2015-07-05	猪肉干	¥42.40	40
10250	2015-07-08	虾子	¥7.70	10
10250	2015-07-08	猪肉干	¥42.40	35
10250	2015-07-08	海苔酱	¥16.80	15
10251	2015-07-08	糙米	¥16.80	6
10251	2015-07-08	小米	¥15.60	15
10251	2015-07-08	海苔酱	¥16.80	20
10252	2015-07-09	桂花糕	¥64.80	40

记录：|◀ ◀ 1 ▶ ▶| ▶* 共有记录数：215

图 5.70　查询结果

3. 使用选择查询或交叉表查询

使用选择查询或交叉表查询的具体操作步骤如下。

（1）打开选择查询或交叉表查询时，Access 2003 运行（执行）该查询并在数据表视图中显示结果。

（2）在数据库窗口中，单击"对象"列表中的"查询"对象。

（3）单击要打开的查询。

（4）单击数据库窗口工具栏上的"打开"按钮。

（5）若要中止已运行的查询，请按"Ctrl＋Break"快捷键。

5.5　本章小结

本章介绍了 Access 2003 的版本特点，并分别从启动界面、菜单栏、工具栏、数据库窗口等方面介绍了 Access 2003 的窗口界面和常规操作，还用实例介绍了数据库的创建、数据表的创建、主键索引的创建、查询的创建等多种基本操作和数据库常规应用，以便初学者对关系数据库的使用有一个初始印象，也为将来执行更复杂的操作奠定一个良好的基础。关于 Access 2003 的深度使用，有兴趣的读者可以参考或翻阅相关深度应用 Access 2003 的文献书籍。

5.6　本章习题

请使用 Access 2003 的数据库向导创建一个服务请求管理的数据库，并通过向导建立数据表、主键、查询、窗口，能够输入数据、浏览数据、生成报表。

5.7　本章参考文献

1. 李杰,郭江. Access 2003 实用教程[M].北京：人民邮电出版社,2007.

2. 魏茂林. 数据库应用技术——Access 2003 [M]. 北京:电子工业出版社,2009.

3. 杨涛. 中文版 Access 2003 数据库应用实用教程［M］. 北京：清华大学出版社,2009.

4. 姜继红,谭宝军. Access 2003 中文版基础教程[M]. 2 版. 北京：人民邮电出版社,2011.

第6章

电子商务数据库系统设计

前面的章节中已经详细介绍了数据库系统的基本设计理论和 SQL 语言。如何将这些理论运用到电子商务数据库的设计和实现过程中是本章关注的重点。

作为电子商务系统的数据组织基础,商务数据库与传统数据库具有很多的相似之处。特别是在处理一些结构化的数据方面,传统的关系数据库理论仍然具有很好的指导意义。但是,由于商务数据库目前的发展方向是建立在以 Internet 为中心的平台上的,因此其也具有非常独特的数据处理需求。

数据库系统作为目前大型系统的主要构成部分,它的开发过程遵循一般的系统开发指导方法。商务数据库系统的开发也不例外。遵循信息系统生命周期和数据库生命周期,商务数据库系统的开发一般可以分为概念设计、逻辑设计、物理设计以及系统的实现几个阶段。

电子商务系统的建设历经了多年发展,但由于种种原因,大量数据无法共享,既造成了信息资源的浪费,又严重阻碍了商务效率的提高,与电子商务建设的初衷不相符合。因此,有必要探索一条道路,建设一个可以跨平台使用的电子商务平台数据交换中心,使电子商务的应用与其底层的数据结构和存储方式无关,既可以实现数据的无缝交换和共享访问,保证各业务系统的有效协同,同时又能保证各应用系统的相互独立性和低耦合性,从整体上提高系统运作效率和安全性。

本章主要内容包括:

1. 电子商务数据库的特点;
2. 商务数据库:概念设计;
3. 商务数据库:DBMS 的选择、逻辑数据库设计及实现;
4. 电子商务平台数据中心。

6.1 电子商务数据库的特点

电子商务数据库与传统数据库有很多的类似之处。它作为电子商务平台的数据基础,既负责存储和处理一些结构化非常强的业务数据,同时也要处理诸如图形、图像、语音输入等多媒体信息。为了更好地开展电子商务数据库系统的设计工作,除了要了解电子商务数据库的一些基本分类和建设现状外,还要了解一般的数据库设计流程。

6.1.1　电子商务数据库的特点

1. 电子商务数据库的分类

作为电子商务系统的数据组织基础,商务数据库与传统数据库具有很多的相似之处。在商务活动中的人事管理、财务管理、档案管理和固定资产管理等业务中,其处理的对象大多是结构化数据,通过关系数据库完备的关系理论和操作方法,这些业务数据的处理是相对容易的。但是,随着以 Internet 为中心的电子商务系统应用的不断发展,对于诸如商业信函流转管理、会议管理、日程管理、计划管理、信息送报等业务活动,关系数据库就显得比较简单,不利于表达复杂的数据结构。为了处理图形、图像、声音、时间序列等非结构化数据,数据库技术衍生出许多新的发展方向,如分布式数据库、多媒体数据库、面向对象的数据库等。

电子商务要向更高层次发展,就必须对商务数据库进行科学的分类管理。

(1) 从商务信息资源的性质来看,电子商务数据库可以分为社会性信息数据库、公益性信息数据库和商业性信息数据库。

① 社会性信息数据库,主要是指那些关系企业竞争环境的重要数据。

② 公益性信息数据库,主要包括气象、地震、水文、人口、自然资源等内容。

③ 商业性信息数据库,包括商贸、投资、金融、科技、人才、企业、产品、娱乐等具有商业开发价值的信息。

(2) 从数据可发布的对象来看,电子商务数据库分为企业内部数据库、合作伙伴共享数据库和社会共享数据库。

(3) 根据数据库提供数据的性质,可以将商务数据库分为文件数据库、数值数据库、事实数据库、多媒体数据库等类型。

① 文件数据库是指数据内容为各种文件资料的数据库,包括著录型数据库和全文数据库。著录型数据库仅仅以简略形式记录存储文件的有关信息,提供查找文件和档案的线索;全文数据库则存贮文献全文或其主要部分,用户可以从中直接检索出所需的全文信息。

② 数值数据库是指数据内容以自然数值形式为主,主要记录和提供特定事务的性能、数量特征等信息的数据库。通过数值数据库,可以进行各种统计分析、定量研究、管理决策和预测,因此,建立数值数据库是企业实现战略调控和业务管理的基础信息设施。

③ 事实数据库是指数据内容既有数字又有文字,共同描述和反映有关事务的描述性的参考数据库。

④ 相对传统的数据库而言,多媒体数据库将图像、声音、文字、动画等多种媒体数据合为一体,统一进行存取、管理和应用,从而更加生动和全面地描绘客观世界。

2. 电子商务数据库的建设特点

通过三十几年的信息化建设,电子商务数据库已经初具规模,从最初的仅能提供数据存储、文档存储服务,发展到能够提供联网和远程访问服务。同时,数据库系统的应用形式也从面向小范围的集中式结构发展为更复杂的网络化结构,并与许多其他新兴的计算机技术和管理思想逐渐融合,向提供辅助决策功能的智能化数据库方向发展,为电子商务的应用提供了良好的基础。电子商务数据库在建设和发展过程中存在很多特点。

(1) 各企业电子商务发展不均衡。

由于国内经济发展不均衡,发达地区和落后地区在信息化建设及社会信息基础设施建设方面差距很大。部分发达地区信息化建设较为完善,人员素质较高,电子商务的基础设施较好,因而数据库建设也相对成熟。而在许多经济欠发达的中小城市,大量的公文流转、业务处理仍然靠纸质加电话方式进行。不同的企业之间进行信息交流时仍靠电话、传真、传统的邮寄和专人投递。现代管理理念和信息化知识更是缺乏,电子商务建设资金紧张,IT 基础设施极为薄弱。各个不同的企业在考虑电子商务建设时,需要根据自身的特点,选择不同的开发方式和功能模块,因此,必须在数据库设计阶段就兼顾实用性和可扩展性。

(2) "信息孤岛"现象突出。

大部分企业网络之间不能互联互通,没有统一的电子商务数据平台实现业务协同和资源整合,从而导致大量的数据以不同的格式分散存在于各个企业和部门的数据库和应用系统中,数据互不共享,无法提供有效的商务分析和决策支持等服务,造成了信息资源的荒置和浪费,使得各个企业和部门变成了一座座"信息孤岛",成为制约电子商务进程的瓶颈。

(3) 数据存储问题日趋严重。

由于企业业务对数据的依靠程度越来越高,存储系统正在逐渐成为要害性的 IT 设施。但是,越来越复杂的存储设备和更为多样化的存储资源却影响着存储的效能。企业需要面对多种挑战:日益庞大的数据容量、复杂的治理、居高不下的维护和升级成本以及政府对绿色环保的政策要求。数据治理是存储最为重要的环节之一,但在实际应用当中,却经常为人们所忽视。假如把企业在存储方面的投资比作一座浮在海上的冰山,那么我们所看得到的可直接利用的资源,往往只是海面上冰山一角,大量的存储资源终日处于闲置状态。2012年 Gartner 的一项统计表明,目前企业对于存储系统资源的利用率平均不到 50%。如何提高存储空间利用率,使企业的存储资源得以充分应用,成为了一个难题。2014 年华为公司的一份报告指出,在未采用虚拟化技术的前提下,系统资源的平均利用率较低,普遍 CPU 利用率不到 10%,已使用的存储容量不到 40%,已使用的网络资源不到 50%。服务器和存储的虚拟化成为业界主推的解决方案。而虚拟化技术的日趋成熟和普遍使用又对数据库设计提出了新的要求。

6.1.2 信息系统生命周期

信息系统对于组织相关的所有信息资源进行收集、管理、使用和传播。在 20 世纪 60 年代,信息系统主要是指文件系统,但从 20 世纪 70 年代开始,数据库系统逐渐成为信息系统的主要组成部分。一个计算机化的环境包括数据本身、数据库管理系统(DBMS)软件、计算机系统的硬件和存储介质、对数据进行使用和管理的人员、存取和更新这些数据的应用软件以及开发应用软件的编程人员。因此可以说,数据库系统已经成为大型组织信息系统的有机组成部分。为适应这种系统,许多机构设置了数据库管理员(DBA)的职位甚至专门的数据库管理部门,以便对数据库的生命周期活动进行监控。数据库的生命周期与信息系统的生命周期密切相关,本书首先介绍信息系统的生命周期。

通常我们把信息系统的生命周期称为宏观生命周期,把数据库系统的生命周期称为微观生命周期。对于主要组成部分是数据库的信息系统,这两者之间的差别不是那么明显。宏观生命周期通常包括以下几个阶段。

1．可行性分析

可行性分析主要对潜在的应用领域进行分析,确定信息收集和传播的经济效益,进行初步的成本收益研究,确定数据和处理的复杂程度并设置应用的优先级别。

2．需求收集和分析

在这一阶段,通过和潜在用户进行交流从而确定他们的一些特殊问题和需求,收集用户的详细需求。此外,还要确定各应用相互间的依赖关系、通信问题和报表程序。

3．设计

设计阶段包含两方面:一是数据库系统自身的设计;二是对数据库进行使用和处理的应用程序的设计。

4．实现

对信息系统进行实现,装载数据库,实现并测试数据库事务。

5．确认和测试

确认系统是否满足用户需求和性能指标。根据性能标准和行为说明对系统进行测试。

6．实施、运行和维护

在系统投入应用前应对用户进行培训。当确定所有的系统功能都可操作时,系统进入运行阶段。对于新出现的需求或应用需要重复上述步骤,直到系统中实现了这些新的需求和应用。在运行阶段,系统的性能监控和维护工作都很重要。

6.1.3　数据库生命周期

与数据库应用系统(微观)的生命周期相关的活动包括以下几个阶段。

1．系统定义

对数据库系统、系统用户和系统应用的范围进行定义,确定各类用户的不同界面、响应时间的约束及存储和处理需求。

2．数据库设计

该阶段结束后,得到一个在选定的 DBMS 上关于数据库系统的完整的逻辑设计和物理设计。

3．数据库实现

该阶段包括确定概念数据库、外部数据库和内部数据库的定义,创建空数据库文件及实现软件应用。

4．装载和数据转换

通常有两种方式装载数据库,一是直接向数据库装载数据,二是把现存文件转换成数据库系统格式后再装载。

5．应用转换

应用转换即把原来系统下的软件应用转换到新系统下。

6．测试和确认

对信息系统进行测试并确认。

7. 运行

运行数据库系统及其相关应用。通常情况下,旧系统和新系统需要并行运行一段时间。

8. 监控和维护

在运行阶段,不断对系统进行监控和维护。与此同时,数据内容和软件应用都会不断增长和扩充,有时可能需要进行一些大的修改和重组。

上述第 2 阶段、第 3 阶段和第 4 阶段共同组成大型数据库生命周期的设计和实现阶段的一部分。通常,组织中的大部分数据库都要经历上述生命周期的全过程,如果数据库和应用都是新的,则转换阶段不需要。另外,由于每一阶段都会出现一些新的需求,因此,不同阶段之间需要经常进行相互反馈。图 6.1 描述了系统实现和调整的结果对概念设计和逻辑设计阶段的影响。

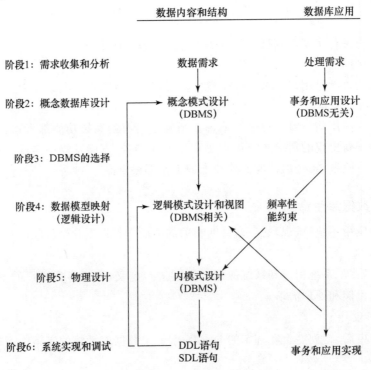

图 6.1　大型数据库设计流程

6.1.4　数据库设计流程

数据库设计具有两个基本特点:一方面,数据库设计是硬件、软件、技术与管理的结合;另一方面,数据库设计必须与应用系统相互结合。因此,如图 6.1 所示,我们可以把设计过程看作是两个并行的活动:第一个活动是进行数据库数据内容和结构设计;第二个活动则主要和数据库应用的设计相关。这两个活动过程是密切相关的。

数据库设计遵循软件工程规范化设计方法,基本步骤如下。

1. 需求分析

这是解决"要求系统做什么"这个问题的阶段,也是整个设计的基础。这一阶段比较困难,也很耗费时间,因为能否明确反映用户需求,将直接影响到之后的各个设计阶段。这部分内容在6.2.1中将进一步说明。

2. 概念结构设计

是整个数据库设计的关键。通过对用户需求进行综合、归纳、抽象,形成一个独立于具体的DBMS概念模型。在这个阶段,通常使用一些高级数据模型,如前面学过的E-R模型等。这部分内容在6.2.2中将进一步说明。

3. DBMS的选择

选择DBMS(数据库管理系统)时应从技术、经济和组织等方面综合考量,这部分内容在6.3.1中将进一步说明。

4. 逻辑结构设计

这一阶段将设计好的基本E-R图转换成能够被所选择的DBMS支持的结构数据模型,并对它进行优化处理。这部分内容在6.3.2中将进一步说明。

5. 物理结构设计

根据物理存储结构、记录位置和索引设计存储数据库的规格,包括存取方法和存取结构。这部分内容在6.3.3中将进一步说明。

6. 数据库实现与调试

运用DBMS提供的数据语言及相关的应用系统语言,根据逻辑设计和物理设计的结果建立数据库,编写有关程序,组织数据入库。拟订运行方案和调试计划,对数据库系统的运行进行有目的的检测。

6.2 商务数据库:概念设计

从数据库设计的一般流程可以看出,后期的工作都要建立在前期的需求分析的基础上。因此,比较准确地把握用户的真实需求是首先应当完成的工作,之后再利用一定的工具将现实世界的用户需求转换成数据库的概念模型。

6.2.1 数据库调研

1. 数据库初步调研

在有效设计数据库之前,要尽可能详细地了解和分析用户的需求和数据库的用途。前面已经提到,这个过程是信息系统开发活动中最困难的任务之一。在软件工程中常根据用户需求的稳定性将信息系统分为预先指定的系统和用户驱动的系统两大类。商务信息数据库系统大多数属于用户驱动类型,因为它的需求是经常变动的。因此,必须发挥用户的积极性,鼓励他们直接参与系统的分析与设计工作。实践证明,这样可以增加用户对未来交付系统的满意程度,这种方式也被称为联合应用设计。

通常,初步调研阶段包括下面的活动。

(1)确定主要的应用领域和用户组。

这些用户组是数据库的未来用户,或者他们的工作将会受到数据库的影响。这个活动将分析组织机构和业务活动的情况,从而确定系统边界。

(2) 通过多种途径,获得数据需求的第一手资料。

获得资料的途径多种多样。首先可以对已有的和应用相关的文档进行研究和分析,其次可以对当前的操作环境和信息的使用计划进行研究,另外也可以从潜在的数据库用户那里获得针对某些问题的书面回答。一般可采用跟班作业、专人介绍、调查问卷、咨询、收集原始记录等方法展开调查。

如某企业的业务过程中涉及对大量工程文件、文档、数据等的集合进行处理。在这些文件中既有格式化的数据(如工程登记表),也有非格式化材料(如图片、Word 文件、Excel 文件及其他文件等)。文书工作繁杂、大量数据经常需要变更。这些问题严重阻碍了办公效率的提高。针对这些问题,开发人员进行了有效的需求调研,为后期开发提供了良好的基础。在初期数据调研阶段,主要采用了系统会谈的方式。

会谈是获得有关现行系统及其运作方式等情况的最重要的信息来源,因此,开发人员首先组织了几次局部会谈作为初步调研。虽然这种方法经常被采用,但并非总能见效。参与会谈的人员可能会感到分析人员对其现有工作带来了威胁,或者由于时间紧迫,匆匆结束,从而提供一些不相干的信息。以下总结的是一些成功进行会谈的指导原则。

① 准备会谈,了解参与会谈的每个人的情况和在组织中的职能。

② 设计人员自我介绍并概述会谈的目的和范围。

③ 开始询问时,可以提一些部门或办公室的总体职能、组织形式、工作手段和处理过程等概括性的问题,使参与者放松。

④ 对于工作过程提一些专门的问题,了解需要改进部分的情况。

⑤ 抓住由参与会谈者提出的主题和问题进一步讨论。

⑥ 不要记太多的笔记,以免分散与会人员的注意力,可以采用录音和录像的方式辅助记录。

⑦ 会谈结束时尽快总结这次会谈所收集的信息,提出下一步建议。

开发人员易犯的一种错误是没有了解工作方式和工作程序的细节情况,从而忽略了一些隐藏的重要问题。分析人员应当问一些能发现事实的问题,以此加深对现有系统的理解。这类问题不具有威胁性,还可能鼓励与会者检查自己的行为活动。发现事实的问题涉及工作量、工作过程、数据、控制、组织因素等方面,表 6.1 为安检站系统调研中上述问题的举例。

表 6.1　系统调研示例

工作量	每月收到多少工程登记表 每月有多少报表需要提交
工作过程	组织一次质量安全检查活动经过哪些步骤 参与各检测机构的资质审查和计量认证工作如何开展
数据	工程登记表需要保存哪些数据 对工程质量鉴定需要提交哪些材料
控制	对保密信息的访问有什么防护措施 哪些处理过程是用来确保申请者呈报的材料准确性的
组织因素	该工作流程由谁负责

2. 数据与数据流程分析

在系统调查中收集的大量的信息资料基本上是由每个调查人员按组织结构或业务过程收集的,它们往往只是从局部反映了某项管理业务对数据的需求和现有的数据管理状况,对这些数据资料必须加以汇总、整理和分析,使之协调一致。这个过程称为数据与数据流程分析,它的主要任务是数据汇总,数据流程分析,将数据及信息的内容、特征用数据字典的形式进行定义。

(1) 调查数据的汇总分析。

系统调查掌握的资料可以分为系统输入数据类(主要是指上报的报表)、本系统内要存储的数据类(主要是指各种记录文件)和系统产生的数据类(主要是指系统运行所产生的各类数据)三类。这个过程分两步进行,首先从某项业务的角度对数据进行分类整理,接着进行数据特征分析,包括分析数据的类型及长度、合理的取值范围、相关的业务有哪些以及数据量大小(单位时间内的业务量、使用频率、存储和保存的时间周期等),从而为以后的设计工作做准备。

(2) 数据流程分析。

在实践中往往有很多的数据需求是通过间接的方式表达的,或者数据的表达不规范,这都需要进一步整理。一般采用结构化分析方法,从最上层的结构入手,采用逐层分解的方式分析系统,并用数据流图和数据字典描述系统。通常,我们采用一些图表工具辅助设计,如采用业务流程图来描述系统的物理概况,用数据流图来具体描绘系统的逻辑模型,最后用数据字典存储在数据流图中的元素定义。

数据流图是分解和表达用户需求的工具,也是对原系统进行分析和抽象的工具。它从数据传递和加工的角度,利用图形符号,通过逐层细分来描述系统内各个部件和数据在它们之间传递的情况。

数据流图中采用的符号参见表6.2。

表6.2　数据流图符号说明

符　号	名　称	含　义
○	处理	即数据加工、变换过程,表示对数据的操作
——	文件	表示系统内需要保存的数据,是系统内处于静止状态的数据
→	数据流	说明系统内数据的流动,箭头指向为数据流动方向,箭头旁标明数据流名称
□	外部对象	是向系统输入数据和接收系统输出的外部事物,也是数据流的源点和终点

很多实际的数据处理过程非常复杂,所以数据流图的绘制遵循自顶向下、逐层求精的方法。先将整个系统当作一个处理功能,画出它和周围实体的数据联系过程,获得一个粗略的数据流图。然后逐层分解,直到把系统分解为详细的低层次的数据流图。这个过程能够发

现处理过程中不合理、数据不匹配、数据流通不畅等问题。

（3）数据字典。

数据字典是数据分析的主要工具之一，它对数据明确的含义、结构和组成进行具体说明。数据流图和数据字典可以从图形及文字两方面对系统的逻辑模型进行完整的描述。

一般来说，数据字典的结构应该包括下列五类元素的定义。

① 数据流。

② 数据存储（文件）。

③ 数据项。

④ 数据结构。

⑤ 处理。

数据字典的条目和组成参见表6.3。

表6.3 数据字典的条目和组成

条目类型	组　成	备　注
数据流	数据流名称	
	数据结构	
	数据流量	
	［来源］/［去向］	方括号代表可选项
	［用途］	
数据存储（文件）	文件名称	
	［别名］	
	文件结构	
	存取频率	
	［存取峰值］	
数据项	数据项名称	
	数据项类型	
	取值范围	
	长度	
	有关的数据结构	
数据结构	数据结构名称	
	说明	
	数据结构的组成	
处理	处理名称	
	输入数据流	
	输出数据流	

建立数据字典有两种方式：一种是建立数据字典卡片（如图6.2所示）；另一种是利用数据库系统提供的数据字典软件，自动生成和编排数据字典。

```
                              数据存储

     系统名：  包裹邮寄信息管理系统            编号：      DS010
     条目名：  国内包裹                       别名：      NPACK

     存储组织：                记录数：约99999      主关键字：邮件号码
       每个包裹一条记录

     记录组成：
       日期 (D8)   清单号码 (N4)   邮件号码 (C5)   原寄局代码 (C8)   寄达局代码 (C8)
       重量 (N5)   备注 (M8)   处理费 (N82)   保价金额 (N72)   资费 (N82)
       附加费 (N82)   代验费 (N82)   营业员 (C8)   总包号码 (N4)   邮件种类号码 (C2)
       格数 (N2)   页数 (N2)
     存取频率：
       7次/天

     简要说明：
       记录和保存包裹信息。

     修改记录：                     编写  唐××    日期   2014年8月10日
                                   审核  李××    日期   2014年8月18日
```

图 6.2　卡片式数据字典——数据存储

6.2.2　数据库概念设计

在初步调研的基础上，需要对整个应用系统进行一个概念化的描述，也就是说，利用概念设计将现实世界中的具体需求抽象成信息世界中实体以及实体之间的联系，之后再将这种结构转换为适合数据世界的数据模型。因此，概念设计是实际需求和最终数据结构之间一个非常重要的设计步骤。

1. 概念设计的特点

概念设计一般具有以下特点。

（1）概念设计的目标是获得对数据库结构、含义、相互联系和各种约束的全面了解。

（2）概念设计与今后采用哪种 DBMS 无关，因此便于修改和扩充。

（3）概念设计的图示描述方式对于数据库用户、设计人员和分析人员来讲是一种良好的交流工具，易于理解，使得各方的交流更为准确和直接。

（4）概念设计与关系、网状、层次等结构的数据模型之间的转换简便易行。

2. 概念设计的方法

对于概念设计，必须确定概念模式的基本组成——实体类型、联系类型和属性。常用的概念设计方法有以下两种。

（1）集中模式设计方法。

首先把前一阶段获得的不同用户组的需求合并到一个单独的需求集中，然后根据这个需求集，设计全局逻辑模式，并为每个用户组设计数据库模式。需求如何合并一般由数据库管理员决定。

（2）视图集成方法。

视图集成方法不要求对用户需求进行合并，而是根据每个用户组的各自需要为其分别设计相应的模式。这些模式就是各用户组自身的视图。之后，以这些视图为基础，集成为整个数据库的全局概念模式。

这两种方法的主要不同之处在于，对各用户组的多个视图或需求进行合并的方式和时机不相同。在集中模式设计方法中,数据库管理员必须在模式设计之前对用户的需求进行手动调整,如果用户组较多,这个工作量会相当大。正因为存在这种问题,视图集成方法逐渐获得了人们的认可。

3. 概念设计的策略

设计概念模式存在多种策略。多数策略遵循增量方法,即先根据需求创建一些模式构造,然后在此基础上增量的修改或扩大。

(1)自顶向下策略。

自顶向下策略是首先创建该部分应用的全局概念结构,然后逐步细化。例如,可以先定义几个大的实体类型,然后在确定其属性时,再把这些实体分解成更低一层的实体类型和联系。

(2)自底向上策略。

自底向上策略是先定义各局部应用概念结构,然后将其集成,得到总体结构。

(3)自内向外策略。

自内向外策略是先定义最核心的概念结构,然后逐步向外围扩展。这是自底向上策略的一个特例。

(4)混合策略。

混合策略是先按照自顶向下的策略对需求进行划分,再根据自底向上策略对每个划分的需求设计部分模式,最后将各个部分组合起来。

4. 通过 E-R 图进行概念设计

在概念设计中,一般先进行局部 E-R 图设计,然后通过集成 E-R 图获得整体应用的概念模式。

在进行局部 E-R 图设计时,可借助中间层次的数据流图,并从相应的数据字典中标明该部分的实体、属性、关键字等信息。当然,实体和属性并非截然分开的。同一事物有时是实体,有时又会被作为属性。具体过程我们将在后续章节中进一步介绍。

合并 E-R 图时,要注意解决各分 E-R 图之间的冲突。典型的 E-R 图冲突类型如下。

(1)属性冲突。

各分 E-R 图中相同属性的类型和取值范围有差异。例如,性别的表示,有的以"男""女"分别,有的以逻辑型规定。

(2)命名冲突。

同一事物可能在不同的 E-R 图中称呼不同,不同事物在不同的应用中可能命名相同。

(3)结构冲突。

有些对象在某一应用中被当作实体,而在另一应用中被当作属性。最好采用一定的规则将其统一起来。

冲突处理后进行的 E-R 图合并往往需要一个非常严格和系统化的方法。对于一些简单情况,主要是将相同实体在不同应用中的属性收集起来,取并集作为该实体对应的数据库文件的字段来源。

6.3　商务数据库：DBMS 的选择、逻辑数据库设计及实现

数据库概念设计将用户的实际需求抽象出来，借助一定的表达工具（常用的是 E-R 图）反映出来。下面的工作就是再将这种抽象的表达映射到具体选定的 DBMS 上，以便进行物理实现。

6.3.1　DBMS 的选择

前面我们已经学习了 DBMS 的基本概念。和传统的文件系统相比，DBMS 具有不少的优点，如操作的简易性、对系统内部数据维护的一致性、更好的数据可用性以及支持信息快速存取的功能等。借助目前基于 Web 的存取技术，人们可以从全球各个地方轻松地对数据库中的某些数据进行存取。同时，采用 DBMS 可以相应地降低应用开发成本，减少数据冗余，同时加强了安全和控制性能。但是，在进行 DBMS 选择的时候仍然要仔细考虑各方面的因素，包括技术方面的、经济方面的和组织方面的因素。

1. 技术方面的影响因素

技术方面主要应当考虑选择的 DBMS 是否能胜任需要完成的工作。目前占主导地位的 DBMS 产品家族主要是 RDBMS 和 OODBMS。RDBMS 作为商业化应用非常成熟的产品受到了大多数用户的喜爱，但是随着数据库新应用的不断发展，早期的 RDBMS 越来越显得无能为力。对它的挑战主要来自多种数据类型的广泛交叉使用，例如，计算机辅助桌面排版系统中的大文本，气象预报中的图像信息，各种地图、污染控制系统中的大量空间和地理数据。在电子商务等系统中，除了大量的文字和图片信息，还需要处理很多音频和视频数据流（如重要会议的录音录像资料等）。在处理这些特殊数据类型时，面向对象的 DBMS 就显示出了相当的优势。当然，由于电子商务系统应用的层次和范围差异极大，很难提出一个统一的数据管理方法，但是，不论选择哪种类型的 DBMS，都需要同时考虑以下一些技术方面的因素：DBMS 支持的存储结构和存取路径、用户界面和开发界面、高级查询语言的种类、选取的开发工具、通过标准接口和其他 DBMS 交互的能力，以及整个应用系统所采用的架构平台（如两层客户机/服务器模式或是三层客户机/服务器模式）。除此之外，对系统中应用数据特征的分析也相当重要，这主要集中在对数据的复杂性、各种应用数据间共享的要求、数据实时检索的需求的分析以及对数据更新频率和增长速度的预计等方面。具体而言，可以从以下几个方面予以考虑。

（1）构造数据库和程序开发的难易程度。主要包括 DBMS 是否能够支持方便快捷的开发过程，是否有面向对象的设计平台，是否支持富媒体数据类型。

（2）数据库管理系统的性能分析。包括性能评估（响应时间、数据单位时间吞吐量）、性能监控（内外存使用情况、系统输入/输出速率、SQL 语句的执行，数据库元组控制）、性能管理（参数设定与调整）。

（3）对分布式应用和并行处理的支持。这是应对数据爆炸时代的基本能力。

（4）可移植性和可扩展性，保证系统能够对未来 2—3 年的需求扩展。

（5）容错能力。异常情况下对数据的容错处理。

（6）安全性控制，包括安全保密的程度（账户管理、用户权限、网络安全控制、数据约束）以及数据恢复能力。

2. 经济方面的影响因素

经济方面主要考虑获得和使用某种 DBMS 需要花费的成本，通常需要考虑以下几种成本。

（1）软件获得成本。

这是购买软件时需要花费的成本。值得注意的是，针对不同应用和不同的操作系统，同一种 DBMS 可能有若干种版本和功能选项以供选择。因此，在选择的时候既要充分考虑经济因素，也要为今后系统转换预留余地。

（2）维护成本。

这是为了获得厂商的售后服务以及今后 DBMS 版本升级所需要花费的成本。

（3）硬件获得成本。

某些情况下，为了使 DBMS 更好地工作，可能需要添置新的硬件设备，如额外的终端、硬盘驱动器、大容量存储设备等。

（4）数据库创建和转换成本。

如果组织中原来没有任何 DBMS，那就需要完全新建数据库系统。通常情况下则是从老系统向新的 DBMS 转换。一般新老系统会并行一段时间，直到新的应用程序能够完全工作正常。这种转换也必须花费相应的成本，如为保持两套系统同时运作而额外增加的人力成本等。对这种成本很难准确测度，但在实践中通常会低估它。

（5）培训成本。

由于 DBMS 的操作相对复杂，相关人员必须经常接受一些培训，从而更加熟练地操作和使用它。这些培训包括在 DBMS 基础上进行应用系统开发、进行数据库管理等。

（6）运行成本。

无论选择哪种 DBMS，都必须支出一定的成本，以保证数据库系统能够连续运行。

3. 组织方面的影响因素

从组织方面来看，影响 DBMS 选择的因素也很多。

（1）机构文化。

由于不同的 DBMS 是相对不同的数据库模型和开发方法而选择的，因此机构的成员对某种开发方法（如原型化开发方法或是生命周期法）的接受程度也可能影响对某种 DBMS 的选择。

（2）相关人员对系统的熟悉程度。

如果机构内部的开发人员对某个特定的 DBMS 比较熟悉，就可以减少培训成本和学习时间。

（3）厂商提供的服务。

除了产品本身的性能外，使用某种 DBMS 的机构往往希望获得厂商长期的和优质的售后服务，以减少使用的后顾之忧。特别是电子商务数据库系统中保存着大量有关国家、社会和公众的重要信息，保证数据库的长期平稳运行更显得极其重要。

6.3.2 逻辑数据库设计

数据库概念设计阶段使我们对数据库的结构、数据含义、数据间的相互关系等有了一个全面的了解，它的结果通常用 E-R 模型来表示。为了使概念设计和我们选定的 DBMS 协同工作，就必须将概念模式进行映射，在选定的 DBMS 的数据模型基础上创建数据库的概念模式和外模式，实现用户的需求。这就是逻辑设计阶段需要完成的工作。

逻辑设计的映射过程可以分为以下两个阶段。

1. 将 E-R 模型向关系模型转化

这种转化的主要工作是将 E-R 图转化为等价的关系模式。这个过程比较直接，在前面的章节中已经介绍过，我们简单回顾一下一些通用步骤。

(1) 将 E-R 图中不被 DBMS 支持的数据类型作适当的修改。

(2) 将 E-R 图中某个实体的复合属性转换为简单属性。

(3) 将每一个实体转换为一个关系，将实体的属性和码作为关系的属性和关键字。

(4) 将每个一对一的联系转换为一个独立的关系，或者和任意一端的关系合并。转换成独立的关系时，与该联系相连的实体的码以及联系本身的属性均转换成关系的属性，各实体的码都可以作为该关系的关键字。如果与某一端关系合并，则需要在该关系中加入另一端关系的关键字和联系本身的属性。

(5) 将每一个多对多的联系转换为一个新的关系，将与该联系相连的实体的码以及联系本身的属性作为新关系的属性，将各实体的码组合成该关系的联合关键字。

(6) 对于一对多的联系一般不单独建立关系，而是将一方的关键字放入多方关系的属性集中，并设为外关键字。

表 6.4 是对 E-R 模型与关系模型之间对应关系的简单总结。

表 6.4 E-R 模型与关系模型之间对应关系

E-R 模型	关系模型
实体类型	"实体"关系
$1:1$ 或 $1:n$ 联系类型	外码（或"联系"关系）
$m:n$ 联系类型	"联系"关系和两个外码

2. 优化关系模型

优化处理主要对上面获得的逻辑模式雏形进行规范化处理，同时根据选定的 DBMS 在实现数据模型时的特性和约束"裁剪"模式，使它更好地与选定的数据模型融合。规范化处理主要借助前面学习的规范化理论，一般要求达到第三范式，但并不是规范化程度越高越好。为了使数据库的合理性和性能达到最优平衡，往往需要反复调整第一阶段获得的模式，对各关系和关系中的属性作进一步改进。

例如，我们通过一个名为 ORGANIZATION 的模拟企业数据库应用实例深入了解一下 E-R 图在数据库模式设计中的作用。我们将首先列出 ORGANIZATION 的数据需求，然后通过 E-R 模型建模，一步一步创建该数据库的概念模式。之后再利用上面介绍的步骤，将 E-R 图转换成相应的关系模式。

ORGANIZATION 数据库主要记录某企业中工作人员、部门以及各部门负责的主要事务的情况。假设经过需求收集和分析后,数据库设计人员列出了对这个"微观世界"的主要描述。

① 该企业包括 6 个部门,每个部门有唯一的名称、唯一的编号,并且由一位特定的工作人员(部门管理者)来管理这个部门。当然部门管理者会有一定的任期,我们需要记录该管理者开始担任领导职务的日期。

② 一个部门会负责多项事务,每项事务有唯一的名称、唯一的编号和唯一的发生地点。

③ 对于每位工作人员,都需要记录他(她)的姓名、性别、出生日期、联系住址、联系电话、身份证号、社会保险号和收入情况。每位工作人员只在某个部门有岗位编制,但可以参与到多项事务的处理中,有些事务也可能需要多个部门联合负责和处理。另外,还需要记录每位工作人员参与某个事务处理的起止时间,同时记录每位工作人员的直接领导者。

④ 另外,由于特殊原因,还需要掌握每位工作人员的主要社会关系的情况,包括主要社会关系的姓名、性别、出生年月、工作单位以及与该工作人员的关系。

(1) 分析实体及属性。

首先,我们来分析在这个"微观世界"中存在哪些实体,各实体又具有哪些属性。实体是现实世界中独立存在的"事物"。仔细分析上面的描述,我们看到在 ORGANIZATION 中存在以下 4 个实体:工作人员(Employee)、部门(Department)、事务(Transaction)和工作人员主要社会关系(Relative)(如图 6.3 所示)。

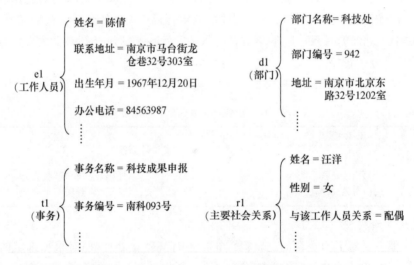

图 6.3 ORGANIZATION 中的实体及其属性值

① 实体类型工作人员。

实体类型工作人员具有如下属性:姓名、身份证号、社会保险号、性别、联系地址、邮政编码、联系电话、出生年月、收入情况、所属部门编号和领导者身份码等。其中,联系地址和联系电话是复合属性,因为联系地址中除了实际地址以外可能还有邮政编码等,联系电话则可分为家庭电话、办公电话、移动电话等。这些可能没有在用户需求中体现出来,因此,必须向用户去了解一下有没有这样划分的必要。

② 实体类型部门。

实体类型部门具有如下属性：部门名称、部门编号、地址、管理者身份码和管理者上任时间。部门名称和部门编号都可以作为实体的码属性，因为它们中的每一个都被指定为具有唯一的值。

③ 实体类型事务。

实体类型事务具有如下属性：事务名称、事务编号、事务发生地点和事务负责部门编号。名称和编号都可以作为实体的码属性。

④ 实体类型主要社会关系。

实体类型主要社会关系具有如下属性：姓名、性别、出生年月、工作单位、相关的工作人员以及与该工作人员关系。

另外，需求描述中还要求表述以下两个事实，即工作人员可以参与多项事务的处理，以及记录每位工作人员参与某项事务处理的起止时间。我们可以通过在相关实体的某个多值复合联系属性中表示的方法来解决。具体的方法我们将在后面详细介绍。

（2）分析各实体间的联系。

接着我们来分析各实体之间存在怎样的联系。在我们的例子中可以确定以下的联系类型。

① 管理。

这是工作人员和部门之间的一个一对一的联系类型。这里的工作人员特指部门管理者，通常一个部门只有一个最高管理者，一个管理者也只负责一个部门。另外，我们在这个联系类型上增加一个属性"上任时间"，表明某管理者从何时开始负责该部门。

② 编制。

这是部门和工作人员之间的一个一对多的联系类型。一个部门可以包含多个工作编制，一个工作人员只在一个部门有编制。

③ 负责。

这是部门和事务之间的一个一对多的联系类型。一个部门可以负责多项事务，一项事务只能由一个部门负责。

④ 领导。

这是工作人员（充当领导角色）和工作人员（充当下属角色）之间的一个一对多的联系类型。一个领导可能有多个下属，一个下属则只有一个直接领导。

⑤ 处理。

这是工作人员和事务之间的一个多对多的联系类型。可以有多人共同处理一个项目，一人也可以同时参与到多项事务处理中。

⑥ 主要社会关系。

这是工作人员与主要社会关系间的一个一对多的联系类型。即使两个不同的工作人员的主要社会关系可能相同（如兄弟同时在同一机构工作且未婚），我们仍然将其主要社会关系视作不同的实体。

在确定了以上6个联系类别后，还有很重要的一步就是将联系中已有的所有属性从前面定义的实体类型属性中删除。需要删除的属性包括：部门中的管理者和上任时间；事务中的事务负责部门;工作人员中的所属部门和直接领导;主要社会关系中的相关的工作人员。这样可以尽量避免数据库概念模式中的冗余。

(3) 画数据库的整体 E-R 图。

在把实体、实体间的联系和它们的属性都分析清楚后,就可以采用规范的符号画出 ORGANIZATION 数据库的整体 E-R 图(如图 6.4 所示)。

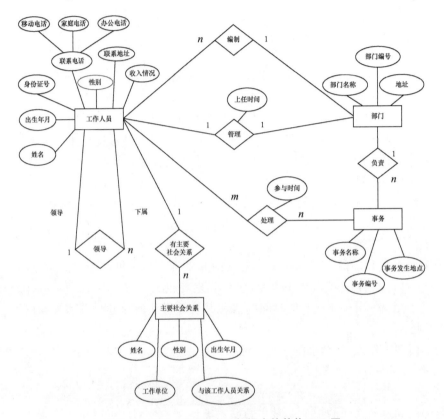

图 6.4　ORGANIZATION 数据库的整体 E-R 图

下面我们利用前面介绍的从 E-R 图向关系模型转换的基本步骤,将 ORGANIZATION 数据库的 E-R 图映射到关系模式,得到的关系如图 6.5 所示。

① 实体类型"工作人员""部门""事务"和"主要社会关系"直接转换为四个实体关系"工作人员""部门""事务"和"主要社会关系"。

② 1∶1 的二元联系类型"管理",我们采用将它与和其相关联的"部门"关系进行合并。而与其相关联的另一个关系"工作人员"的主码变成"部门关系"的外码,并重新命名为"管理者身份码"。"管理"联系类型自身的属性"上任时间"也被并入部门中,重新命名为"管理者上任时间"。

③ 1∶n 的二元联系类型"编制""负责"和"领导"同②中的"管理"。其中,"编制"并入"工作人员"关系,并将"部门"关系的主码"部门编号"改名为"所属部门编号"后作为"工作人员"关系的一个外码;"负责"并入"事务"关系,并将"部门"关系的主码"部门编号"改名为"负

责部门编号”后作为“事务”关系的一个外码；“领导”是一种递归的联系类型，因此，将“工作人员”的主码作为其自身的外码，并改名为“领导者身份码”。

工作人员

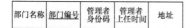

身份证号	姓名	性别	出生年月	联系地址	邮政编码	移动电话	家庭电话	办公电话	收入情况	所属部门编号	领导者身份码

部门

部门名称	部门编号	管理者身份码	管理者上任时间	地址

事务

事务名称	事务编号	事务发生地点	事务负责部门编号

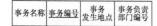

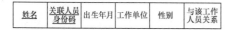

主要社会关系

姓名	关联人员身份码	出生年月	工作单位	性别	与该工作人员关系

处理

事务编号	工作人员身份码	参与时间

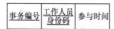

图 6.5 ORGANIZATION 数据库的关系

④ $m:n$ 的二元联系类型“处理”直接转换成关系处理，并将与它相连的“事务”关系和“工作人员”关系中的主码更名后作为它的外码。它自身的属性“参与时间”也被并入。

6.3.3 物理设计

1. 物理设计决策中的影响因素

物理数据库设计就是为数据库文件确定存储结构和存取路径，为各种数据库应用提供一个最合适的物理结构。一般而言，每个 DBMS 都提供了多种文件组织和存取路径，包括多种索引类型、相关记录的聚集、使用指针连接相关记录等。一旦确定使用哪种 DBMS，物理数据库的设计就只能从给定的 DBMS 提供的方案中选择一个最为合适的。我们首先来认识一些在物理设计决策中经常会用到的指标。

(1) 响应时间。

响应时间即从提交数据库事务后到收到相应结果所花费的时间。影响响应时间的主要因素是事务在调用数据项时数据库的存取时间，这是由 DBMS 控制的。一些非 DBMS 因素也会影响响应时间，如系统负荷、操作系统调度以及通信延迟等。

(2) 空间利用。

空间利用就是磁盘上数据库文件及其存取路径结构所占用存储空间的大小，包括索引和其他存取路径。

(3) 事务吞吐量。

事务吞吐量即每分钟系统处理事务的平均数量。这个参数对于一些实时操作系统非常重要。

在不同的物理设计中,可以利用分析技术和实验技术来估计上面这些指标的平均值和最坏值,以确定物理设计是否满足性能需求。

2. 索引设计策略和数据库调整

下面我们着重介绍一下索引设计策略和数据库调整问题。

(1) 索引设计策略。

首先,我们来看看索引的设计问题。在关系数据库中,数据存取方式的设计主要指索引设计。数据库的索引就像我们常见的图书索引一样,主要方便在大量数据中快速查询某些特定记录。我们常常根据需要在记录的某一属性上建立索引。索引的物理设计涉及以下几个问题。

① 是否为某个属性建立索引。

如果该属性是主码或是外码,或者经常在查询条件中出现,就应当考虑为该属性(组)建立索引。

② 是否要建立多个索引。

如果某些表是以读为主或是只读的,则应当在存储空间允许的情况下多建索引,这样查询时就可以只扫描索引而不需要检索数据,查询效率可以提高。

③ 是否使用聚簇索引。

许多 DBMS 为了提高某个属性(组)的查询速度,会将在这些属性上取值相同的元组集中放在连续的物理块上,这种操作称为聚簇,该属性称为聚簇码。通常,大部分 DBMS 还会使用关键字 CLUSTER 在聚簇码上建立一个聚簇索引。使用聚簇索引可以大大提高按聚簇码进行查询的效率。但是,聚簇方法改变了元组存放的物理结构,为了建立和维护它需要很大的开销;同时,聚簇的改动会引起相关的索引失效和元组存储位置的变动,因此对聚簇的使用应当仔细权衡。一般当查询只涉及索引的搜索时,就不应当将相应的索引聚簇。

(2) 数据库调整。

随着数据库的运行,可能会发现一些初始物理设计所忽视的问题,这时就需要对数据大小及活动量做出评测,不断监控并修改物理数据库设计,这就是数据库调整。物理设计和调整之间的分界线非常模糊,调整是设计的一个不断修正的过程。下面简单讨论一下各种数据库设计策略的调整问题。

① 索引的调整。

有时由于下列情况的出现,必须对索引的设计进行修改。

a. 由于缺少索引,某些查询的执行时间过长。

b. 某些索引自始至终未被使用。

c. 由于索引所在的属性频繁改动,导致索引的系统开销过大。这时,就可能需要删除某些索引,同时增加一些新的索引。

② 数据库设计调整。

我们通常会对关系模式进行规范化处理,从而将逻辑相关的属性分散到不同的表中,使得数据库冗余最小化,避免更新异常,保证数据库的一致性。但是有些时候为了使频繁用到的查询和事务处理能够得以高效率的执行,就必须牺牲规范化目标,将符合较高范式的数据库设计转换为符合较低的范式,这个过程叫作逆规范化。这是数据库设计中经常发生的一种调整。

另外,我们还会根据实际情况对某个关系进行垂直划分或水平划分。例如,我们前面介绍的 ORGANIZATION 数据库中的工作人员关系表(身份证号、姓名、性别、联系电话、收入情况、所在部门),因为查询工作人员收入情况时很少需要知道他们的联系电话,因此,我们将它划分成两个表:工作人员表 1(身份证号、姓名、性别、联系电话)和工作人员表 2(身份证号、所在部门、收入情况)。这样,查询工作人员收入情况的效率就会提高。这种划分称为垂直划分。如果我们将工作人员关系表按照部门划分成多个不同的表,每张表具有相同的属性集,但元组不同,这种划分称为水平划分。

6.3.4 数据库实现、测试和调整

在逻辑设计和物理设计结束后,就可以着手对数据库系统进行实现了。通常借助 DDL(数据定义语言)和选定的 DBMS 的 SDL(存储定义语言)语句,创建数据库模式及空的数据库文件,然后向数据库装载数据。装载数据既可以让专门的录入人员进行人工输入,也可以将以往系统中的数据导入新数据库中,一般的 DBMS 都提供了相应的工具。实现阶段顺利完成后就进入试运行和调试阶段。

随着数据库需求的改变,常常需要增加或删除现有的某些数据库文件,创建新索引,或对某些文件重组织。只要数据库或系统的性能有了变动,就需要对数据库不断进行调整,这是无法避免的。具体的调整方法与物理设计阶段的数据库调整方法类似,我们就不再重复了。

6.4 电子商务平台数据中心

电子商务系统的建设已经历经了多年发展,但由于种种原因已形成了严重的"信息孤岛"现象,大量无法共享的数据既造成了信息资源的浪费,又严重阻碍了企业效率的提高,与电子商务建设的初衷不相符合。因此,有必要探索一条道路,建设一个可以跨平台使用的电子商务平台数据交换中心,使电子商务的应用与其底层的数据结构和存储方式无关,既可以实现数据的无缝交换和共享访问,保证各业务系统的有效协同,同时又能保证各应用系统的相互独立性和低耦合性,从整体上提高系统运作效率和安全性。下面我们主要以北京慧点科技开发有限公司和倍多科技提出的数据中心解决方案为基础,介绍数据中心的基本概念和架构。

6.4.1 电子商务平台数据交换中心建设背景

如何在保证信息安全的前提下,摆脱目前各部门、各系统的信息无法沟通、各自为政的局面,实现局域、广域、异构操作系统和数据库环境下的信息集成,将分散的信息资源更好地统一、整合、管理,并通过电子商务信息门户呈现出来,实现以数据仓库为基础的综合查询、统计分析、数据挖掘、商务协同系统开发已成为提高各类电子商务应用水平的关键考虑。商务信息的存储、加工、传递和使用已经不能仅仅采用独立的数据库系统。

基于数据交换中心的统一商务交换平台不同于传统的"点对点"互连的方式。以有 6 个

应用系统的情况为例,如果采用传统的"点对点"互连的方式,则需要 30 个接口。而如果采用数据交换中心技术,则只需要 12 个接口(如图 6.6 所示)。传统的"点对点"互连方式接口标准是因连线两端的系统而异的,而采用数据交换中心技术则可以为不同的应用系统制定统一的接口标准。

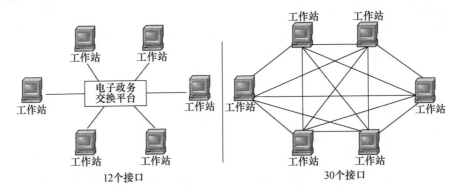

图 6.6　基于数据交换中心的统一商务交换平台和传统的"点对点"互连方式

6.4.2　数据交换中心概述

数据交换中心是:

(1) 信息资源数据库的存储中心和管理服务中心;

(2) 数据交换服务中心——在政府和企业、各企业业务数据共享等应用中提供数据交换;

(3) 网上商务服务系统的公众数据交换中心;

(4) 企业决策支持中心——进行数据挖掘、分析和比较,提供辅助决策信息。

数据交换中心与传统意义上的数据中心有什么区别呢?

传统意义上的数据中心实质上是一个数据存储中心或者是数据仓库。应用系统所能够提供的数据服务先以某种形式转移到数据存储中心,其他应用系统再从数据存储中心获得数据。数据存储中心存在实时性差、应用系统与存储中心之间及应用系统之间的耦合程度比较严重、系统安全性较低等不足。

数据交换中心采用 Web 服务技术进行组件和应用系统的包装,将系统的数据展示和需求都看作一种服务,通过服务的请求和调用实现系统间的数据交换和共享。应用系统所能提供的数据并不需要先复制到数据交换中心的中心数据库中,而只是以 Web 服务的形式发布出来,只有当用户发出服务请求的时候,数据才从应用系统经过数据交换中心直接传递到用户。这样用户所得到的永远是最新的信息。

当应用系统中的数据格式变更或增加了新的数据时,只需要以新的 Web 服务发布出来,用户就可通过数据交换中心使用服务并获得相应数据。数据交换中心和客户端都不需要做任何改动,这就实现了系统之间的低耦合性。

数据交换中心利用电子商务安全平台所提供的安全机制来保证系统和数据的安全。当应用系统申请进行数据查询和更新操作时,必须通过安全可信的 Web 服务在权限管理的控制下进行数据交换和数据传输，从而提高了系统和数据的安全性。

6.4.3　数据交换中心架构描述

1. 数据交换中心的相关技术

数据交换中心的架构与以下技术密切相关，即 Web 服务、XML 和数据仓库。

（1）Web 服务。

很多 IT 人士认为，Web 服务是指支持某组织的应用软件通过互联网与其他应用进行通信所需的软件工具。Web 服务平台是一套标准，它定义了应用程序如何在 Web 上实现互操作性。用户可以用任何自己喜欢的语言，在不同的平台中编写 Web 服务，从而通过 Web 服务的标准来对这些服务进行查询和访问。这种计算机间的通信常用的格式是 HTML，但现在新的 Web 服务往往用 XML 实现。

（2）XML。

XML（扩充标注语言）和 HTML（超文本标注语言）一样，也是在 SGML（Standard Generalized Markup Language，标准通用标注语言）的基础上发展起来的。XML 包含有 HTML 没有的数据管理能力，它和 HTML 有两个重要区别：第一，XML 不是已定义标记的标注语言，它只是一个框架，任何人都可以在这个框架下创建自己的标记集；第二，XML 标记不是用来指定文字的页面显示形式，而是用来表示文字信息的含义（语义）的。XML 通过提供更灵活和更容易被接收的信息标识方法来改进 Web 的功能。

（3）数据仓库。

著名的数据仓库专家荫蒙在其著作《数据仓库》一书中对数据仓库给予以下描述：数据仓库是一个面向主题的（Subject Oriented）、集成的（Integrate）、相对稳定的（Non-Volatile）、反映历史变化的（Time Variant）数据集合，用于支持管理决策。对于数据仓库的概念我们可以从两个层次理解。首先，数据仓库用于支持决策，面向分析型数据处理，它不同于操作型数据库；其次，数据仓库是对多个异构的数据源进行有效集成，集成后按照主题进行了重组，并包含历史数据，而且存放在数据仓库中的数据一般不再修改。

2. 数据交换中心的一般架构

数据交换中心的整个体系结构是一个星形结构。数据交换中心处于中心位置，它是实现数据共享和交换的中心，通过标准化的 Web 服务接口为每个数据交换节点提供服务。每个数据交换节点只需要与数据中心通过 Web 服务进行交互，并通过 XML 进行数据转换，而不需要相互直接连接访问就可以获取到所需要的数据。数据中心的整体行为就像一个虚拟的中心数据库，同时又像一个交换机。整个数据共享和交换的底层实现和存储机制对各应用节点是透明的。该结构耦合性低，并且很容易扩展为层次的雪花形结构，构建出多级的数据中心结构，以支持更大范围的广域方案。

电子商务数据交换中心完成数据的存储、格式转换和数据交换，它由一系列中间件、服务、Web Service 接口以及中心数据仓库组成。其核心组件包括数据交换引擎、安全管理、系统管理、Web 服务管理以及 Web 服务接口（如图 6.7 所示）。

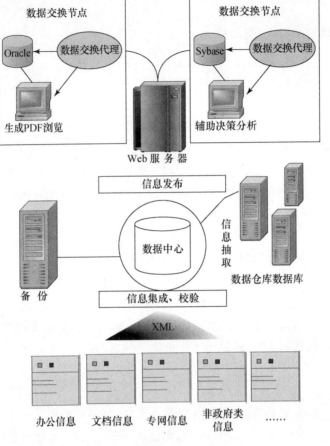

图 6.7　电子商务平台数据交换中心总体架构

3. 数据交换中心提供的服务及其优点

（1）数据交换中心提供的服务。

① 数据交换引擎。

实现数据交换的核心功能,提供模式管理、数据变换和交换等服务。

② 安全管理服务。

借助于电子商务的安全和信息服务平台实现用户管理、身份认证和授权管理等服务,安全管理服务中的安全中间层还提供安全的 Web Service 服务,管理 Web 服务会话,实现安全的数据交换。

③ 系统管理服务。

实现对系统的配置管理和状态监控。通过系统管理服务配置数据中心各部分的运行参数,服务的启停控制,监控整个系统的运行状态。

④ Web 服务管理。

提供对 Web 服务的注册管理和发布功能。通过 Web 服务管理,各数据交换节点代理向数据中心注册自己的数据交换 Web 服务。数据中心根据注册的信息进行 Web 服务的路由,主动调用数据交换节点的数据访问服务来向数据交换节点传送数据,或从数据交换节点获取数据。

⑤ Web 服务接口。

向外部应用程序和数据交换节点展示数据交换的相关 Web 服务。Web 服务的实现可以是基于 HTTP、邮件 SMTP 以及 SOAP 等各种协议的,可以是异步的也可以是同步的。Web 服务接口通过安全管理服务来实现可信的 Web 服务调用。

⑥ 中心数据仓库。

中心数据仓库提供数据转储和数据仓库功能。采集和交换过程中的数据可以转储到中心数据仓库,并在转储过程中提供数据的正确性和一致性校验功能,从而保证了数据权威性。中心数据仓库还为传统应用程序提供了一个全局的关系数据共享视图,利用本地数据库连接工具可进行复杂关系数据的批量检索、统计查询和数据管理。基于中心数据仓库还可以提供数据挖掘、分析、比较等功能,提供决策辅助信息。

数据交换代理代表业务应用系统主动参与数据交换事务。根据信息服务要求,触发业务应用系统的内部处理流程,并反馈相应结果。

(2) 数据交换中心的优点。

数据交换中心以目前最流行的 Web 服务技术和 XML 数据库为核心,建立起一个标准和开放的信息平台,通过统一的数据管理模式,将传统的结构化信息和文档、表格、声音、图像等非结构化信息全部整合。同时它还具有很强的扩展性,能够灵活地根据实际需求调整层次,对于电子商务数据处理是非常合适的选择。

① 强大的数据集成功能。

数据交换中心能够完成跨平台异构应用系统的数据共享和集成,它支持两种类型的数据共享和集成,即分布式的数据集成和集中式的数据共享。

对于新的应用系统以及已有的采用中间件的 J2EE 应用,可以实现分布式的数据集成。在这种情况下,数据存放在应用系统自己的数据库中,每个应用节点通过建立 Web 服务来展示自己所能提供的数据的模式,在接到数据服务请求时,通过 Web 服务调用来向外提供数据服务,在交换过程中使用 XML 来封装数据。

对于网络状况不好的一些应用(如公安系统的数据不能直接连接到商务网上),或者原来是基于 C/S 结构的构造的应用,改造成 Web 服务的成本会比较高,这时可以采用一个集中的中心数据仓库来实现数据共享。相关应用把自己可以在商务网范围内公开的数据更新到中心数据仓库,其他应用则通过数据交换代理提出数据请求,从中心数据仓库中获取需要的数据。

② 支持跨平台异构应用系统。

数据交换中心利用 Web 服务技术来实现,以 SOAP 作为安全通信的基础,以 XML 为跨平台数据交换的技术,以 Java 为跨平台代码交换的技术,建立了各商务应用系统沟通和对社会服务的接口标准和服务标准,实现了良好的数据封装、交换和共享,提供了很好的互操作性。

③ 完善的安全机制。

数据交换中心利用电子商务安全平台来保证数据交换和传输中的安全。利用电子商务安全平台的身份认证和授权管理，可以控制用户的数据请求和访问权限。通过严格的身份验证和权限管理，可以很好地保证系统的安全。

4. 数据交换中心的应用前景

在电子商务应用中，政府各职能部门的业务系统常常需要进行数据的交换和共享，如公安、计生、民政、社保等系统通常需要用到公民的身份等信息，而工商、税务、海关等系统又需要对企业的经营数据进行处理。利用数据交换中心，可以只在一个最相关的系统中存储数据，其他系统通过数据交换中心提供的数据服务来获取相应的数据，从而实现数据的集成与整合，并且最大限度地保证数据的一致性和安全性。利用数据交换中心，能够更好地支持电子商务中的一站式服务，通过数据的交换和集成实现各业务系统的业务集成。

基于数据交换平台构建的企业信息门户网站，可以快速集成各种信息、数据和应用，如MS Exchange、Lotus Notes等非结构化的协作办公系统，Oracle、SQL Server、DB2等关系数据库，以及类似SAP的ERP系统等应用系统，从而形成可伸缩的应用集成体系结构，保证以往投资得以重复利用，降低信息化成本。另外，通过设计强大的XML检索引擎，可以实现高性能的XML电子公文交换。除此之外，还可以利用内容和风格的个性化定制、智能化的推送服务和快速信息发布等XML技术的先天优势，实现个性化的快速信息发布。

6.5　本章小结

本章介绍了数据库系统的设计过程。首先介绍了信息系统生命周期和数据库生命周期的概念，并以图示的方式说明数据库设计流程包括需求收集和分析、概念数据库设计、DBMS的选择、逻辑设计、物理设计以及系统实现和调试等环节。然后结合实例重点介绍了数据流程图、数据字典等分析工具的使用。最后，通过一个模拟的ORGANIZATION数据库的例子，详细说明了如何利用E-R图这个重要的工具逐步完成系统从初始数据需求到逻辑模式实现的过程。

在了解数据库设计的基本理论和方法的基础上，本章针对目前电子商务数据库开发中出现的"信息孤岛"问题，介绍了一种新型的数据管理模式——电子商务平台数据交换中心。着重介绍了数据交换中心提出的背景和它与传统模式相比具有的优点，给出了一个一般性的总体架构示意图。最后，对数据交换中心的应用前景做了展望。

6.6　本章习题

1. 数据库设计分为哪几个阶段？对每个阶段进行讨论。

2. 在初步调研过程中，开发人员容易犯什么样的错误？收集资料进一步说明如何开展有效的需求调研。

3. 考虑一个你感兴趣的现实的数据库系统应用。按照所需的数据、查询类型和待处理的事务，定义不同层次用户的需求。

4. 概念设计有哪些策略？进行概念设计时,获得的数据模型是否与系统相关？目前常用的工具是什么？

5. 讨论组织内影响信息系统 DBMS 选择的因素。

6. 影响物理数据库选择的重要因素是什么？

7. 讨论关系数据库中索引的调整。

8. 讨论"信息孤岛"出现的主要原因。

9. 查阅资料,了解关于 Web 服务、XML、数据仓库和虚拟化等更多的信息。

6.7　本章参考文献

1. Cristian Darie,等. ASP. NET 2.0 电子商务开发实战 [M]. 施游,等译. 北京:人民邮电出版社,2007.

2. 微软公司. MCSE 制胜宝典——Microsoft SQL Server2000 数据库设计与实现[M]. 孙巍,等译. 北京:清华大学出版社,2001.

3. 赵杰,等. SQL Server 数据库管理、设计与实现教程[M]. 北京:清华大学出版社,2004.

4. Ramez Elmasri,等. 数据库系统基础[M]. 3 版. 邵佩英,等译. 北京:人民邮电出版社,2002.

5. 张国锋,等. 管理信息系统[M].北京:机械工业出版社,2004.

6. 张莉,等. SQL Server 数据库原理与应用教程[M]. 3 版.北京:清华大学出版社,2012.

7. 刘亚军,高莉莎.数据库原理与应用[M].北京:清华大学出版社,2015.

8. Mary. 华为:以业务为导向,提供数据中心专业服务[EB/OL]. http://www.jifang360.com/news/201419/n808855594.html.

9. 吴爱华. 数据库应用系统开发过程、技术及案例详解[M]. 北京:中国人民大学出版社,2015.

10. 曹红根,丁永. 数据库应用系统开发实例[M]. 北京:北京交通大学出版社,2008.

第7章

电子商务数据库安全和保护

电子商务技术的发展给数据库的安全带来了新的挑战。现在全球每时每刻都有人用电子商务网站进行网上交易,同时在线交易人数和交易金额都非常庞大,而隐藏在这些交易背后的数据库的安全性就显得非常重要。这些数据库就像一座座金矿,吸引着人们的眼球。因此,怎么保证数据库中的数据安全就成为摆在我们面前的一个严峻挑战。本章从数据库保护的基础入手,引领初学者了解并掌握数据库安全保护的入门知识。

本章主要内容包括:

1. 数据库保护基础;
2. 数据库保护相关技术;
3. 数据库安全。

7.1 数据库保护基础

数据库服务器的应用相当复杂,掌握起来非常困难,现代的大型电子商务网站、电子银行以及高校的各种业务管理系统,其结构几乎都是建立在数据库的基础上的。安全专业人士、校验员、DBA 和电子商务的规划人员在部署重要商业系统时,都需注意到数据库的安全保护的问题。

在电子商务、电子贸易的着眼点集中于 Web 服务器、Java 和其他新技术的同时,应该记住这些以用户为导向和 B2B、B2C、C2C 的系统都是以 Web 服务器后的关系数据库为基础的。它们的安全直接关系到系统的有效性以及数据和交易的完整性、保密性。系统拖延效率欠佳,不仅影响商业活动,还会影响运营公司的信誉。

数据库的安全和保护包含多个方面的知识。作为电子商务的数据库规划者,既要考虑数据库本身的数据冗余和备份,在数据库服务器发生灾难(如硬盘损坏或者断电引起的硬件故障)时能尽快将数据库恢复到故障发生之前的数据状态,又要考虑如何有效地防范来自外部的入侵,有效地防止恶意用户利用数据库系统本身的安全漏洞入侵数据库系统,非法篡改数据库,获取机密信息等。

本章主要从数据库安全分析入手,从数据库保护的常规技术和数据库入侵的主要方式并结合实例来讨论数据安全和保护的相关问题。另外,为了有效地说明案例,本章所有讨论都是基于 Microsoft SQL Server 来展开的。

7.1.1　电子商务数据库安全分析

数据库是电子商务系统的基础,通常都保存着重要的商业伙伴和客户信息。大多数企业、组织以及政府部门的电子数据都保存在各种数据库中,程序设计者用这些数据库保存一些个人资料,并掌握着敏感的金融数据。但是,数据库通常没有像操作系统和网络这样在安全性上受到重视。数据是企业、组织的命脉所在。

当代的大型商务网站的系统结构一般分为以下几层(如图 7.1 所示)。

(1) 数据访问层。数据访问层实现对数据的访问功能,如增加、删除、修改、查询数据。

(2) 业务逻辑层。业务逻辑层实现业务的具体逻辑功能,如选择货物、处理折扣、提交订单等管理。

(3) 页面显示层。页面显示层将业务功能在浏览器上显示出来,如分页显示商品的信息等。

在这三层结构中,数据库所起的作用是电子商务数据的永久存储,记录业务逻辑处理的结果,如一个客户登录系统后的剩余货币、历史交易情况等。因此,保障数据库服务器上的网络访问和操作系统数据安全是至关重要的。

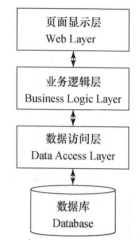

图 7.1　Web 系统的三层体系结构

在许多的程序设计者中普遍存在着一个错误概念,他们认为:一旦访问并锁定了关键的网络服务和操作系统的漏洞,服务器上的所有应用程序就得到了安全保障。现代数据库系统具有多种特征和性能配置方式,可能会危及数据的保密性、有效性和完整性。第一代关系数据库系统都是"可从端口寻址的",这意味着任何人只要有合适的查询工具,就都可与数据库直接相连,并能躲开操作系统的安全机制。例如,可以用 TCP/IP 协议从 1433 端口访问 MS-SQL Server 数据库。另外,多数数据库系统还有众所周知的默认账号和密码,可支持对数据库资源的各级访问。若不经过特殊的处理,微软的 SQL Server 利用 Sa 账户可以访问整个数据库上的任何数据,这样一来很多重要的数据库系统就都很可能受到威胁。根据经验,入侵者利用数据库的漏洞来获得系统超级管理员密码,进而篡改数据的可能性往往远远大于通过系统漏洞获得 Root 密码来修改程序,甚至大于注入后门的可能性。

数据库安全的另一个方面是如何有效地保护数据。一个大型的商务网站,其数据库所保存的数据内容是相当可观的。这些数据一般都以物理文件的方式存储在硬盘或者专门的网络存储介质之中,如在 SQL Server 中数据就以〈databaseName〉.MDF 和〈databaseName〉.LDF 的格式存放。如果不注意日常的数据备份,一旦存储介质发生故障,就会导致所有的数据(包含用户信息、交易数据等)毁于一旦,这样的后果对于电子商务来说将是致命的打击。来自于内部的数据库安全的风险主要包含:① 主机系统故障;② 存储系统故障;③ 数据库系统故障(无法启动、数据表丢失、数据文件丢失);④ 文件丢失;⑤ 人为的误删除;⑥自然灾害、停电等。

所以,从以上的分析可以看出,保护电子商务数据库的安全应该从两方面来入手:一方面是防止外部恶意用户的入侵,窃取系统关键数据;另一方面是防止来自内部的威胁,做好日常的备份,设置冗余,在操作系统瘫痪或者存储发生故障时,可以立即恢复数据,保证系统的正常运转。

7.1.2 电子商务数据库保护常规技术

本节以 SQL Server 为例讲述如何利用一些有效的措施来防范来自外界的数据库入侵。

在进行 SQL Server 2005 数据库的安全配置之前,用户首先必须对操作系统进行安全配置,保证操作系统处于安全状态,然后对要使用的数据库程序进行必要的安全审核。

1. 使用安全的密码策略

在安装 SQL Server 的过程中,就应该对 Sa 账户设置非空的密码,同时不要让 Sa 账户的密码写于应用程序或者脚本中。对于 ASP 程序的开发,尤其需要注意不能让访问者可以以明文的方式下载或者读取数据库配置的文件,并尽量不要使用常规的文件名来存放数据库连接的信息,如 include.inc 等。同时,应养成定期修改密码的好习惯。

数据库管理员应该定期查看是否有不符合密码要求的账号。例如,可以在查询分析器中使用下面的 T-SQL 语句来查看是否有危险账号。

```
USE master
SELECT name,Password FROM syslogins WHERE password is null
```

2. 使用安全的账号策略

由于 SQL Server 不能更改 Sa 用户名称,也不能删除这个超级用户,所以,我们必须对这个账户进行最强的保护。当然,这种保护包括使用一个非常强壮的密码。最好在不同的应用系统中单独设置该系统的数据库管理员账户和密码,只有当没有其他方法登录到 SQL Server(如当其他的系统管理员不可用或忘记了密码)时才使用 Sa 账户。

SQL Server 的认证模式有 Windows 身份认证和混合身份认证两种。如果数据库管理员不希望操作系统管理员通过操作系统登录来接触数据库的话,可以在账户管理中把系统账户"BUILTIN\Administrators"删除。

很多主机使用数据库应用只是用来做查询、修改等简单的功能,因此,应根据实际需要来分配账号,并赋予仅仅能够满足应用要求和需要的权限。例如,对于只要查询功能的主机,那么就使用一个简单的 queryUser 账号使之能够执行 SELECT 语句即可。

3. 尽可能不要让数据库服务器拥有外部 IP 地址

在现代的大型商务网站中,数据库的性能往往是应用的瓶颈所在。为了提高数据的并发访问能力,我们常常将数据库服务器和应用服务器分开,各自使用一台或者多台服务器。这样给我们带来的另一个便利就是可以将数据库服务器从外网上隔离开来。例如,我们可以让应用服务器拥有两个地址,其中一个是内部的 IP,如 192.168.0.100,而数据库服务器可以设置成192.168.0.101,这样可以有效地防止外来的 TCP(Transmission Control Protocol)探测,从物理网络上防止外部入侵。

4. 拒绝端口探测

如果出于成本的考虑,必须要将数据库服务器和应用服务器合并(数据库服务器拥有外部 IP),则可以通过以下方法来防止端口的探测。

(1) 更改原默认端口。

在实例属性中选择"网络配置"中的"TCP/IP 协议"的属性,将 TCP/IP 使用的默认端口变为其他端口。显示界面如图 7.2 所示。

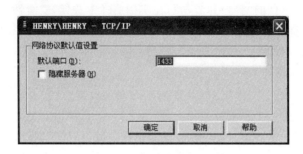

图 7.2 更改原默认端口

(2) 隐藏服务器。

外部通过微软未公开的 1434 端口的 UDP(User Datagram Protocol)探测可以很容易地知道 SQL Server 使用的是什么 TCP/IP 端口,但是如果数据库管理员在"实例属性"中选择"TCP/IP 协议的属性",并选择"隐藏 SQL Server 实例",则将禁止对试图枚举网络上现有的 SQL Server 实例的客户端所发出的广播做出响应。这样,别人就不能用 1434 来探测用户的 TCP/IP 端口了(详见图 7.2 隐藏服务器)。

5. 剔除一些有安全隐患的存储过程

多数应用中用不到太多的系统存储过程,而 SQL Server 的这么多系统存储过程只是用来适应广大用户需求的,删除不必要的存储过程能很容易地防止外部入侵者利用它们来提升权限或进行破坏。如果用户不需要扩展存储过程 xp_cmdshell,就请把它去掉。相应 T-SQL 语句如下:

```
USE master
sp_dropextendedproc ´xp_cmdshell´
```

xp_cmdshell 是进入操作系统的最佳捷径,是数据库留给操作系统的一个大后门。如果用户需要这个存储过程,用下面这个语句也可以恢复过来。

```
sp_addextendedproc ´xp_cmdshell´, ´xpsql70.dll´
```

应注意去掉不需要的注册表访问的存储过程,注册表存储过程甚至能够读出操作系统管理员的密码。相应 T-SQL 语句如下:

```
xp_regaddmultistring,xp_regdeletekey,xp_regdeletevalue
xp_regenumvalues,xp_regread,xp_regremovemultistring,xp_regwrite
```

6. 对网络连接进行 IP 限制

应尽量避免过多的机器能登录数据库服务器。由于 SQL Server 本身并没有网络连接方面的安全解决方案,因此,我们可以采用安装第三方防火墙或使用 Windows 操作系统的 IP 安全策略来实现 IP 数据包的安全性控制。应对 IP 连接进行限制,只保证应用服务器的 IP 能够访问,拒绝其他 IP 进行的端口连接,从而降低由于别的工作机被入侵而引起的安全隐患。

7. 定期查看数据库访问日志

审核数据库登录事件的"失败和成功",在实例属性中选择"安全性",将其中的审核级别选定为全部,这样在数据库系统和操作系统日志里面就详细记录了所有账号的登录事件。应定期查看 SQL Server 日志,检查是否有可疑的登录事件发生。

8. 安装最新的补丁包

数据库的生产商也在不停地为提升数据库的安全做努力,安装数据库的补丁可以有效地防止已经检测出来的安全漏洞被利用。

上面主要介绍了一些 SQL Server 的安全配置。经过以上的配置,可以让 SQL Server 本身具备足够的安全防范能力。当然,更主要的还是要加强内部的安全控制和管理员的安全培训,而且安全性问题是一个长期的解决过程,还需要使用中进行更多的安全维护。

数据库的安全还包含数据库内部的备份、容灾处理机制等,这些内容将在接下来的章节里进行详细论述。

7.2 数据库保护相关技术

7.2.1 数据库的备份与还原

1. 数据库的备份

为了防止数据库发生来自机构内部的风险,保证数据库资料的安全,我们往往采用定期对数据库进行备份的方式来防范风险。另外,也可出于其他目的的备份和还原数据库,例如,将数据库从一台服务器复制到另一台服务器。通过备份一台计算机上的数据库,再将该数据库还原到另一台计算机上,可以快速容易地生成数据库的复本。依照备份的类型不同,SQL Server 数据库的备份方案如下,显示界面如图 7.3 所示。

(1) 完全备份。

完全备份是数据库的完整复本。

(2) 差异备份。

差异备份仅复制自上一次完整数据库备份之后修改过的数据库页。

(3) 事务日志备份。

事务日志备份仅复制事务日志。

(4) 文件和文件组备份。

还原仅允许恢复数据库中位于故障磁盘上的那部分数据。

为了实现数据库的自动备份,我们还可以设置调度,定义每隔多长时间来定期自动完成数据库的备份操作(如图 7.4 所示)。

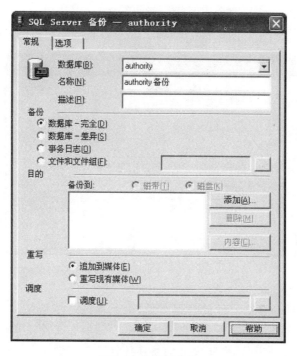

图 7.3　数据库备份

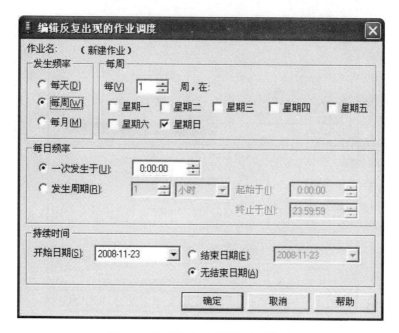

图 7.4　定期自动完成数据库的备份

2. 数据库的还原

当企业内部发生自然灾难(如火灾)或技术灾难(如 RAID-5 阵列的双磁盘故障)时,可以将所有的系统和数据快速还原到正常操作状态。

以 SQL Server 为例,数据完全还原的步骤如下。

(1) 选择数据还原时需要的备份文件(如图 7.5 所示)。

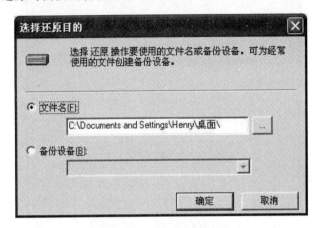

图 7.5　选择备份文件

(2) 选择日志文件和数据文件的物理路径,确保本机路径是存在的。如果使用的是文件和文件组的备份文件来进行还原,则只要还原受损的所在文件或文件组及其相应的事务日志。对于大型数据库来说,这将能大大加快还原速度。其缺点是比较难于管理。必须注意文件的完整性及事务日志备份的覆盖点(如图 7.6 所示)。

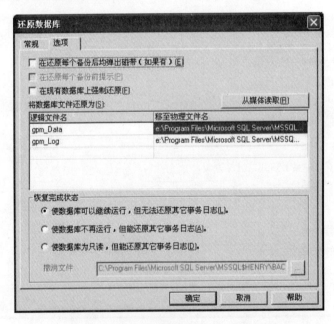

图 7.6　日志文件和数据文件的物理路径

3. 使用 T-SQL 语句进行数据库的备份与还原

为了方便程序的编写,用户还可以使用 T-SQL 语句进行数据库的备份和还原,示例如下。

(1) 建立备份的 T-SQL 语句。

```
USE master
ALTER database pubs
SET recovery simple
GO
IF exists(SELECT name FROM sysdevices WHERE name = ´DB05102FBK´)
exec sp_dropdevice ´DB05102FBK´
exec sp_addumpdevice ´disk´,´DB05102FBK´,´F:\0509\Backup\DB05102FBK´
--完全备份设备
GO
IF exists(SELECT name FROM sysdevices WHERE name = ´DB05102DBK´)
exec sp_dropdevice ´DB05102DBK´
exec sp_addumpdevice ´disk´,´DB05102DBK´,´F:\0509\Backup\DB05102DBK´
--差异备份设备
GO
IF exists(SELECT name FROM sysdevices WHERE name = ´DB05102LBK´)
exec sp_dropdevice ´DB05102LBK´
exec sp_addumpdevice ´disk´,´DB05102LBK´,´F:\0509\Backup\DB05102LBK´
--事务日志备份设备
GO
exec sp_addumpdevice ´disk´,´DB05102LBK2´,´F:\0509\Backup\DB05102LBK2´
--当前事务日志备份设备
GO
```

(2) 还原数据的 T-SQL 语句。

```
--还原上一次的完全备份.file 为要还原的备份集,一次备份产生一个备份集,norecovery 说明恢复
未结束.直到--最后一个日志恢复方指定为 recovery 或不指定(默认为 recovery).
RESTORE database DB 05102
FROM DB 05102FBK
WITH file = 4,norecovery
GO
--还原上面完全备份后的离现在最近一次的差异备份
RESTORE database DB 05102
FROM DB 05102dbk
WITH file = 29,norecovery
GO
```

7.2.2 容灾管理技术

数据容灾与数据备份都是为了防范当关键数据丢失时导致企业正常商务中断运行的情况而设计的。要保护数据,企业需要容灾系统。

数据容灾与数据备份的联系主要体现在以下几个方面。

(1) 数据备份是数据容灾的基础。

数据备份是数据使用的最后一道防线,其目的是为了在系统数据崩溃时能够快速地恢复数据。虽然数据备份也算一种容灾方案,但这种容灾能力非常有限,因为传统的备份主要是采用数据内置或外置的磁带机进行冷备份,备份磁带同时也在机房中统一管理,而一旦整个机房出现了灾难,如火灾、盗窃和地震等灾难时,这些备份磁带也随之销毁,所存储的磁带备份也起不到任何容灾功能。

(2) 数据容灾不是简单的数据备份。

真正的数据容灾就是要避免传统冷备份所具有的先天不足,它能在灾难发生时全面、及时地恢复整个系统。

按容灾能力的高低,容灾可分为多个层次。例如,国际标准 SHARE 78 定义的容灾系统有七个层次:从最简单的仅在本地进行磁带备份,到将备份的磁带存储在异地,再到建立应用系统实时切换的异地备份系统;恢复时间也可以从几天到小时级到分钟级、秒级或 0 数据丢失等。

对于 IT 而言,容灾就是提供一个能防止各种灾难的计算机信息系统。从技术上看,衡量容灾系统有 RPO(Recovery Point Object)和 RTO(Recovery Time Object)两个主要指标,其中 RPO 代表当灾难发生时允许丢失的数据量,而 RTO 则代表系统恢复的时间。

(3) 数据容灾不仅仅是技术,还是一个工程。

常见的容灾备份等级有以下几种。

(1) 第 0 级:为本地备份、本地保存的冷备份。这一级容灾备份实际上就是上面所指的数据备份。它的容灾恢复能力最弱,只在本地进行数据备份,并且被备份的数据磁带只在本地保存,没有送往异地。在这种容灾方案中,最常用的设备就是磁带机。当然,根据实际需要可以是手工加载磁带机,也可以是自动加载磁带机。

(2) 第 1 级:为本地备份、异地保存的冷备份。在本地将关键数据备份,然后送到异地保存,如交由银行保管。灾难发生后,按预定数据恢复程序,恢复系统和数据。这种容灾方案也是采用磁带机等存储设备进行本地备份,同样也可以选择磁带库、光盘库等存储设备。

(3) 第 2 级:为热备份、站点备份。在异地建立一个热备份站点,通过网络进行数据备份。也就是通过网络以同步或异步方式,把主站点的数据备份到备份站点。备份站点一般只备份数据,平时不起实际作用。当出现灾难时,备份站点接替主站点的业务,从而维护业务运行的连续性。这种异地远程数据容灾方案的容灾地点通常要选择在距离本地不小于 20 公里的范围,采用与本地磁盘阵列相同的配置,通过光纤以双冗余方式接入 SAN(Storage Area Network,存储区域网络)中,实现本地关键应用数据的实时同步复制。在本地数据及整个应用系统出现灾难时,系统至少在异地保存有一份可用的关键业务的镜像数据。该数据是本地生产数据的完全实时拷贝。对于企业网来说,建立的数据容灾系统由主数据中心和备份数据中心组成。

7.2.3　数据库保护的法律相关问题

对于数据库的法律保护问题,世界各国均以著作权法和反不正当竞争法保护为主流。

根据著作权法的立法原则,凡符合著作权法独创性要求的数据库,可以作为汇编作品得到著作权保护。不具有独创性的数据库一般可以通过反不正当竞争法得到保护。另外,有些国家,如丹麦、挪威、瑞典等则创设了一种新的数据库特殊保护制度,国际条例中如《与贸易有关的知识产权协议》(以下简称《TRIPS协议》)和《世界知识产权组织版权条约》(WCT)都持相同的立场。

1. 著作权法对数据库的保护

《保护文学和艺术作品伯尔尼公约》(以下简称《伯尔尼公约》)规定只有在其内容的选择与编排构成智力创作时的数据库才受著作权法保护。而TRIPS协议则规定,数据或其他材料的汇编,无论是采用机器可读形式还是其他形式,只要其内容的选择或编排构成智力创作,应予以保护。但这类保护不延及数据或材料本身,不得损害数据或材料本身已有的著作权。上述规定实际上是将数据库纳入作品范畴加以著作权保护,《世界知识产权组织版权条约》的立法思想与《TRIPS协议》相同。

我国的著作权立法中并未有关于数据库法律保护的明确规定,但《中华人民共和国著作权法》(以下简称《著作权法》)第十四条规定了编辑作品享有著作权,《中华人民共和国著作权法实施条例》将编辑作品解释为"根据特定要求选择若干作品或者作品的片段",这可以理解为数据库的一种类型,对于不具备独创性的数据库则没有纳入保护范围。后来,为了适应国际保护要求,于《实施国际著作权条约的规定》第八条规定"外国作品是由不受保护的材料编辑而成,但是在材料的选取或者编排上有独创性的,依照著作权法第十四条的规定予以保护。此种保护不排斥他人利用同样的材料进行编辑",这可以视为将外国人的数据库给予"超国民待遇"而纳入我国《著作权法》的保护范围。

在运用著作权法保护数据库的问题上,重要的是如何确定数据库独创性的认定标准及方法。由于数据库的核心价值在于所采集的信息内容,其采集的内容越全面价值就越高,但内容越全面就必然使编辑者对信息的选择余地越少,最终导致独创性越低。这种有别于普通作品的特点造成了现实需要与法律规定的直接冲突,就是信息量越大、越全面的数据库就越可能得不到著作权的保护。数据库对信息经济推动的作用毋庸多言,在现今法律缺乏完善的统一共识和规定的情形下,数据库保护关键性标准的实际可操作性成为今后法律规定和学者研究以及审判实务需要关注的重要话题之一。在司法实践当中,应当对数据库独创性的判断标准作宽松解释,并且应当低于对其他一般意义上作品的标准。本书认为,创作者或投资者只要付出大量的时间、人力、资产,对数据库进行收集、整理,证明其进行了足够的投资活动,即使数据库在内容的选择或编排上没有独创性,也仍可以获得对数据库内容的相关保护。

著作权对数据库保护的另一重要问题是:著作权弱保护问题。因为无论是国际公约、欧盟数据库保护指令还是我国的《著作权法》,都无一例外地表明:对数据库的保护仅限于其体系和结构,并不延伸至使用的材料。在传统经济复制成本很高的情况下,这种立法思想是可行的;但在网络经济时代,数据库仅仅是一大堆数字信息,复制相当容易而且价格低廉。如果数据库当中的内容可以任由他人复制,稍加改动就变成他人的劳动成果的话,会直接损害数据库原创者的经济利益,严重打击数据库产业不断创造发展的积极性,长远而言会对数据库产业造成错误的导向,助长投机取巧、盗版抄袭之风,最终导致数据库产业的萎缩和停滞。这是一个根本性的问题，无法在司法实践当中采取"便宜行事"的方法解决，立法才是最终解决问题之道。

2. 反不正当竞争法对数据库的保护

反不正当竞争法是知识产权法律保护体系的组成部分。著作权法、专利法、商标法等专门法律制度着眼于保护权利人自身的权利，但为了在保护个人利益的同时兼顾社会利益——保证市场经济的自由竞争度，这些权利都受到了严格的法律限制。而反不正当竞争法着眼于制止不同市场竞争主体之间的恶性竞争，保证各主体都以平等的法律条件参与市场竞争。由于各知识产权主体的法律权利最终往往以经济利益体现，而反不正当竞争法可以弥补著作权法的不足，保护数据库作者在对材料的收集、整理、编排等方面所作出的劳动和投资，所以，反不正当竞争法往往成为知识产权主体的最现实选择，成为数据库法律保护的"终极武器"。

运用反不正当竞争法保护知识产权，用意在于保护竞争而不是限制竞争，只要是合法的竞争，不存在垄断问题，即使有所谓"垄断"，也是国家鼓励和保护的，比如国家授予发明人以专利权，给予发明人一定期限的市场垄断权，目的是鼓励科技的创新和进步。数据库作者通过自己的努力，为社会提供更好、更全面的信息，在使社会受益的同时为自己带来经济效益，这种促进社会进步的行为应当受到法律的肯定和保护。

相对于国外发达的数据库产业，我国的民族产业相对薄弱，不保护数据库产业短期来看有利于信息的自由流通，但长远来看将给我国数据库产业的发展带来潜在风险。设想如果国内同行都乐于去免费享用别人的数据库并轻而易举地获得利益，谁还有动力去投巨资、冒风险开发自己的数据库？

在运用反不正当竞争法实施数据库法律保护时，侵权方比较常见的抗辩理由包括以下几个方面。

（1）权利主张者不具备主体资格。由于反不正当竞争法的适用范围是市场经营主体之间，因此权利主张者必须属于有独立法人资格的企业法人，事业单位、行政机关不能依据反不正当竞争法提出主张。在司法实践当中，侵权方往往以权利主张者不具备市场经营主体资格提出抗辩。因此，权利主张者必须证明自己的市场经营资格，这是适用反不正当竞争法的前提。

（2）不构成竞争关系。由于不正当竞争行为发生在不同的市场主体之间，行业不同、经营范围不同等，均不能成为不构成竞争关系的抗辩理由。《中华人民共和国反不正当竞争法》（以下简称《反不正当竞争法》）的立法宗旨是为了保护市场主体现有和潜在的市场经营空间，因此第二条第二款规定，该法所称的不正当竞争，是指经营者违反该法规定，损害其他经营者的合法权益，扰乱社会经济秩序的行为。中国目前对于企业法人的经营范围，除了个别行业的专营限制外并无限制性规定，这也正是上述立法精神的体现。

（3）权利主张者所采用的材料不合法或者不具备独创性。侵权方在抗辩中往往提出：权利主张者所采用的材料来源不合法、其编制过程不是独立完成的。因此，权利主张者首先必须运用证据证明其所采用的资料是自己从各个合法渠道采集的，而且具备相应的资料采集、录入、项目跟踪人员及经营条件。其次，对于运用反不正当竞争法保护数据库，并不要求数据库具备独创性，只要权利主张者证明其编制数据库付出了劳动和投资即可。

(4)平行权利,即抗辩方主张自己的数据库是独立完成的。侵权方首先应当对此负有举证责任,对此抗辩理由是否成立可以通过考察侵权方的数据库来源来判定。一般而言,如果侵权方曾经以购买、借用、盗用、破译等方式使用权利主张者的数据库,而且不能充分证明其数据库为独立完成,双方的数据库内容及体例又完全相同或十分近似,如选择的信息内容的相似程度比例、侵权方是否将权利主张者的错误一起抄袭等,即可否定此抗辩理由。

(5)没有造成实际损害后果。这其实是对反不正当竞争法的一种误解,套用一个刑法术语,不正当竞争行为是"行为犯"而不是"结果犯"。也就是说,无论损害结果是否发生,只要侵权人实施了不正当竞争行为,就足以构成不正当竞争。这是因为反不正当竞争法保护的是市场经营主体现有和潜在的市场空间,与一般民法理论上所述的实际损失范围并不完全相同。即使没有造成实际损害后果,但同样损害了市场经营主体的潜在市场空间和商业机会,这种损失是无形的,但应该同样受到法律的保护。

3. 数据库特殊权利保护

数据库特殊权利保护是为了适应数据库产业发展而产生的一种新型知识产权保护法律制度,它被用作统称类似而又独立于著作权、专利、商标等专门法律制度之外的知识产权保护制度,它与著作权保护所适用的原则和标准是截然不同的。著作权保护的是作者具有独创性的表达形式,而所采用的内容、材料和思想不在法律保护之列,换而言之,法律并不禁止其他人利用现有材料进行再组织、再创造,这是因为节约资源、反复创造应当成为法律鼓励的发展方向。但特殊权利保护以保护投资者经济利益为由,将保护范围从表达形式延伸至信息内容本身,这意味着只要投资者对某领域的信息投入了劳动和资金,就可以控制他人对该领域信息的使用,如果对此控制没有强有力的法律规限,将会助长"知识产权新霸权主义"的再度抬头。有鉴于此,上述制度在产生之日就受到了强烈的质疑和反对,主要是认为建立该种特殊保护制度将使数据库作者垄断信息来源,妨害信息的自由流通,这显然是与号称"流通一切"的网络精神是背道而驰的。

但是,我们应当看到,在网络时代,信息高度膨胀和流通,促进和保护数据库投资将对整个社会进步具有重要意义。因此,这种新的法律制度从提出到成为法律文件只有短短数年,就从欧盟扩展到世界范围。1996年颁布的《欧盟数据库指令》是世界上第一个正式给予数据特殊权利保护的法律文件,而且要求其成员国在1998年1月1日前将指令内容贯彻到国内立法当中。同时,欧盟还竭力游说美国采取对等立法,美国国会对此做出了非常积极的回应,虽然由于国内的反对声音十分强烈导致美国至今没有正式对此立法,但美国于1998年通过了《数字千年版权法》,并先后提出了同《欧盟数据库指令》有诸多类似之处的HR3531,HR2625,HR354,HR1858,HR3261,HR3872等议案。虽然由于国内各个利益团体的争议,至今仍然没有特殊权利的法案通过,但美国各领域人士对数据库保护的重视可见一斑,也可以预见在不远的将来,美国会有一部协调各方需求的特殊权利保护法案通过。

如果欧盟和美国达成一致,国际立法将会很快通过。我国的数据库产业发展虽然落后于欧美等发达国家,但为了数据库产品未来的健康发展,对其专门立法保护是一条必由之路。对数据库保护问题可以结合现行的法律框架,以我国《著作权法》为主,通过司法解释的方式,增补《反不当竞争法》对数据库行业竞争行为予以规范,也可运用反垄断法对形成垄断地位的市场主体予以规范。在具体案件中,司法者运用裁量权,要充分考虑不同利益主体之间的平衡,做到既能够鼓励创作开发,又能够满足公共利益需求,达到双方利益平衡。

数据库法律保护问题的提出背景是基于信息产业的迅速发展,融合了包括计算机技术、通信技术等高新科技在内的电子数据库的出现加剧了原有法律保护体系的矛盾冲突。在保护信息投资者经济利益、鼓励其为社会进步做出更多贡献的同时,还必须考虑充分保证社会公众能够由使用这些信息来为社会创造更多价值。在这两个彼此冲突的目标之间取得最佳平衡,是立法乃至司法追求的终极目标。

7.3　数据库安全

数据库安全一直以来是程序设计者非常关注的问题,同时也是让程序员日夜困扰的问题。随着互联网的发展,入侵数据库已经不再是需要专业的技术背景才可以达到的"高深"技术。越来越多的简单易用的工具,让没有专业知识的普通用户就可以通过输入一个地址来探测数据库的漏洞,不编写一行代码而让网站的数据库结构暴露无遗。

7.3.1　数据库数据的安全

数据库数据的安全应能确保当数据库系统宕机,数据库数据存储媒体被破坏以及数据库用户误操作时,数据库中的数据信息不至于丢失。

7.3.2　保护数据库系统不被非法用户侵入

保护数据库系统不被非法用户侵入,就应尽可能地堵住潜在的各种漏洞,防止非法用户利用它们侵入数据库系统。

对于数据库数据的安全问题,本节就上述两个方面的问题做进一步的阐述。

1. 数据库加密

数据库数据的常见安全措施是对数据库数据进行加密处理。例如,用户的银行金额不能用明文的方式存储,一旦非法用户侵入数据库并对数据进行修改时,由于其不知道加密的算法,故无法进行篡改。就算其强行地篡改数据,在程序读取到这样的非法数据时也应该立即向管理员报警。

数据库加密的核心就是把明文变成从字面无法读懂的密文处理。SQL Server 2005 版提供了多层次的密钥和丰富的加密算法,其支持的加密算法如下。

(1) 对称式加密。

对称式加密(Symmetric Key Encryption)方式对加密和解密使用相同的密钥。通常,这种加密方式在应用中难以实施,因为用同一种安全方式共享密钥很难。但当数据储存在SQL Server 中时,这种方式却很理想,用户可以让服务器管理它。SQL Server 2005 提供RC4、RC2、DES 和 AES 系列加密算法。

(2) 非对称密钥加密。

非对称密钥加密(Asymmetric Key Encryption)使用一组公共/私人密钥系统,加密时使用一种密钥,解密时使用另一种密钥。公共密钥可以广泛地共享和透露。当需要用加密方式向服务器外部传送数据时,这种加密方式更方便。SQL Server 2005 支持 RSA 加密算法以及 512 位、1 024 位和 2 048 位的密钥强度。

（3）数字证书。

数字证书（Certificate）是一种非对称密钥加密，但一个组织可以使用证书并通过数字签名将一组公钥和私钥与其拥有者相关联。SQL Server 2005 支持"因特网工程工作组"（Internet Engineering Task Force，IETF）X. 509 版本 3（X. 509v3）规范。一个组织可以对 SQL Server 2005 使用外部生成的证书，或者可以使用 SQL Server 2005 生成证书。

2. 防范非法用户侵入

本节讨论的第二个数据库安全问题是如何防范数据库系统的非法用户侵入。本书从一个例子开始描述入侵的过程，最后针对这个案例阐述如何防范这样的入侵。

（1）SQL 注入攻击。

SQL 注入攻击是一个常规性的攻击，它可以允许一些不法用户检索用户的数据，改变服务器的设置，或者在用户不小心的时候黑掉用户的服务器。SQL 注入攻击不是 SQL Server 问题，而是不适当的程序所造成。如果用户想要运行这些程序的话，就必须明白这冒着一定的风险。

（2）测点定位弱点。

SQL 注入的脆弱点发生在程序开发员构造一个 Where 子句伴随着用户输入的时候。例如，一个简单的 JSP 程序允许用户输入一个顾客的 ID 然后检索顾客的姓名，如果顾客的 ID 是作为 JSP 页面的请求串的一部分返回，那么开发员就可以编写下面的代码来获得数据：

```
--查看顾客姓名的 SQL
String custID = request. getParameter("CUST_ID");
String querySql = "'SELECT real_name FROM customers WHERE customer_id = '+'custID+'";
```

如果开发员知道一个用户的 ID，他就可以通过检索来获得全部的相应的名字。

但是对于一个攻击程序而言，尽管它不知道任何顾客的 ID，甚至不用去猜，它也可以获得数据。为了完成这个工作，它将下面的文本输入到应用程序调用顾客 ID 的 textbox 中：

```
'UNION SELECT real_name FROM customers WHERE customer_id ⟨⟩'
```

如果用户输入了这个代码，将会看到以下语句：

```
SELECT real_name FROM customers WHERE customer_id = "
UNION
SELECT real_name FROM customers WHERE customer_id ⟨⟩"
```

通过获得空和非空顾客的 ID 并集，这个查询语句会返回数据库中所有的相关姓名。事实上，这个 union 技术可以被用来获得用户数据库中大多数的信息。看看下面这个顾客 ID 的值。

```
--顾客 ID 的输入：
'union SELECT first_name,lastName FROM employees WHERE first_name ⟨⟩'
--它将 SQL 语句变成如下：
SELECT real_name FROM customers WHERE customer_id = ""
```

UNION

SELECT first_name,lastName FROM employees WHERE first_name ⟨⟩"

那就是攻击程序从用户的数据库获得的第一个雇员的名字。

除此之外，通过 SQL 注入攻击程序还可以获取数据库的所有信息，请看以下例子。

--顾客 ID 的输入：

´;DROP table customers--；

--它将 SQL 语句变成如下：

SELECT real_name FROM customers WHERE customer_id =´;DROP table customers --；

这个分号使语句分割成两条语句：第一个语句显示不存在的名字；第二个语句则撤销整个 customers 表。"--"是 SQL Server 注释符，它可以使子句不发生语法错误。

使用这个技术的变异，一个攻击程序可以在任何 SQL 语句或者存储过程上运行。通过使用 xp_cmdshell 扩展存储过程，一个攻击程序同样可以在操作系统命令下运行，显然这是一个严重的漏洞。

(3) 如何保护自己的数据库。

首先，用户在编写程序时不能直接使用那些用户输入构造 where 子句，用户可以利用参数调用存储进程的方式，或采用对客户端数据进行格式化的方法来避免此类问题。

其次，即使用户认为在自己的应用程序中没有脆弱点，用户也应该遵守最小特权原则。使用我们建议的其他安全技术允许用户仅仅访问他们能够访问的内容。在用户没有发现自己数据库的脆弱点的时候，只有这样才不会使自己的数据库崩溃。

7.4　本章小结

电子商务数据库的安全和保护本身就是一个技术探讨的方向，同时也是一个巨大的工程。数据库的安全和保护包含多方面的知识，本书着眼于数据库安全分析，介绍了数据库保护的常规技术和数据库入侵的主要方式，以便初学者了解并掌握数据库安全的入门知识。

7.5　本章习题

1. 大型商务网站的系统结构是怎样的？分析每层的功能和互相之间的关联。
2. 用自己的理解分析数据库安全技术是怎样实现的？

7.6　本章参考文献

1. 陈越. 数据库安全[M]. 北京：国防工业出版社，2011.
2. 赵杰. SQL Server 2005 管理员大全[M]. 北京：电子工业出版社，2008.
3. Andrew. Microsoft SQL Server 7 核心技术精解[M]. 刘世军，刘阶萍，译. 北京：中国水利水电出版社，2006.
4. 张敏，徐震，冯登国. 数据库安全[M]. 北京：科学出版社，2005.

第 8 章

CGI 和 ODBC 互联技术

由于 Web 站点自身条件的限制,虽然用户可以利用 Java Script 或 VB Script 在浏览器中完成一些简单功能,但是网页仍缺乏支持复杂功能的能力,例如,将数据库中指定的资料提取出来并显示在浏览器窗口时,就必须使用 CGI(通用网关接口)程序。

本章主要内容包括:

1. CGI 的基本内容;
2. ODBC 的基本原理;
3. 数据源与 Web 的 ODBC 连接。

8.1 CGI 的基本内容

虽然我们可以用 HTML 文件在客户端浏览器中展现文字、图形、声音、影视等多媒体信息,不需要再使用其他的资源,但由于其格式统一、弹性不大,故无法进行更进一步的使用和资料分析,也无法传送出使用者想要的答案和结果。例如,进行数据库查询操作等,这种处理方式就不适用了。要达到这种效果,就必须靠程序的帮助,因为程序具有处理资料并输出结果的能力。处理复杂任务通常采用将浏览器客户的请求传送到网络服务器上,然后在网络服务器上运行事先编写好的程序,并将运算结果从网络服务器传送回浏览器。这种处理方式的基本特点是几乎所有的任务都是在网络服务器上完成的,浏览器只负责发送、接收和显示数据。使用通用网关接口(Common Gateway Interface,CGI),Server 可以读取并显示在客户端无法读取的格式(如访问关系数据库)。

CGI 就是 Web 服务器与一个外部程序(又称为 CGI 程序)进行通信的接口协议。这个接口协议规定了 Web 服务器与 CGI 程序传送信息的方式、信息的内容和格式,同时也规定了 CGI 程序返回信息的内容和输出标准。在 Web 页面中,主要通过超链接或者指定表格或图形的方法来执行 CGI 程序。Web 客户终端向企业 Web 服务器发送一个包含 URL 题头字段和其他一些用户数据的 HTTP 请求,Web 服务器则返回包含所请求的内容的 HTTP 应答。当客户机请求一个驻留在服务器机器上的外部程序或者一个可运行 Script 的服务时,Web 服务器就把关联的 HTTP 请求信息传送到外部程序,然后把程序做出的应答发送到请求的客户终端上去,其过程如图 8.1 所示。

图 8.1　CGI 的工作过程

在网络服务器上,通常有许多的程序用来完成不同的任务。在技术上,网络服务器上的这些程序统称为 CGI 程序。CGI 程序原则上可以用任何计算机语言编写,所有可执行的二进制文件都可以作为 CGI 程序来运行。但在实际工作中,考虑到运行速度等因素,CGI 程序往往用 C 语言、C++、Perl、Shell Script、Visual Basic 等来编写。这些语言虽然功能强大,但过于复杂,不容易学习、掌握。因此,过去 CGI 程序通常只能由专业编程人员编写。为了解决这个问题,软件公司不断开发出可视化和面向对象的 CGI 程序语言。如微软公司开发了一种被称作 ASP 的语言。与传统的 CGI 编程语言相比,ASP 语言使用简便,特别适合非专业编程人员。以下用一个 ASP 文件片段为例,简要介绍 CGI 程序的一些特点。该 ASP 文件的文件名为 book.asp,其作用是从位于网络服务器的数据库 book.mdb 中获取客户指定的记录,并在客户浏览器中显示。

```
〈% @ Language = "VBScript" %〉〈! --声明在本 ASP 文件中混合使用了 ASP 和 VBScript。--〉
〈html〉
〈head〉
〈title〉网上书店〈/title〉
〈/head〉
〈body〉
〈center〉
〈% id = Request. QueryString("id")
  Select Case id
    Case 1
      Response. Write("经济管理类书目")
    Case 2
      Response. Write("电子商务类书目")
    Case 3
      Response. Write("文化体育类书目")
  End Select
  strSQL = "SELSET [title], [price] FROM catalog WHERE [id] = " & id      〈! --SQL 语句,分配
一个变量 strSQL,以简化后面语句--〉
  Set objConn = Server. CreateObject ("ADODB. Connection")     〈! --在网络服务器上创建一个
数据库连接对象 objCorm,以便访问数据库 book.mdb。--〉
  objConn. Open "book"  〈! --请求 objConn 打开数据源名(DSN)为 book 的数据库。--〉
  Set objRS = objConn. Execute(strSQL) %〉    〈! --请求 objConn 执行上面的 SQL 语句,从数据
库 book.mdb 的 catalog 表中,将字段内容等于 1(或者 2,或者 3)的所有记录提取出来,存放在记录集
合对象 objRS 中。--〉
〈table〉
```

```
〈% objRS. MoveFirst      〈! --首先将第一个记录从数据库中提取出来,准备在浏览器窗口中
显示。--〉
Do While Not objRS.EOF   〈! --检查这个记录的后面是否还有记录,如果有,稍后继续提取,继续
显示。--〉
title = objRS. Fields("title")  〈! --将这个记录中 title 字段的内容分配给同名变量title。--〉
price = objRS.Fields("price") %〉    〈! --将这个记录中 price 字段的内容分配给同名变量
price。--〉
〈tr〉
〈td〉
〈% = title %〉    〈! --在浏览器窗口中显示变量 title 的内容。--〉
〈/td〉
〈td〉
〈% = price %〉    〈! --在浏览器窗口中显示变量 price 的内容。--〉
〈/td〉
〈td〉
〈a href = ../order, htm/title =〈%= title %〉&price =〈%= price %〉〉
订购〈/a〉
〈! --将两个参数 title 和 price 传递给网页 order. htm。--〉
〈/td〉
〈/tr〉
〈% objRS. MoveNext      〈! --这个记录的后面如果还有记录,则将下一个记录从数据库中提取出
来,准备在浏览器窗口中显示。--〉
  Loop    〈! --与 Do While Not objRS.EOF 语句联合使用,没有独立的含义。--〉
  objConn. Close   〈! --关闭 objConn。--〉
  objRS. Close    〈! --关闭 objRS。--〉
  objConn = Nothing   〈! --释放 objConn 所占用的资源。--〉
  objRS = Nothing %〉   〈! --释放 objRS 所占用的资源。--〉
〈/table〉
〈a href = .. \index. htm〉返回网站主页〈/a〉
〈/center〉
〈/body〉
〈/html〉
```

在客户端启动浏览器,并在地址栏中输入"网上书店"的虚拟网址,这时在浏览器窗口中将出现"网上书店"的主页(程序略)。用鼠标选择书目类别中的"电子商务书目",则参数 id=1 将会传递给 book. asp。book. asp 从数据库 book. mdb 的 catalog 表中,将 id 字段内容等于 1 的所有记录提取出来,并显示在浏览器的窗口中。

ASP 将专门的语句放置在 HTML 文件中,分别以〈% 与 %〉作为开始和结束的标记。HTML 文件的后缀是". htm",而 ASP 文件(实际上是包含 ASP 语句的 HTML 文件)的后缀是". asp"。由于 ASP 文件本质上是一个可以运行的 CGI 程序,所以 ASP 文件只能放置在网络服务器上运行,并且该网络服务器必须能够支持 ASP 语言。

8. 2 ODBC 的基本原理

国内外数据库软件开发者已开发出越来越多的多种类型和不同用途的数据库管理系

统,有在不同操作平台上运行的,有桌面的、多用户的和分布式的等。不同的用户根据自己的需要分别选用不同的数据库管理系统,这对于在电子商务运作过程中实现在不同 DBMS 上的移植性以及异构数据库间的数据访问、数据交换增加了难度。异构数据库之间的数据共享多年来一直是人们研究的课题,SQL 标准的制定为应用程序的移植带来一线希望,但各个 DBMS 定义出来的 SQL 却在不同的 DBMS 之上的应用软件之间形成通信障碍。

为了对多种数据库系统进行统一的集成管理,需要采用标准的数据库应用界面。在这种情况下,Microsoft 推出的开放数据库互联(Open Database Connectivity,ODBC)解决了这些问题。ODBC 应用数据通信方法、数据传输协议、DBMS 等多种技术定义了一个标准的接口协议,允许应用程序以 SQL 为数据存取标准来存取不同 DBMS 管理的数据。ODBC 为数据库应用程序访问异构数据库提供了统一的数据存取接口 API,应用程序不必重新编译、连接就可以与不同的 DBMS 相联。目前支持 ODBC 的有 Oracle、Access、X-Base 等十多种流行的 DBMS。ODBC 作为开放式数据库程序设计界面标准,对数据库应用软件的开发提供有力的支持。用户可针对各种数据库核心和服务器编写可移植的应用程序,并使应用人员在编程时不必关心底层的 DBMS,相同的代码可以同时作用于不同的 DBMS。用户可以用同样的 SQL 语句或命令对不同的 DBMS 数据库进行操作。同时,这也大大简化了不同 DBMS 之间的数据交换。ODBC 具有最大的互操作性,可以使用一个单独的程序来提取数据库信息,再提供一种方法让应用程序读取数据。一个应用程序可以存取不同的数据库管理系统,而应用程序不必和 DBMS 绑在一起进行编译、连接、运行,只要在应用程序中通过选择一个叫作数据库驱动程序的模块,就可以把应用程序与所选的 DBMS 连接在一起了。

ODBC 包括以下四个组件。

(1) 应用程序(Application),负责调用 ODBC 函数来提交 SQL 语句,提取结果。

(2) 驱动程序管理器(Driver Manager),为应用程序加载驱动程序。

(3) 驱动程序(Driver),处理 ODBC 函数调用,向数据源提交 SQL 请求,向应用程序返回结果,必要时驱动程序将 SQL 语法翻译成符合 DBMS 语法规定的格式。

(4) 数据源(Data Source),由用户想要存取的数据、操作系统、DBMS、网络平台等组成。

窗口环境下的 ODBC 使用动态连接库(DLL)结构,以及一个可装载的数据库驱动器和一个驱动器管理器。

此外,ODBC 还需要其他的一些文件,如帮助文件、.INI 文件、ODBC 程序员应用程序等。ODBC 的 DLL 层次结构如图 8.2 所示。

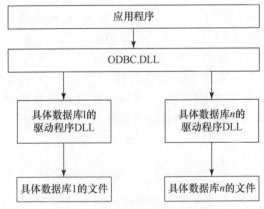

图 8.2 ODBC 的 DLL 层次结构

　　ODBC 的结构是层次化的，它描述了嵌入 ODBC 的应用程序和 ODBC 组成部件之间的关系。应用程序与 ODBC 驱动器管理器进行交互。ODBC 驱动器管理器是一个共享的程序库管理器，称为 ODBC. DLL。对于任何 DBMS，只要提供了该数据库管理系统的驱动程序 DLL，并符合 ODBC. DLL 的接口规范，则该数据库的文件就可被 ODBC 所访问和处理。ODBC. INI 文件中存放着各个数据源及其信息。ODBC 的实现采用 DLL 技术，在系统运行时被动态地装入和连接。ODBC. DLL 通过 ODBC. INI 文件可以知道对某个数据库文件应调用哪一个 DLL 程序。ODBC. DLL 把应用程序的调用分配给一个或多个数据库驱动器。ODBC. DLL 可以装载或卸载驱动器、检查状态、管理多个应用和数据源之间的联接。ODBC 是独立于网络层的数据库访问界面，可以在单机或互联计算机上使用具有各种网络协议的 ODBC。无论哪种情况，ODBC. DLL 都能够处理应用程序的调用，并把它们传送到适合的可装载的驱动器上。数据库管理系统的驱动程序 DLL 通常由数据库管理系统的开发商提供。

　　ODBC 有以下两个基本用途。

　　(1) 在电子商务实际过程中，涉及企业、客户、银行、海关、运输和保险等部门和单位。它们的应用平台不一致，需要同时访问多种异构数据库。如果按照传统的程序开发方式，设计人员就必须熟悉多种数据库的编程语言，以便为多种数据库分别编写程序版本，这就大大增加了程序开发的难度和设计人员的负担。使用 ODBC 技术，设计人员只需要编写一个程序版本就可以访问任何数据库，从而使程序具有更好的兼容性和适应性。

　　(2) 有些应用程序需要访问某种数据库，这就要求程序所在的计算机上安装相应的数据库软件。但有些数据库软件极其庞大，并且对计算机的硬件、软件配置有非常严格的要求，即使能够安装也会占用大量的系统资源。另外，历史上大量使用过单用户版的数据库，如 Visual FoxPro 等，需要与 Web 连接利用网络共享数据。为此，ODBC 提供了一批常用数据库软件的驱动程序。这样，计算机上即使没有安装相应的数据库管理系统，但只要安装了相应的驱动程序，CGI 程序就可以访问。应用程序不必关心 ODBC 与 DBMS 之间的底层通信协议。

8.3　数据源与 Web 的 ODBC 连接

　　ODBC 的目的是为 Windows 应用程序提供存取数据库的透明性。就像打印驱动一样，只要加入对应的驱动程序就行了。因此，我们有必要理解如何配置 ODBC 界面以及其使用方法。下面以在 Windows 2000 Server 环境中，PHP(Personal Home Page) 服务器端内嵌 HTML 脚本编程语言调用 SQL Server 数据库为例，说明 ODBC 配置和连接的过程。

　　(1) 创建数据源名 DSN(Data Source Name)。在使用 ODBC 建立与后台数据库的连接时，必须通过数据源名指定使用的数据库。这样当使用的数据库改变时，不用改变程序，只要在系统中重新配置 DSN 就可以了。DSN 是应用程序和数据库之间连接的桥梁。在设置 DSN 时，需设置包括 DSN 名、ODBC 驱动程序类型以及数据库等信息。进入"控制面板"，运行"ODBC 数据源"，打开"ODBC 数据源管理器"对话框(如图 8.3 所示)。

　　(2) 数据源文件有三种类型：用户 DSN、系统 DSN 和文件 DSN，其中用户 DSN 和系统

DSN 是我们常用的两种数据源。用户 DSN 和系统 DSN 的区别是：前者用于本地数据库的连接，后者是多用户和远程数据库的连接方式。以"用户 DSN"为例加以说明，在图 8.3 中，单击"添加"按钮，弹出如图 8.4 所示对话框。在图 8.4 中，选择数据库的类型"SQL Server"，单击"完成"按钮，系统弹出如图 8.5 所示对话框。

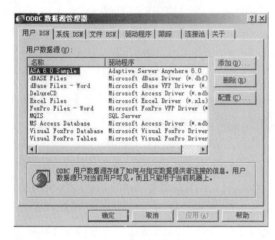

图 8.3　创建数据源名 DSN

图 8.4　选择数据源的驱动程序

（3）在图 8.5 中，输入 ODBC 名称，如"my_odbc"；选择数据库服务器，默认为"local"，单击"下一步"按钮，弹出如图 8.6 所示对话框。

（4）登录方式有两种，我们选择第二种方式，即"使用用户输入登录 ID 和密码的 SQL Server 验证"方式，单击"下一步"按钮。

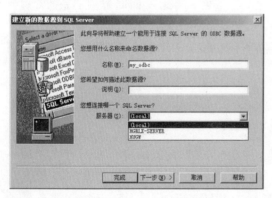

图 8.5　创建 ODBC 名称

图 8.6　选择登录方式

（5）在弹出的如图 8.7 所示的对话框中，输入数据库的登录 ID 和密码。登录 ID 和密码一定要正确，单击"下一步"按钮。

（6）在弹出的如图 8.8 所示的对话框中，选择 ODBC 控制的数据库，如"AJS"，单击"下一步"按钮。

图 8.7　输入数据库的用户名称和密码

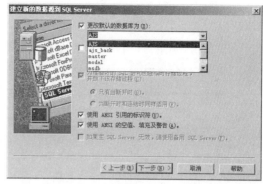

图 8.8　选择 ODBC 控制的数据库

（7）在弹出的如图 8.9 所示的对话框中，单击"完成"按钮，对话框中显示新的 ODBC 数据源配置信息（如图8.10所示）。

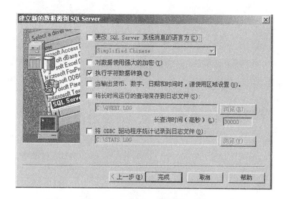

图 8.9　ODBC 参数设置

图 8.10　新的 ODBC 数据源配置信息

（8）单击"测试数据源"按钮，测试数据源，之后返回"测试成功的信息"（如图 8.11 所示）。

（9）单击"确定"按钮，在"用户 DSN"选项卡下的数据源列表中出现了新的数据源：my_odbc（如图 8.12 所示）。

图 8.11 数据源测试信息

图 8.12 数据源列表

到此为止，新的用户 DSN 配置成功。系统 DSN 的配置方法与用户 DSN 的配置方法相同。

ODBC 数据源配置完成后，就可以与 Web 页连接了。连接用来保持正在访问数据的一些状态信息以及连接者的信息。在脚本中要访问数据库，必须先创建与数据库的连接，然后打开连接，该数据库才真正可用。如在 PHP 文件 abc.php 中写入以下程序代码。

```
〈? php
$ conn = odbc_connect("my_odbc","dba","sql");〈! --第一个参数是 DSN 数据源名称，第二个参数是
访问数据库的用户名，第三个参数是访问数据库的用户口令。用户名和用户口令为可选项。--〉
    $ query = "select name, tel from phponebook"          〈! --查询字段--〉
    $ result_id = odbc_do( $ conn, $ query);              〈! --运行 odbc--〉
    …                                          〈! --数据处理代码段，通过引入 SQL 语句的方
法执行对数据库数据的插入、修改和删除等操作。--〉
    odbc_close( $ conn);                               〈! --关闭 odbc。关闭数据对象和连接，在使
用完 ADO 对象后要通过调用方法 close 关闭对象，以释放所占用的服务器资源。--〉
?〉
```

注意，当数据源为系统数据源时，只需要给出数据源名；而当数据源为文件数据源时，则必须给出数据源的完整路径。

在数据处理代码段中，可以根据需要实现查询、计算、显示和其他数据处理等功能。这样，ODBC 数据源通过 PHP 实现了与 Web 的连接。实际上，PHP 文件就是 CGI 可执行程序。

8.4　本章小结

本章介绍在电子商务运作过程中,将 Web 站点与关系数据库管理系统相关联的方法和解决异构数据库之间数据共享的问题。

8.5　本章习题

1. 解释 CGI 的含义和特点。

2. 试举例说明 ODBC 的两个基本用途。

3. 简述 ODBC 的工作原理和工作流程。

4. 实践本章 ODBC 配置,在 abc.php 程序中补充全数据处理代码段,以实现对指定数据库的查询功能。

5. 设计利用 ODBC 技术从一个 Microsoft Access 数据库中取出数据,存入一个 Visual FoxPro 数据库中的过程。

8.6　本章参考文献

1. 梁成华,等.电子商务技术[M].北京:电子工业出版社,2000.

2. 雷光复.面向对象的新一代数据库系统[M].北京:国防工业出版社,2000.

3. 钟伟财.精通 PHP 4.0 与 MySQL 架构 Web 数据库实务[M].北京:中国青年出版社,2000.

4. 李昭原.数据库技术新进展[M].北京:清华大学出版社,1997.

5. 张健沛.数据库原理及应用系统开发[M].北京:中国水利水电出版社,1999.

6. 赵致格,等.实用工程数据库技术[M].北京:机械工业出版社,1997.

7. Gunnit S. Khurana,等.Web 数据库的建立与管理[M].陈银山,等译.北京:机械工业出版社,1997.

8. 彼得.G. W. 基恩,等.电子商务辞典[M].北京:新华出版社,2000.

9. Jesse Feiler.数据库驱动的 Web 站点设计[M].张玮,等译.北京:机械工业出版社,2001.

10. 文必龙,等.开放数据库互联(ODBC)技术与应用[M].北京:科学出版社,1997.

11. 硕良勋,等.个人网站创建与管理[M].北京:人民交通出版社,2000.

12. 张宏,等.快速建立商务网站金典案例教程[M].北京:电子工业出版社,2000.

第9章

电子商务的基础数据库

在本书前面的章节中,我们已经学习了设计技术(E-R 建模、SQL 等),为建立电子商务数据库提供了所需要的基本工具和知识。在本章中,我们将介绍电子商务的基础数据库及其设计。

本章主要内容包括:

1. 电子商务资源库的分类;
2. 电子商务的基础数据库设计。

9.1 电子商务资源库的分类

数据库建设目前普遍采用在企业商业内部网和外部网以及电子商务网络系统的建设中,企业商业站点分类保存有用的商务信息,为各种类型的经营分析提供支持。目前商务应用数据库常分为以下几个部分。

1. 客户信息数据库

客户信息数据库是基础的数据库,它主要存储的内容包括每一个注册顾客的细节。该数据库将包含全面的顾客数据、购物偏好、信用卡数据和(顾客账户的)记账数据等。

2. 产品/商品数据库

产品/商品数据库主要包括产品细节、库存 ID、价格等信息。

3. 交易数据库

交易数据库的管理内容包括购物车管理、订单管理、货款管理、价格折扣管理、物流配送等。

9.2 电子商务的基础数据库设计

电子商务 Web 站点至少必须包括促进产品或服务销售的核心功能。因此,数据库必须支持 Web 站点实现其产品或服务的展示,以及开展基本销售事务的性能。另外,电子商务 Web 站点应该提供侧重于顾客服务、产品返回和对 Web 顾客简要描写的功能,这会使得购物过程更为顺利。为了完成这一点,电子商务数据库设计必须包括一些表。在此我们主要介绍电子商务数据库中支持这些商务活动所必需的数据库表。

在开始设计过程之前,首先应建立一些商务规则并确定它们对设计的影响。

(1) 电子商务设计的目标是把产品卖给客户,因此,数据库的前两个表是 PRODUCT 表和 CUSTOMER 表。

(2) 每一个顾客都可以发出一个或多个订单。每一个订单都由一个顾客发出。因此,CUSTOMER 表和 ORDER 表之间是 1∶m 的关系。

(3) 每一个订单包括一个或多个订单行,每一个订单行包括在一个订单中。因此,ORDER 表和 ORDLINE 表之间是 1∶m 的关系。

(4) 每一个订单行引用一种产品,每一种产品可以出现在很多的订单行中(如公司可以销售一台以上 HP 喷墨式打印机)。因此,PRODUCT 表和 ORDLINE 表之间是 1∶m 的关系。

(5) 浏览产品目录的顾客愿意看到按种类或类型分类的产品(如看到产品清单分解为计算机、打印机、应用软件和操作系统等)。因此,每一个 PRODUCT 属于一个 PRODU-TYPE,而且每一个 PRODUTYPE 有一个或多个与其相关的 PRODUCT。

(6) 浏览 Web 目录的顾客必须能够选择产品,并将它们存储在电子购物车中。电子购物车临时存放产品,直到顾客结账离开。因此,下一个实体是 SHOPCART。每一个 SHOP-CART 属于一个 CUSTOMER,而且引用一个或多个 PRODUCT。

(7) 顾客结账离开时,输入信用卡和购物信息。这些信息添加到 ORDER(注意商务规则标识所需的属性)。

(8) 当接收到信用卡授权时,为购物车中的产品发出产品订单。SHOPCART 信息用来创建 ORDER,ORDER 包括一个或多个 ORDLINE。发送完订单且顾客离开 Web 站点后,删除购物车数据。

(9) 由于商家提供很多的购物选项,该处创建 SHIPOPTION 表来存储每一个购物项的细节。

(10) 由于商家提供很多的支付选项,该处创建 PMTOPTION 表来存储每一个支付选项的细节。

(11) 由于每个国家可以有不同的税率,所以创建两个表,即 COUNTRY 表和 TAXRATE 表,用以跟踪国家和其各自的税率。

表 9.1 显示了基于这些商务规则的实体。

表 9.1　电子商务数据库的主要表

表名称	表说明
CUSTOMER	包含每一个注册顾客的细节,该表将包含全面的顾客数据、购物偏好、信用卡数据和(顾客账户的)记账数据
PRODUCT	包含产品细节、库存 ID、价格、手头数量等细节
PRODUTYPE	标识主要产品类型分类
ORDER	包含全面的订单细节,如数据、编号和顾客等

续表

表名称	表说明
ORDLINE	包含每一个订单订购的产品
SHOPCART	该表包含顾客选择的每种产品的购买数量,这是个"工作"的表——当顾客退出Web站点或关闭浏览器时,该表的内容被删除
PMTTYPE	商家提供的不同支付选项
SHIPTYPE	商家提供的不同运输选项
TAXRATE	每个国家的税率
COUNTRY	收税的每一个国家列表
PROMOTION	优惠购货券或销售折扣等特殊促销
PRICEWATCH	产品价格达到某种水平时希望被通知的顾客
PRODPRICE	用来管理多价格水平的选项表

在定义了支持电子商务活动所需的表之后,我们需要标识每一个表的基本属性。请注意下面的属性总结只是最重要的(使用最频繁)属性的样本,因此,并不全面(特定环境将确定什么属性相关,以及/或者可以添加什么属性)。

1. CUSTOMER 表

CUSTOMER 表包含每一个注册顾客的细节。请记住,一些顾客不愿意注册,因为他们觉得提供这样的注册信息心里会不舒服。

若使用强制性注册,则 Web 站点需要注册新顾客的表格。同时,在返回顾客开始浏览的产品目录前,他们需要登记表。有了注册数据,当顾客结账离开时,顾客的购物和信用卡数据就可以自动发送到订单(注册的好处之一是顾客可以得到折扣价)。

若使用非强制性注册,则不需要为每一次销售或访问生成注册或登记表。对于每一次订购,顾客都必须输入所有的购物和信用卡信息。

很显然,最简单的选择是不要求注册。因此,确定非强制性注册。表 9.2 显示了 CUSTOMER 表结构。

表 9.2　CUSTOMER 表结构

属性名称	说　明	PK/FK
CUST_ID	顾客 ID——自动生成	PK
CUST_DATEIN	顾客添加到表的日期	
CUST_LNAME	姓	
CUST_FNAME	名	
CUST_ADDR1	地址 1	
CUST_ADDR2	地址 2	
CUST_CITY	城市	
CUST_STATE	省	
CUST_ZIP	邮政编码	
CUST_CNTRY	国家	
CUST_PHONE	电话	
CUST_EMAIL	电子邮件地址	

续表

属性名称	说　明	PK/FK
CUST_LOGINID	已注册顾客的登记 ID	
CUST_PASSWORD	加密字段的登记口令	
CUST_CCNAME	出现在信用卡上的姓名	
CUST_CCNUM	信用卡编号——加密的字段	
CUST_CCEXDATE	mm/yy 格式的信用卡截止日期	
CUST_ACRNUM	应收账号,与内部应收账系统或为顾客30个项目建立的引用 PO 数字相连接	
CUST_BLLADDR1	开账单地址 1	
CUST_BLLADDR2	开账单地址 2	
CUST_BLLCITY	开账单地址所在城市	
CUST_BLLSTATE	开账单地址所在省	
CUST_BLLZIP	开账单地址邮政编码	
CUST_BLLCNTRY	记账地址所在国家	FK
SHIP_ID	最喜欢的运输类型	FK
CUST_SHPADDR1	运输地址 1	
CUST_SHPADDR2	运输地址 2	
CUST_SHPCITY	运输地址所在城市	
CUST_SHPSTATE	运输地址所在省	
CUST_SHPZIP	运输地址邮政编码	
CUST_SHPCNTRY	运输地址所在国家	
CUST_TAXID	免税顾客的税收 ID	
CUST_MBRTYPE	成员类型——用于特殊促销,并根据成员级别决定产品定价,如正规价、成员价、黄金成员价	FK

2. PRODUCT 表

PRODUCT 表是数据库中的中心实体。PRODUCT 表包含 Web 站点提供的所有产品的相关信息。该表与 PRODUTYPE 表、ORDLINE 表和 PROMOTION 表相关。表 9.3 显示了 PRODUCT 表结构。

表 9.3　PRODUCT 表结构

属性名称	说　明	PK/FK
PROD_ID	产品 ID——自动生成	PK
PROD_NAME	产品简称——显示在产品宣传发票等信息中	
PROD_DESCR	产品说明——产品的较长说明,用在 Web 页面中说明产品信息	
PROD_OPTIONS	产品选项,如颜色、尺寸、样式(服装和鞋类行业的尺寸和颜色有很多的表示方法:它们中的几个要求分割的产品实体,或以 1:m 关系创建其他表)	
PROD_IMAGE_1	产品图像文件的 URL,可能出现很多次(正视图、侧视图、后视图、顶视图)	

属性名称	说　明	PK/FK
PROD_SKU	厂家和供应商使用的库存编号	
PROD_PARTNUM	生产商的部件代码	
VEND_ID	厂家——产品的厂家 ID	FK
PTYPE_ID	产品类型	FK
PROD_UNIT_SIZE	产品的单位尺寸：盒、箱、个	
PROD_UNIT_QTY	单位尺寸的单位数量：12,6,1	
PROD_QOH	每一种产品的仓库现有数量	
PROD_QORDER	订购数量——已订购但还没发出的物品。为了确定一种物品是否有库存,用现有数量减去订购数量	
PROD_REORD_LEVEL	再订购水平——当现有数量等于这个数量时,再订购产品	
PROD_REORD_QTY	从厂家再订购多少	
PROD_REORD_DATE	从厂家处到达的预计时间	
PROD_PRICE	每单位数量(每一件产品)的正规价	
PROD_MSRP	生产商建议的零售价	
PROD_PRICE_D1	价格折扣 1——为成员或者订购数量水平	
PROD_PRICE_D2	价格折扣 2——为黄金成员或者订购数量水平	
PROD_TAX	YES 或 NO——产品是否应纳税	
PROD_ALTER_1	没有库存时所需要的替代品。可以出现很多次。这是相同产品表的外键标,而且这可以通过以 1：m 关系创建另一个分割表来实现	FK
PROD_PROMO	YES 或 NO——是不是促销产品？默认值为 YES	
PROD_WEIGHT	产品重量——用于装运的目的	
PROD_DIMEN	产品尺寸——用于装运的目的	
PROD_NOTES	关于产品装运,操作说明等的说明	
PROD_ACTIVE	YES 或 NO。如果不是现用的,顾客得不到该产品,对产品撤销有用,或者想要停止给定产品的销售时也有用	

总的来说,每一种产品都有一行,除了那些具有不同尺寸、颜色或类型的产品,如鞋和衬衫等。在那些情况下有两个选择：顾客在订单中输入尺寸、颜色和类型,作为补充属性；为每一个产品尺寸、颜色和类型的组合创建唯一的产品数据项。

创建与 PRODUCT 表成 1：m 关系的新产品选项(PRODUCT)表。这个表将具有给定产品的每个颜色、尺寸和类型组合的一项记录。

3. PRODUTYPE 表

该表描述了不同的产品种类。种类可以限制为仅一个级别或多个级别。在该处确定使用两个级别。这个决定允许使用种类集,如"打印机"；在该种类中可以引用子类,如"激光"或"喷墨"。表 9.4 显示了 PRODUTYPE 表结构。

表 9.4 PRODUTYPE 表结构

属性名称	说 明	PK/FK
PTYPE_ID	产品类型 ID——自动生成	PK
PTYPE_NAME	产品类型名称,如喷墨型	
PTYPE_PARENT	产品父类型,如打印机	FK

4. ORDER 表

该表包含所有的顾客订单。信用卡公司批准了事务之后,订单添加到 ORDER 表。如果信用卡被拒绝(编号无效、过期、被盗等),则不添加到订单。不管订购产品编号是什么,每一个新顾客订单都将会有一个 ORDER 行。如果注册顾客进行了订购,信用卡和购物信息将自动输入到 ORDER 表。ORDER 表和 ORDLINE 表成 1:m 关系。表 9.5 显示了 ORDER 表结构。

表 9.5 ORDER 表结构

属性名称	说 明	PK/FK
ORD_ID	订单 ID——自动生成	PK
ORD_DATE	添加订单日期	
CUST_ID	顾客 ID(非强制性)——一些顾客不注册。如果这是个注册顾客,CUST_ID 将由 Web 系统自动添加	FK
PMT_ID	支付类型 ID——由顾客选择	FK
ORD_CCNAME	出现在信用卡中的姓名——从 CUSTOMER 数据中复制、由未注册顾客人工输入,或由电子钱包软件输入	
ORD_CCNUM	信用卡编号——加密字段——从 CUSTOMER 数据中复制、由未注册顾客人工输入,或由电子钱包软件输入	
ORD_CCEXDATE	mm/yy 格式中信用卡期满日期——从 CUSTOMER 数据中复制、由未注册顾客人工输入,或由电子钱包软件输入	
SHIP_ID	选择运输的类型——自动输入或人工输入。只要有公司或货物运送履行订购,就使用它	FK
ORD_SHIPADDR1	运输地址线 1——自动输入或人工输入	
ORD_SHIPADDR2	运输地址线 2——自动输入或人工输入	
ORD_SHIPCITY	运输地址所在城市——自动输入或人工输入	
ORD_SHIPSTATE	运输地址所在省——自动输入或人工输入	
ORD_SHIPZIP	运输地址邮政编码——自动输入或人工输入	
ORD_SHIPCNTRY	运输地址所在国家——自动输入或人工输入	FK
ORD_SHIPDATE	运输订货日期——如果完成了货物运输;如果部分完成了货物运输,查看每一个产品线的运输日期,请参见 ORDLINE 表	
ORD_SHIPCOST	总的运输成本——预计的订购运输成本。这是根据运输方法应用既定运输成本公式的结果	
ORD_PRODCOST	总的产品成本——所有产品乘以订购数量的积	
ORD_TAXCOST	销售税总额——通过相加每个单一产品 ORDLINE 表的税额来计算	
PROM_ID	应用于订购的促销 ID(非强制性的)	
ORD_TOTCOST	订单的总成本:PRODCOST+SHIPCOST+TAXCOST−PRO_AMT(来自于促销表)	
ORD_TRXNUM	信用卡公司的事务确认编号	
ORD_STATUS	订单状态:开口订货单、装运订货单或收讫订货单	

5. ORDLINE 表

该表包含每一个订单相关的一个或多个产品。每一个 ORDLINE 行与一个 PRODUCT 行及一个 ORDER 行相关。ORDLINE 包含订购的每一种产品的数量和价格。ORDLINE 表从 SHOPCART 表中得到 PROD_IDH 和 ORL_QTY。表 9.6 显示了 ORDLINE 表结构。

表 9.6　ORDLINE 表结构

属性名称	说　明	PK/FK
ORL_ID	订单线——自动生成	PK
ORD_ID	ORDER 表中的订单 ID	FK
PROD_ID	产品 ID	FK
ORL_QTY	订购数量	
ORL_PRICE	促销和打折后的产品价格	
ORL_TAX	应用于这种产品的百分比税率,一些产品和顾客可能免税。如果产品/顾客应纳税,则根据运输地址中的 COUNTRY 得到税率	FK
SHIP_ID	在需要部分运输的情况下,用来运输这种产品的运输公司和类型	
ORL_SHIPDATE	运输这种产品的日期	

6. SHOPCART 表

SHOPCART 表是 Web 站点用来在顾客购物期间临时存放产品的特殊表。为了理解 SHOPCART 是如何工作的,需要理解在线订购的过程。

(1) 当顾客最初访问 Web 站点时,可能登记,也可能不登记。如果顾客登记了,则 Web 服务器将顾客的 CUST_ID 保存在内存中。

(2) 顾客浏览产品目录。如果顾客是注册顾客,就可以享受成员价格,否则只能享受正规价格(PROD_PRICE 减去相应折扣百分数,PROD_PRICE_D1 或 PROD_PRICE_D2)。

(3) 顾客第一次通过单击"Add to Shopping Cart"或"Order Now"按钮订购产品时,购物车自动分配给顾客。使用安全会话,唯一的购物车 ID 在客户机浏览器和商家 Web 服务器之间达成。这种 ID 只持续到顾客成功结账离开、取消订购、退出 Web 站点或关闭浏览器为止。

(4) 购物车存储顾客选择的每一种产品的 PROD_ID 和数量。

(5) 当顾客单击"Check Out"按钮时,屏幕上显示 Order 确认。该屏幕显示放置在购物车中的产品的所有细节。

(6) 当顾客接受订购时,为顾客显示另一个屏幕,在这个屏幕中输入运输和支付信息,之后顾客确认订购。

(7) 顾客确认订购之后,Web 服务器从信用卡公司请求事务确认。此过程的完成可能需要 10 秒到 1 分钟。

(8) 一旦收到确认,就保持 ORDER 数据和 ORDLINE 数据。

(9) 删除 SHOPCART 数据。

表 9.7 显示了 SHOPCART 表结构。

表 9.7 SHOPCART 表结构

属性名称	说 明	PK/FK
CART_ID	购物车的唯一 ID——自动生成	PK
CART_PROD_ID	产品 ID——这是 PROD_ID 值的副本。由于 SHOPCART 表可能会成为潜在的大业务量的表,表中具有很多添加和删除操作,故出于性能原因,不想使得它与 PRODUCT 表相关。处理顾客事务时,这些值将自动复制到 ORDLINE 表中	
CART_QTY	订购的数量	

7. PMTTYPE 表

该表包含为商家接受的每一种支付方法而建立的一行。表 9.8 显示了 PMTTYPE 表结构。

表 9.8 PMTTYPE 表结构

属性名称	说 明	PK/FK
PMT_ID	支付类型 ID——自动生成	PK
PMT_NAME	名称,如 VISA、MasterCard	
PMT_MCHNT_ID	商家 ID——由支付处理系统使用。当商家向信用卡公司注册时,这个 ID 给予商家	
PMT_NOTE	额外的支付注解	

8. SHIPTYPE 表

该表包含为商家支持的每一种运输方法而建立的一行。表 9.9 显示了 SHIPTYPE 表结构。

表 9.9 SHIPTYPE 表结构

属性名称	说 明	PK/FK
SHIP_ID	运输类型 ID——自动生成	PK
SHIP_NAME	名称,如 UPS,FedEx	
SHIP_COST	每重量单位运输成本——取决于运输公司使用的计算公式	
SHIP_NOTES	额外的运输注解	

9. TAXRATE 表

该表包含每个国家使用的不同销售税率。通常销售税的确定可能以运输地址为基础。顾客记账地址或信用卡记账地址也可以用于这种目的。该表与 COUNTRY 表相关。同样,免税机构不收税。表 9.10 显示了 TAXRATE 表结构。

表 9.10 TAXRATE 表结构

属性名称	说 明	PK/FK
CNTRY_ID	COUNTRY 表中国家的 ID——必需的	PK,FK
TAX_RATE	所应用的百分数销售税率——必需的	
TAX_NOTES	额外注解——如税务收费原因等	

10. COUNTRY 表

该表包含为每一个国家建立一项记录,与 TAXRATE 表相关。这个表可以包含为使用邮政地区或其他标识符的国家而修改的数据项,也可与包含具有多国办事处的商业 COUNTRY 字段。表 9.11 显示了 COUNTRY 表结构。

表 9.11　COUNTRY 表结构

属性名称	说　明	PK/FK
CNTRY_ID	国家 ID——自动生成	PK
CNTRY_NAME	国家名称——必需的	

11. PROMOTION 表

该表用来表示特殊促销,包含每一次销售或商家提供的促销的一项记录。所有的促销都有一个开始时间和截止时间。一些促销可能适用于一个产品系列或适用于一种特殊产品。一些促销可能提供折扣百分比,而另一些促销则有具体面额,如优惠购物券,可以以很多方式结合表中所示属性来标识不同的促销。表 9.12 显示了 PROMOTION 表结构。

表 9.12　PROMOTION 表结构

属性名称	说　明	PK/FK
PROMO_ID	促销 ID——自动生成	PK
PROMO_NAME	促销名称,如圣诞大促销、优惠购物券	
PROMO_DATE	促销提出的日期	
PROMO_BEGDATE	促销开始的日期	
PROMO_ENDDATE	促销结束日期	
PTYPE_ID	产品类型 ID——非强制性的	FK
PROD_ID	促销影响的产品——非强制性的	FK
PROMO_MINQTY	促销供应的最小购买量——非强制性的	
PROMO_MAXQTY	促销供应的最大购买量	
PROMO_MINPUR	促销要求的最小的总采购成本——非强制性的	
PROMO_PCTDISC	促销的折扣百分比——非强制性的	
PROMO_DOLLAR	促销的总金额——非强制性的	
PROMO_CEILING	促销的最高数值——非强制性的	

12. PRICEWATCH 表

很多的电子商务 Web 站点提供"价格查看"服务。当产品价格低于或等于顾客预选的价格时,这种服务给顾客发送电子邮件。PRICEWATCH 表实现这种功能,该表的变种还可以用于反报价。表 9.13 显示了 PRICEWATCH 表结构。

表 9.13 PRICEWATCH 表结构

属性名称	说　明	PK/FK
PW_ID	价格查看 ID——自动生成	PK
PW_DATE	将行插入表中时的日期时间	
CUST_ID	顾客 ID——非强制性的	
PW_CUST_NAME	顾客名称——必需的,人工输入或自动从 CUSTOMER 数据中复制	
PW_CUST_MAIL	顾客电子邮件——必需的,发送电子邮件通知所需的电子邮件地址	
PW_ENDDATE	价格查看截止日期——非强制性的,如果顾客想,就输入此日期	
PROD_ID	为其完成价格查看的产品——必需的	FK
PW_LOWPRICE	顾客想要被通知的价格。如果产品价格等于或小于这个值,系统将给顾客发送电子邮件	

13. PRODPRICE 表

PRODPRICE 表用来管理多级别定价。一些电子商务站点依据订购数量提供几种不同价格。如果顾客购买 1～5(包括 5)双鞋,每双鞋的价格可能是 110 元。然而,如果顾客购买 6 双或更多双鞋,每双鞋的价格就可能降到 100 元。该表与 PRODUCT 表成 1∶m 关系。如果使用多级别价格,就不使用 PRODUCT 表中的 PROD_PRICE。表 9.14 显示了 PRODPRICE 表结构。

表 9.14 PRODPRICE 表结构

属性名称	说　明	PK/FK
PROD_ID	PRODUCT 表中的产品 ID	PK,FK
PROD_QTYFROM	某范围内的产品购买数量起点——必需的,如 1 或 6 等	PK
PROD_QTYTO	某范围内的产品购买数量终点——必需的,如 5 或 10 等	PK
PROD_PRICE	数量范围内的价格——必需的	

9.3　本章小结

　　电子商务数据库的具体架构及其结构将根据应用环境和功能要求而不同。本章在简述电子商务三大类基础数据库的基础上,阐述了电子商务主要基础数据库的组成及其表结构,并对其设计要点进行了简要地评叙。

9.4　本章习题

　　1. 电子商务的基础数据库分哪三大类? 它们主要的功能是什么?

　　2. 设计电子商务的基础数据库主要考虑哪些因素?

　　3. 试简述电子商务的基础数据库与商务活动的关系。

9.5 本章参考文献

1. 吴忠，朱君璇. 信息系统分析与设计[M]. 北京：清华大学出版社，2011.

2. 王长松，等. 数据库应用课程设计案例精编[M]. 北京：清华大学出版社，2009.

3. 谭红杨. Visual FoxPro 数据库设计案例教程[M]. 北京：北京大学出版社，2011.

4. 邵丽萍，张后扬，王馨迪. Access 数据库技术与应用案例汇编[M]. 北京：清华大学出版社，2011.

第 10 章

电子商务数据库应用实例

前面本书已经介绍了如何在数据库软件中创建数据库和表、查询等内容,使读者能够快速掌握各种数据库工具的使用。学习这些数据库对象的主要目的是开发和使用数据库应用系统。本章通过介绍一些应用实例来综合前面学过的各种知识,使读者能够加深对各种数据库的认识和理解,逐步对各部分的知识融会贯通。

本章主要内容包括:

1. 商务数据库选择及设计准则;
2. 实例一:网上书店;
3. 实例二:网上物资查询系统;
4. 实例三:小型企业基于 Web 的 ERP 系统。

10.1 商务数据库选择及设计准则

10.1.1 商务数据库选择

电子商务是用现代信息技术,以数字化的网络通信为基础,通过计算机进行信息处理商务的各个环节,从而实现商品销售、服务交易和商务管理的数字化。

1. 电子商务的运作过程

(1) 交易前。

交易前,交易双方通过网络发布商品信息或采购信息以及服务信息,寻找商务机会。

(2) 交易中。

交易中,双方通过网络进行合同的签约,在线支付。以电子数据交换和电子支付方式进行。

(3) 交易后。

交易后,商品交付,根据不同商品类型,通过传统的方式或电子数字方式向客户提交商品或服务。

2. 电子商务的范围

(1) 货物贸易。

货物贸易包括网上商品的展示、查询、定购、在线支付、在线数字认证等，如网上商店等。

（2）服务贸易。

服务贸易包括网上服务项目的传输、资金的电子运作、在线股票交易、在线拍卖，以及在线的各种服务项目。我们现在讲的电子商务主要是互联网上的交易，实际上也包括以内联网、外联网、广域网、局域网为平台的商务行为。

3. 商务数据库的选择

电子商务往往通过 Web 程序来实现其交易运作。目前，Web 程序设计中最复杂的就是 Web 数据库程序，其中涉及以下几个方面的问题。

（1）最基本的 HTML 设计。

（2）CGI 程序的编写和调试。

（3）网络管理和客户协调。

（4）数据库程序的编写。

（5）客户/服务体系程序的编写。

如 Oracle、Sybase、Microsoft SQL Server、Informix、MySQL 等，这些程序能够为数据库的处理提供非常好的结构：它们将数据存储在表格（Tables）中。Tables 的域可以包含许多种结构不同的数据类型，如整数（Integer）、字符串（Character String）、货币（Money）、日期（Date）和二进制大型对象（Binary Large OBject，BLOB）等，它们提供了管理表格的机制。表格和管理机制通过复杂的用户/口令/域保卫机制，保证数据的安全性。用户可以使用功能强大而且相对容易使用的语言与数据交流，如 SQL。而且，用户可以在存储后建立 SQL 声明，这样即使用户不懂这种语言也可以利用数据库。

从一般情况来看，使用 Web 数据库往往是要解决数据的归纳、索引和维护的问题。我们一般选择最流行的关系数据库，如 Windows NT 和 Windows 2000 下的 SQL Server，Windows 98 和 Windows NT 下的 Access，Windows NT 下的 Sybase 及 UNIX 下的 MySQL 等。当然还有 Oracle、Informix 等都是很流行的 SQL 数据库。SQL 给数据管理提供了一个标准而坚实的接口，它对数据库的操作和所有函数的功能必须在数据库语言中实现。对于数据量不大的中小型数据库来说，一般使用 SQL Server 或 MySQL。

10.1.2 商务数据库的设计准则

一个好的数据库产品需要好的设计。如果不能设计一个合理的数据库模型，则不仅会增加客户端和服务器端程序的编程和维护的难度，而且将会影响系统实际运行的性能。一般来讲，在一个数据库系统分析、设计、测试和试运行阶段，因为数据量较小，设计人员和测试人员往往只注意到功能的实现，而很难注意到性能的薄弱之处。等到系统运行一段时间后，才发现系统的性能在降低，这时再来考虑提高系统性能就要花费更多的人力和物力。所以，在进行数据库的设计中，需要遵循以下一些准则。

1. 命名的规范

不同的数据库产品对对象的命名有不同的要求，因此，数据库中的各种对象的命名、后台程序的代码编写都应采用大小写敏感的形式，各种对象命名长度不要超过 30 个字符，这样便于应用系统适应不同的数据库。

2. 索引的使用原则

创建索引一般有以下两个目的：维护被索引列的唯一性和提供快速访问表中数据的策略。大型数据库有两种索引，即簇索引和非簇索引。一个没有簇索引的表是按堆结构存储数据的，所有的数据均添加在表的尾部；而建立了簇索引的表，其数据在物理上会按照簇索引键的顺序存储，一个表只允许有一个簇索引。因此，根据树结构，添加任何一种索引，均能提高按索引列查询的速度，但会降低插入、更新、删除操作的性能，尤其是当填充因子较大时。所以，若对索引较多的表进行频繁的插入、更新、删除操作，则建表和索引时应设置较小的填充因子，以便在各数据页中留下较多的自由空间，减少页分割及重新组织的工作。

3. 数据的一致性和完整性

为了保证数据库的一致性和完整性，设计人员往往会设计过多的表间关联，尽可能地降低数据的冗余。表间关联是一种强制性措施，建立后，对父表（Parent Table）和子表（Child Table）的插入、更新、删除操作均要占用系统的开销。另外，最好不要用 Identify 属性字段作为主键与子表关联。如果数据冗余低，数据的完整性容易得到保证，但增加了表间连接查询的操作。因此，为了提高系统的响应时间，合理的数据冗余也是必要的。使用规则和约束来防止因系统操作人员误输入而造成数据的错误是设计人员的另一种常用手段，但是，不必要的规则和约束也会占用系统的开销。需要注意的是，约束对数据的有效性验证要比规则快。所有这些，设计人员在设计阶段都应根据系统操作的类型、频度加以均衡考虑。

4. 事务的陷阱

事务是指一次性完成的一组操作。虽然这些操作是单个的操作，但 SQL Server 2005 能够保证这组操作要么全部都完成，要么一点都不做。正是大型数据库的这一特性，才使得数据的完整性得到了可靠的保证。SQL Server 2005 为每个独立的 SQL 语句都提供了隐含的事务控制，使得每个 DML 的数据操作得以完整提交或回滚。但是，SQL Server 2005 还提供了显式事务控制语句：

BEGIN TRANSACTION	开始一个事务
COMMIT TRANSACTION	提交一个事务
ROLLBACK TRANSACTION	回滚一个事务

事务可以嵌套，可以通过全局变量@@trancount 检索到连接的事务处理嵌套层次。注意，容易使编程人员犯错误的是，每个显式或隐含的事务，在开始时都使得该变量加1，每个事务的提交又使该变量减1，每个事务的回滚都会使得该变量置0。而只有当该变量为0时的事务提交（最后一个语句提交）时，才能把物理数据写入磁盘。

5. 数据库性能调整

在计算机硬件配置和网络设计确定的情况下，影响应用系统性能的因素不外乎数据库性能和客户端程序设计。而大多数数据库设计员都采用两步法进行数据库设计：首先进行逻辑设计，而后进行物理设计。数据库逻辑设计去除了所有的冗余数据，提高了数据吞吐速度，保证了数据的完整性，清楚地表达数据元素之间的关系。而对于多表之间的关联查询（尤其是大数据表）时，其性能将会降低，同时也提高了客户端程序的编程难度。因此，物理设计需折中考虑，应根据业务规则确定关联表的数据量大小、数据项的访问频度，对此类数据表频繁的关联查询应适当提高数据冗余设计。

6. 数据类型的选择

数据类型的合理选择对于数据库的性能和操作具有很大的影响。Identify 字段不要作为表的主键与其他表关联,因为这将会影响该表的数据迁移。Text 和 Image 字段属指针型数据,主要用来存放二进制大型对象(BLOB)。这类数据的操作比其他的数据类型慢,因此要避开使用。日期型字段的优点是有众多的日期函数支持,因此日期的大小比较、加减操作就非常简单。但是,在按照日期作为条件的查询操作时也要使用函数,这比其他数据类型的速度就慢许多,因为用函数作为查询的条件时,服务器无法用先进的性能策略来优化查询,而只能进行表扫描遍历每行。

10.2 实例一:网上书店

10.2.1 模型

利用网上书店,客户可以通过网络浏览和定购书店的书籍,书店的工作人员在内部网中可以对书籍的采购、销售以及书店的财务状况进行管理(如图 10.1 所示)。

网上书店
采购书籍
送书
打印某段时间的账目
退出

图 10.1 书店的内部网

网上书店的数据流图如图 10.2 所示。

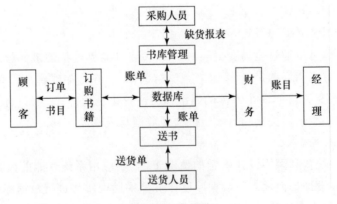

图 10.2 数据流

为了实现现有书目查询、十大畅销书排行榜、未处理的订单、正在送货的订单、送货单、缺货情况、每月收支等查询功能,网上书店数据库建立了四个表。

（1）用户表。

用户表包含用户名、地址、邮政编码、电话、真实姓名、信用卡号（网上银行交付）、用户级别，一般不同的用户享受不同的优惠率。

（2）订单表。

订单表包含订单号、用户名、书编号、订购数量、价格、价格合计、优惠率、订单日期、订单状态、付款方式。

（3）库存表。

库存表包含书目编号、分类、子分类、书本名称、作者、出版社、介绍、卖出价格、成本、书本库存数量（每卖出1本，本字段减1）。

（4）账目表。

账目表包含账目编号、日期、项目、经手人及金额。

10.2.2　数据库表的创建

（1）用户表的创建。

```
CREATE TABLE dbo.sc_user (
    username varchar (20) NOT NULL,
    address varchar (100) NULL,
    postcode varchar (6) NULL,
    telephone varchar (20) NULL,
    truename varchar (20) NULL,
    credit_card varchar (50) NULL,
    user_level varchar (6) NULL
)
```

（2）订单表的创建。

```
CREATE TABLE dbo.sc_order (
    Id int IDENTITY (1, 1) ,
    username varchar (20) NULL,
    bookid varchar (10) NULL,
    book_numbers int NULL,
    price decimal (18, 2) NULL,
    require_pay decimal (18, 2) NULL,
    favourable decimal (18, 2) NULL,
    order_date datetime NULL,
    order_state varchar (8) NULL,
    pay_style varchar (8) NULL
)
```

（3）库存表的创建。

```
CREATE TABLE dbo.sc_bookstore (
    bookid varchar (10) NULL,
```

```
    book_page varchar (20) NULL,
    book_subpage varchar (20) NULL 子,
    book_name varchar (50) NULL,
    author varchar (50) NULL,
    publishs varchar (50) NULL,
    introduce varchar (100) NULL,
    price decimal (18, 2) NULL,
    cost decimal (18, 0) NULL,
    book_number decimal (18, 0) NULL
)
```

（4）账目表的创建。

```
CREATE TABLE dbo. sc_account(account_no int indentity(1,1),
    account_date datetime,project char(30) not null,
    person_handle char(10) not null,
    money_account money
    )
```

10.2.3 查询

（1）现有书目查询。

检索出书库中不缺货的书籍情况。它的使用者是顾客（如图 10.3 所示）。

```
SELECT * FROM sc_bookstore WHERE book_number>0
```

（2）十大畅销书排行榜。

检索出销量最好的 10 本书。它的使用者是顾客（如图 10.4 所示）。

```
SELECT top 10 bookid,count(book_numbers) as number
FROM sc_order
WHERE order_state = 'over'/ * 订单的状态,over 表示已卖出 * /
GROUP BY bookid / * 按书目编组 * /
```

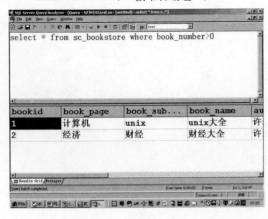

图 10.3 现有书目查询

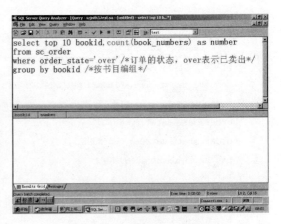

图 10.4 十大畅销书排行榜查询

（3）未处理的订单。

检索出顾客订购后仍未处理的订单。它的使用者是送货人员（如图 10.5 所示）。

SELECT ＊ FROM sc_order WHERE order_state＝'wait'

（4）正在送货的订单。

检索出正在送货但仍未完成的订单。它的使用者是送货人员（如图 10.6 所示）。

SELECT ＊ FROM sc_order WHERE order_state＝'send'

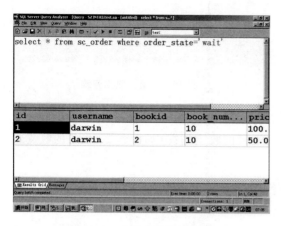

图 10.5　未处理的订单查询

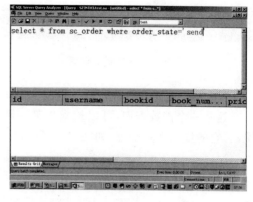

图 10.6　正在送货的订单查询

（5）送货单。

检索出需要打印送货单的订单。它的使用者是送货人员。

SELECT ＊ FROM sc_order WHERE order_state＝'No'

（6）缺货情况。

检索出书库中缺货的书籍情况。它的使用者是送货人员和采购人员（如图 10.7 所示）。

SELECT ＊ FROM sc_bookstore WHERE book_number ＜＝ 0

（7）某月收支。

按月份统计收支情况（如统计出 2014 年 9 月的收支情况）。它的使用者是经理（如图 10.8 所示）。

SELECT a.cost,b.price ＊ b.favourable as price

FROM sc_bookstore a,sc_order b

WHERE a.bookid ＝ b.bookid and

　　b.order_state ＝ 'over' and

　　datepart（month,b.order_date）＝ 9 and /＊9 月＊/

　　datepart（year,b.order_date）＝ 2014　　/＊2014 年＊/

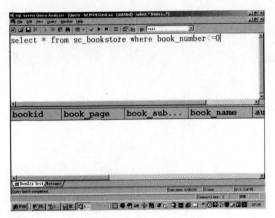

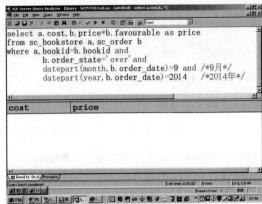

图 10.7 缺货情况查询

图 10.8 某月收支查询

（8）按年份检索收支。

这是一个参数查询，可以检索出某一年 12 个月的收支情况（如检索 2014 年的收支情况）。它的使用者是经理（如图 10.9 所示）。

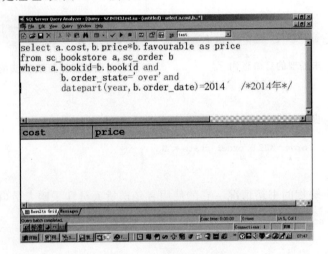

图 10.9 按年份检索收支

SELECT a. cost, b. price * b. favourable as price

FROM sc_bookstore a, sc_order b

WHERE   a. bookid = b. bookid and

       b. order_state = 'over' and

       datepart (year, b. order_date) = 2014   / * 2014 年 * /

10.2.4 窗体

（1）主切换面板。

主切换面板（Switchboard）用于应用程序流程的控制。它的使用者是采购人员、送货人员和经理。

（2）书库管理。

书库管理用于将采购的书籍登记入库，并记入账目中。它的使用者是采购人员。

（3）送货。

从未处理的订单中选择出一部分进行送货。它的使用者是送货人员。

（4）订单入账。

已经送货完毕的订单记入账目中。它的使用者是送货人员。

（5）缺货情况。

显示缺货书籍的有关情况。它的使用者是采购人员和送货人员。

（6）按日期打印账单。

显示对话框，可以选择打开"账目"报表打印出某一天、某一月份或者某一年份的账单。它的使用者是经理。

10.2.5 报表

（1）缺货情况报表。

打印出缺货情况。它的使用者是采购人员。

（2）送货单。

打印出即将送货的订单。它的使用者是送货人员。

（3）账目。

打印出所有的账单。如果和窗体"按日期打印账单"结合使用，可以打开"账目"报表打印出某一天、某一月份或者某一年份的账单。它的使用者是经理。

10.2.6 页

全部数据访问页的使用者都是顾客。

（1）畅销书排行榜。

顾客可以浏览现有的10本最畅销的书籍。

（2）订购书。

顾客可以在该页中订购所要的书。

（3）现有书目一览。

顾客可以浏览书库中现有的书籍的详细情况。

10.3 实例二：网上物资查询系统

10.3.1 总体规划

网上物资查询系统分为两大部分：第一部分为 Browser /Server 结构；第二部分为应用程序服务器。

后台数据库为 SQL Server 2005，Web 服务器为 IIS 5.0。

10.3.2　总体结构

网上物资查询系统的总体结构如图 10.10 所示。

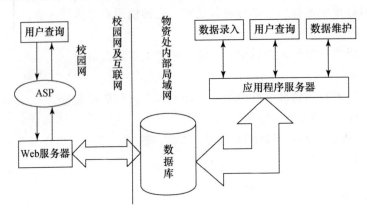

图 10.10　网上物资查询系统的总体结构

说明：

第一部分的校园网及互联网为校园网内所有的用户提供物资处有关信息的查询，根据用户的账号和口令，用户可以获得有关物资及经费的信息。使用开发工具为 FrontPage 2000、Visual InterDev 6.0。

第二部分的物资管理系统负责重要数据的录入、维护和查询工作。

10.3.3　网上部分功能

根据用户的不同，网上部分功能可以分成以下三类。

第一类：普通用户皆可访问，无需用户名及密码，该部分功能主要为库存查询，根据物品名、物品编号等条件查询物资的库存情况。

第二类：特定用户访问的信息，需要用户名和密码，通过验证方可访问数据，包括科研经费查询、领料查询、科研账报销查询、自购查询等功能。

第三类：物资处人员访问信息，需要有物资处账号，包括入库记账、入库修改、入库删除、自购记账、自购修改以及账号管理。

10.3.4　网站结构

网站结构如图 10.11 所示。

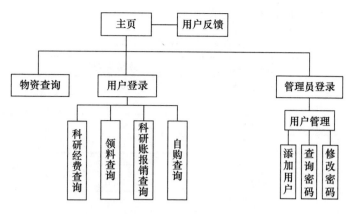

图10.11 网站结构

下面以用户查询个人信息为例,介绍 ASP 的实现过程。该部分的功能有:(1)用户的密码更改;(2)科研经费查询;(3)领料记录查询;(4)自购记录查询。

该部分网站结构如图10.12所示。

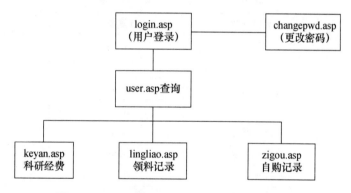

图10.12 以用户查询个人信息为例的网站结构

第1页为登录页面(login. asp)。该页要求用户输入用户账号和密码。用户账号和密码交由 user. asp 验证,该页的 ASP 代码使用 ADO 访问 userpassword 表,如果正确,则出现查询界面,分别可查询科研经费、领料记录和自购记录。

10.3.5 表结构

(1) 表 yhmx——用户明细库(参见表10.1)。

表10.1 用户明细库表结构

字段名	字段含义	数据类型	长度
usercode	用户序号	char	10
czrq	操作日期	datetime	8
jfnr	经费内容	char	10
jfe	经费额	money	8
djbh	单据编号	char	10

（2）表 wzkc——物资库存库（参见表 10.2）。

表 10.2　物资库存库表结构

字段名	字段含义	数据类型	长度
rhh	货号	char	8
rpm	品名	char	20
rgg	规格	char	10
rdw	单位	char	4
rsqjy	期初数量	float	9
rsqjydj	期初单价	float	5
rsl	入库数量	float	9
rdj	入库单价	float	5
rkcl	库存数量	float	9

（3）表 wzkce——物资库存金额库（参见表 10.3）。

表 10.3　物资库存金额库表结构

字段名	字段含义	数据类型	长度
rhh	货号	char	8
rpm	品名	char	20
rgg	规格	char	10
rdw	单位	char	4
rsqjy	期初数量	float	9
rsqjydj	期初单价	float	5
rsl	入库数量	float	9
rdj	入库单价	float	5
rkcl	库存数量	float	9
rje	库存金额	float	9

（4）表 wzll——物资领料库（根据某大学材料试剂领料单）（参见表 10.4）。

表 10.4　物资领料库表结构

字段名	字段含义	数据类型	长度
lldjbh	领料登记簿号	char	7
lldw	领料单位	char	8
jfzckm	经费支出项目	char	8
llrq	领料日期	datetime	4
llhh	领料货号	char	8
llpm	领料品名	char	20
llgg	领料规格	char	10

字段名	字段含义	数据类型	长度
llhdw	领料货物单位	char	4
llsl	领料货物实发数	float	5
lldj	领料货物单价	float	5
llje	领料货物金额	float	5
llsh	审核	char	8
llfl	发料	char	8
llll	领料	char	8
lljz	记账	char	8
lljfbz	领料经费备注	char	20
llxgbz	领料修改标志	bit	1

（5）表 wzbrk——物资不入库（参见表 10.5）。

表 10.5　物资不入库表结构

字段名	字段含义	数据类型	长度
djbh	单据编号	char	7
jfkm	经费科目	char	8
bxsj	报销时间	smalldatetime	4
ghqy	供货企业	char	10
fph	发票号	char	8
ytry	用途内容	char	22
bxje	报销金额	float	9
bz	备注	char	10
bxdw	报销单位	char	10
bxr	报销人	char	8
Jz	记账	bit	1
Xg	修改	bit	1

（6）表 wzjfzh——物资经费账户库（参见表 10.6）。

表 10.6　物资经费账户库表结构

字段名	字段含义	数据类型	长度
czrq	操作日期	datetime	4
jfnr	经费内容	char	8
jfe	经费额	money	8
djbh	单据编号	char	7

（7）表 wzjf——物资经费使用库（参见表 10.7）。

表 10.7 物资经费使用库表结构

字段名	字段含义	数据类型	长度
usercode	用户序号	char	10
catti	持卡人单位名称	char	10
chead1	姓名	char	10
ckind	资金类型	char	10
ccost	使用经费额	money	
usejf	经费结余	money	

（8）表 wzxdmk——物资系代码库（参见表 10.8）

表 10.8 物资系代码库表结构

字段名	字段含义	数据类型	长度
xdh	系代号	char	2
xmc	系名称	char	20

（9）表 wzpyXX——物资盘盈库（与 Table"wzpkXX"结构相同）（参见表 10.9）。

表 10.9 物资盘盈亏库表结构

字段名	字段含义	数据类型	长度
pykdjbh	编号	char	6
pykrq	盘盈亏日期	datetime	
pykhh	盘盈亏货号	char	8
pykpm	盘盈亏品名	char	20
pykgg	盘盈亏规格	char	10
pykhdw	盘盈亏货物单位	char	4
pyksl	盘盈亏数量	float	5
pykdj	盘盈亏单价	money	
pykje	盘盈亏金额	float	9
pykbply	盘盈亏报批理由	char	20
pykbpr	盘盈亏报批人	char	8
pykscyj	盘盈亏审查意见	char	6
pykscr	盘盈亏审查人	char	8
pykjzbz	盘盈亏记账标志	bit	1

（10）表 wzkyz00——物资科研账（参见表 10.10）。

表 10.10 物资科研账表结构

字段名	字段含义	数据类型	长度
djbh	单据编号	char	7
jfkm	经费科目	char	8
bxsj	报销时间	datetime	
ghqy	供货企业	char	10
fph	发票号	char	8
ytry	用途内容	char	22
bxje	报销金额	float	9
bz	备注	char	10
bxdw	报销单位	char	10
bxr	报销人	char	8
Jz	记账	bit	1
Xg	修改	bit	1

（11）表 wzjfhz00（与表 wztj——结构相同）。

（12）表 wzhzls1（与表 wzkc——结构相同）。

（13）表 wzhzlsk（与表 wzll——结构相同）。

（14）表 ls——（与表 wzbf——结构相同）。

（15）表 cost——（与表 wzjf——结构相同，是一个统计库）（参见表 10.11）。

表 10.11　经费表结构

字段名	字段含义	数据类型	长度
usercode	用户序号	char	10
catti	持卡人单位名称	char	10
chead1	姓名	char	10
ckind	资金类型	char	10
ccost	使用经费额	money	
balance	余额	money	

10.3.6　业务流程

（1）对物资领料的过程描述。

用户持物资处发的物资领料本到各物资库领取物资，库房工作人员输入科研经费本号码（调用物资经费使用库"wzjf"），获得用户的信息，工作人员进行领料操作（调用物资领料库"wzll"和物资库存库"wzkc"），结束后保存领料信息（存入物资领料库"wzll"和用户明细库"yhmx"，并修改物资经费使用库"wzjf"）。

（2）对物资入库的过程描述。

库房工作人员凭入库单，进行入库操作（调用物资库存库"wzkc"）。

（3）对资金管理的过程描述。

① 开户：由会计工作人员输入用户的详细信息（调用物资经费使用库"wzjf"），确认后操作。

② 消户：由会计工作人员输入用户的详细信息（调用物资经费使用库"wzjf"），确认后操作。

③ 转账：由会计工作人员输入用户的详细信息（调用物资经费使用库"wzjf"），确认后操作。

（4）对不入库的过程描述。

用户持物资处发的物资领料本和要报销的发票到会计工作人员处，由会计人员输入物资经费本号码，工作人员进行不入库操作（调用物资不入库"wzbrk"和调用物资经费使用库"wzjf"）。

科研报销，凭发票和科研经费卡到物资处会计处办理科研报销（注意，不与物资和物资经费账发生关系，只是做统计）。

（5）物资报废的过程描述。

由会计工作人员根据报废单进行报废操作。

（6）物资盘盈的过程描述。

由会计工作人员根据盘库单进行盘盈操作。

（7）物质盘亏的过程描述。

由会计工作人员根据盘库单进行盘亏操作。

（8）库房管理人员的操作。

领料，操作内容包括领料的修改和查询。

（9）物资处资金会计的操作。

入库，操作内容如下。

① 资金：包括开户、消户、转账（财务转入、注卡间互转、返回财务和科研经费本发生关系）、报销。

② 统计：按年、月、科目分类。

③ 盘亏、盘盈、报废。

④ 系统维护：包括年初始系统、年末汇总。

⑤ 管理人员：包括统计、查询。

10.3.7 查询

数据库管理员可以通过 Enterprise Manager 对库中的数据进行查询（如图 10.13 所示）。

SELECT * FROM cost WHERE catti = ´化工系化工´

该语句用于查询 cost 表中"持卡人单位名称"为"化工系化工"的所有项。

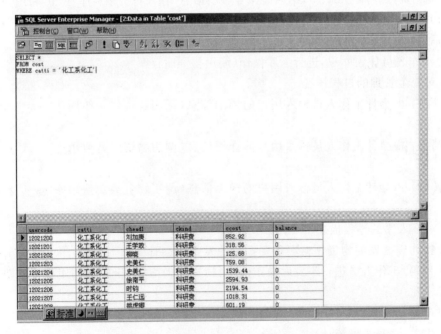

图 10.13 查询 cost 表中"持卡人单位名称"为"化工系化工"的所有项

cost 表的数据如图 10.14 所示。

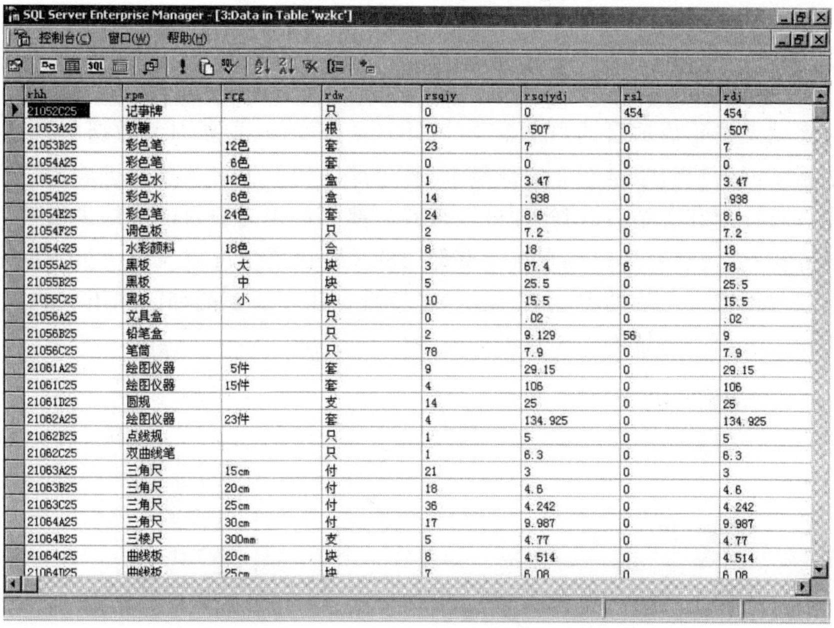

rhh	rpm	rcg	rdw	rsqjy	rsqjydj	rsl	rdj
21052C25	记事牌		只	0	0	454	454
21053A25	教鞭		根	70	.507	0	.507
21053B25	彩色笔	12色	套	23	7	0	7
21054A25	彩色笔	6色	套	0	0	0	0
21054C25	彩色水	12色	盒	1	3.47	0	3.47
21054D25	彩色水	6色	盒	14	.938	0	.938
21054E25	彩色笔	24色	套	24	8.6	0	8.6
21054F25	调色板		只	2	7.2	0	7.2
21054G25	水彩颜料	18色	合	8	18	0	18
21055A25	黑板	大	块	3	67.4	6	78
21055B25	黑板	中	块	5	25.5	0	25.5
21055C25	黑板	小	块	10	15.5	0	15.5
21056A25	文具盒		只	0	.02	0	.02
21056B25	铅笔盒		只	2	9.129	56	9
21056C25	笔筒		只	78	7.9	0	7.9
21061A25	绘图仪器	5件	套	9	29.15	0	29.15
21061C25	绘图仪器	15件	套	4	106	0	106
21061D25	圆规		支	14	25	0	25
21062A25	绘图仪器	23件	套	4	134.925	0	134.925
21062B25	点线规		只	1	5	0	5
21062C25	双曲线笔		只	1	6.3	0	6.3
21063A25	三角尺	15cm	付	21	3	0	3
21063B25	三角尺	20cm	付	18	4.6	0	4.6
21063C25	三角尺	25cm	付	36	4.242	0	4.242
21064A25	三角尺	30cm	付	17	9.987	0	9.987
21064B25	三棱尺	300mm	支	5	4.77	0	4.77
21064C25	曲线板	20cm	块	8	4.514	0	4.514
21064D25	曲线板	25cm	块	7	6.08	0	6.08

图 10.14 “物资库存库”的数据

cost 表的表结构如图 10.15 所示。

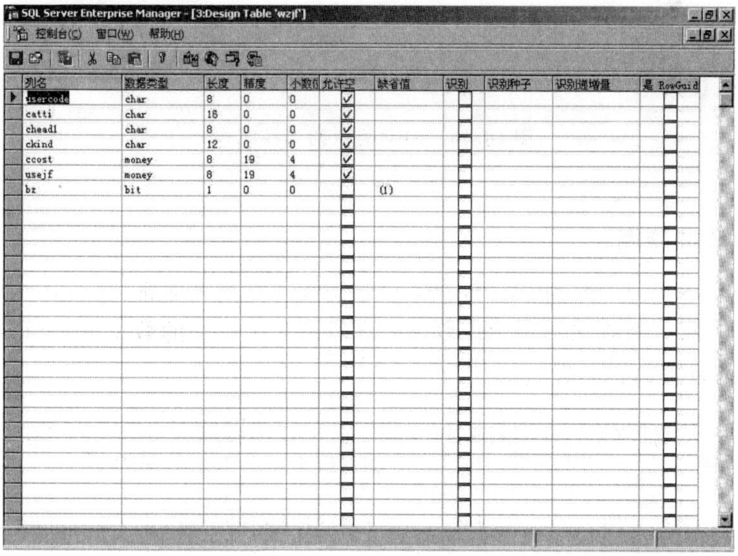

列名	数据类型	长度	精度	小数位	允许空	缺省值	识别	识别种子	识别递增量	是 RowGuid
usercode	char	8	0	0	✓					
catti	char	16	0	0	✓					
chead1	char	8	0	0	✓					
ckind	char	12	0	0	✓					
ccost	money	8	19	4	✓					
usejf	money	8	19	4	✓					
bz	bit	1	0	0		(1)				

图 10.15 cost 表的表结构

10.4 实例三：小型企业基于 Web 的 ERP 系统

10.4.1 模型

本节以经营系统集成项目的中小企业的 ERP 系统为例，主要对其数据库设计和功能进行介绍。本系统的用户对象是企业内部员工，每个部门的员工对其项目进展要进行汇报，对每周的工作进行计划和总结；部门经理可以查看本部门负责的项目的实施进展情况，对下一步工作做出安排；公司总经理可以查看所有部门的项目进展情况以及每个员工的工作计划。在系统的登录界面输入正确的 ID 和密码后，系统根据用户所在的部门和用户的职务给出符合该用户身份的界面。系统的工作流程如图 10.16 所示。

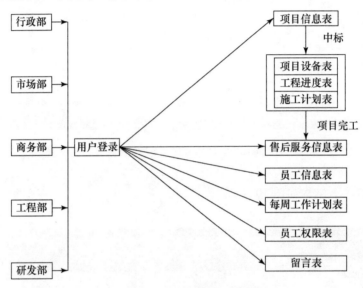

图 10.16　ERP 系统的工作流程

10.4.2 数据流图

在本例中，个人信息、留言信息、每周工作计划等数据流都非常简单，这些信息都由职能部门或个人填写，存入数据库后很少做改动。在本系统中主要的数据流是项目的数据流，具体项目的数据流如图 10.17 所示。

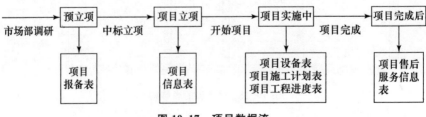

图 10.17　项目数据流

10.4.3　表

本系统中使用的表格很多,这里就主要的几个表格做介绍。

(1)员工信息表。

记录员工的个人资料。

(2)员工权限表。

记录不同的用户对本系统中各个功能模块的使用权限信息。

(3)项目报备表。

记录市场部调研得到的潜在项目的信息。

(4)项目信息表。

记录签订合同后,正式立项过的项目信息。

(5)项目设备表。

记录项目实施过程中所需要的设备的信息。

(6)项目施工计划表。

记录项目进行过程中详细的施工计划。

(7)项目工程进度表。

记录项目进行过程中的进度信息。

(8)项目售后服务信息表。

记录在项目完成后,对项目提供售后服务的相关信息。

(9)设备提供商信息表。

记录提供项目设备的供应商的信息。

(10)员工每周工作计划表。

记录员工每周的工作计划信息。

10.4.4　表结构设计

本系统中主要表的结构设计如下。

(1)员工信息表。

员工信息表用于记录员工的基本信息(参见表 10.12)。

表 10.12　员工信息表的结构

字段名	字段含义	数据类型	长度
user_id	员工 ID(系统自动生成,员工的唯一标识)	int	
user_name	员工姓名	char	16
user_nick	登录名	char	16
user_passwd	登录密码	char	12
user_department	所在部门 ID 号	int	
user_rank	职务 ID 号	int	
user_sex	性别	char	2
user_social_id	身份证 ID	char	18
user_birth	生日	datetime	

续表

字段名	字段含义	数据类型	长度
user_join	加入公司的日期	datetime	
user_phone	联系电话	char	18
user_email	E-mail 地址	char	30
user_address	联系地址	char	100
user_hit	员工登录系统的总次数	int	

（2）员工权限表。

员工权限表用于管理员工操作权限（参见表 10.13）。

表 10.13　员工权限表的结构

字段名	字段含义	数据类型	长度
user_id	员工 ID 号	int	
departmentdb	对部门表的管理权限代号	int	
equipmentdb	对项目设备表的管理权限代号	int	
evectiondb	对出差表的管理权限代号	int	
evolvedb	对项目工程进度表的管理权限代号	int	
plandb	对项目施工计划表的管理权限代号	int	
messagedb	对留言表的管理权限代号	int	
jobplandb	对每周计划及总结表的管理权限代号	int	
preprojectdb	对项目报备表的管理权限代号	int	
projectdb	对项目信息表的管理权限代号	int	
rankdb	对职务表的管理权限代号	int	
servedb	对项目售后服务信息表的管理权限代号	int	
supplymandb	对设备供应商信息表的管理权限代号	int	
userdb	对用户信息表的管理权限代号	int	
powerdb	对员工权限表的管理权限代号	int	
power_id	员工权限表 ID（系统自动生成）	int	

（3）项目报备表。

项目报备表用于记录项目报备情况（参见表 10.14）。

表 10.14　项目报备表的结构

字段名	字段含义	数据类型	长度
project_id	报备项目 ID（系统自动生成）	int	
project_name	报备项目名称	char	80
regist_time	表格填写日期	datetime	
regist_man	表格填写人	char	16
president_name	总管姓名	char	16
president_phone	总管联系电话	char	18
vicepresident_name	副总管姓名	char	16
vicepresident_phone	副总管联系电话	char	18
project_master	项目负责人姓名	char	16
project_master_phone	项目负责人联系电话	char	18

续表

字段名	字段含义	数据类型	长度
project_actuality	项目状况	text	4
project_need	项目需求	text	4
project_starttime	预计项目实施时间	datetime	
project_fund	预计项目资金	int	
project_analyse	项目分析	text	4
manage_comment	部门经理审批意见	text	4
project_status	报备项目是否立项	tinyint	1

（4）项目信息表。

项目信息表用于记录项目的基本信息（参见表 10.15）。

表 10.15 项目信息表的结构

字段名	字段含义	数据类型	长度
project_id	项目 ID（系统自动生成）	int	
project_name	项目名称	char	80
project_number	项目编号	char	18
project_starttime	项目开始日期	datetime	
project_checktime	项目验收日期	datetime	
project_linkman	项目联系人	char	16
project_linkman_phone	联系人电话	char	18
project_abstract	项目摘要	text	
project_totalcost	合同总经费	int	
project_realcost	实际合同经费	int	
project_sale_principal	销售部项目负责人 ID	int	
project_engineer_principal	工程部项目负责人 ID	int	
project_commerce_principal	商务部项目负责人 ID	int	
project_content	项目施工内容	text	
project_status	项目进展状态	tinyint	

（5）项目施工计划表。

项目施工计划表用于记录项目施工安排信息（参见表 10.16）。

表 10.16 项目施工计划表的结构

字段名	字段含义	数据类型	长度
project_number	工程项目名称	char	18
plan_abstract	施工计划简介	text	
plan_starttime	施工开始时间	datetime	
plan_period	施工预计天数	char	6
plan_content	施工内容	text	
plan_registman	填表人	char	16
plan_id	项目施工计划表 ID（系统自动生成）	int	

（6）项目工程进度表。

项目工程进度表用于记录项目工程进度信息（参见表 10.17）。

表 10.17　项目工程进度表的结构

字段名	字段含义	数据类型	长度
project_number	工程项目名称	char	18
evolve_date	项目工程进度表填写日期	datetime	
evolve_content	项目工程进度表填写内容	text	
evolve_summarize	每日小结	text	
evolve_registman	项目工程进度表填写人	char	16
evolve_id	项目工程进度 ID(系统自动生成)	int	

（7）项目售后服务信息表。

项目售后服务信息表用于记录项目服务方面的详细信息(参见表 10.18)。

表 10.18　项目售后服务信息表的结构

字段名	字段含义	数据类型	长度
report_client	客户名称	char	80
report_linkman	联系人	char	16
report_linkman_phone	联系人电话	char	18
report_mail	联系人 Email	char	30
report_address	客户地址	char	100
report_postcode	邮政编码	char	8
report_date	报修日期	datetime	
service_date	服务日期	datetime	
report_mode	报修方式	char	12
reception_man	接待人	char	16
failure_phenomena	故障现象	text	
service_record	服务记录	text	
service_man	服务人员	char	16
service_feedback	服务反馈信息	text	
service_feedback_man	反馈客户名称	char	16
phone_feedback	电话反馈信息	text	
manage_comment	主管意见	text	
manage_name	主管姓名	char	18
service_status	售后服务状态(是否解决故障)	tinyint	
service_id	项目售后服务信息表 ID(系统自动生成)	int	

（8）员工每周工作计划表。

员工每周工作计划表用于记录员工每周工作计划基本情况(参见表 10.19)。

表 10.19 员工每周工作计划表的结构

字段名	字段含义	数据类型	长度
job_emp_name	填表员工的 ID 号	int	
job_date	工作表填表日期	datetime	
job_mon1	周一上午工作记录	text	
job_mon2	周一下午工作记录	text	
job_tue1	周二上午工作记录	text	
job_tue2	周二下午工作记录	text	
job_wed1	周三上午工作记录	text	
job_wed2	周三下午工作记录	text	
job_thu1	周四上午工作记录	text	
job_thu2	周四下午工作记录	text	
job_fri1	周五上午工作记录	text	
job_fri2	周五下午工作记录	text	
job_sat1	周六上午工作记录	text	
job_sat2	周六下午工作记录	text	
job_sun1	周日上午工作记录	text	
job_sun2	周日下午工作记录	text	
job_finished	本周已完成工作	text	
job_unfinished	本周未完成工作	text	
job_issue	本周工作问题点	text	
job_solution	本周工作问题点解决方法	text	
job_summarize	本周工作总结	text	
job_nextweek	下周工作计划	text	
job_comment	备注	text	
job_status	表格是否填写好	tinyint	
job_id	工作计划表 ID(系统自动生成)	int	

10.4.5 表的创建

本系统中使用的表较多,这里就主要的几个表的创建语句做介绍。

(1) 员工信息表的创建。

```
CREATE TABLE userdb (
user_name char(16), user_nick char(16), user_passwd char(12),
user_department int,user_rank int,user_sex char(2),
user_social_id char(18), user_birth date, user_join date,
user_phone char(18), user_email char(30), user_address char(100),
user_hit int DEFAULT 0, user_id int DEFAULT 0 NOT NULL
auto_increment,
PRIMARY KEY (user_id))
```

(2) 部门表的创建。

```
CREATE TABLE departmentdb (
department_name   char(16),
department_id int DEFAULT 0 NOT NULL auto_increment,
PRIMARY KEY (department_id))
```

（3）员工权限表的创建。

```
CREATE TABLE powerdb (
user_id int DEFAULT 0 NOT NULL,
departmentdb int DEFAULT 0 NOT NULL,
equipmentdb int DEFAULT 0 NOT NULL,
evectiondb int DEFAULT 0 NOT NULL,
evolvedb int DEFAULT 0 NOT NULL,
jobplandb int DEFAULT 0 NOT NULL,
messagedb int DEFAULT 0 NOT NULL,
plandb int DEFAULT 0 NOT NULL,
preprojectdb int DEFAULT 0 NOT NULL,
projectdb int DEFAULT 0 NOT NULL,
rankdb int DEFAULT 0 NOT NULL,
servedb int DEFAULT 0 NOT NULL,
supplymandb int DEFAULT 0 NOT NULL,
userdb int DEFAULT 0 NOT NULL,
powerdb int DEFAULT 0,
power_id int DEFAULT 0 NOT NULL auto_increment,
PRIMARY KEY (power_id))
```

（4）项目报备表的创建。

```
CREATE TABLE preprojectdb (
project_name char(80),   regist_time date, regist_man char(16),
president_name char(16), president_phone char(18),
vicepresident_name char(16), vicepresident_phone char(18),
project_master char(16), project_master_phone char(18),
project_actuality text,
project_need text,   project_starttime date,
project_fund int,   project_analyse text,
manage_comment text, project_status tinyint(1) DEFAULT 0,
project_id int DEFAULT 0 NOT NULL auto_increment,
PRIMARY KEY (project_id))
```

（5）项目信息表的创建。

```
CREATE TABLE projectdb (
project_name char(80),   project_number char(18),
project_starttime date,   project_checktime date,
project_linkman char(16),   project_linkman_phone char(18),
```

```
project_abstract text,  project_totalcost int,
project_realcost int,  project_sale_principal int,
project_engineer_principal int,
project_commerce_principal int,
project_content text, project_status tinyint DEFAULT 0,
project_id int DEFAULT 0 NOT NULL auto_increment,
PRIMARY KEY (project_id))
```

（6）项目施工计划表的创建。

```
CREATE TABLE plandb (
project_number char(18), plan_abstract text,
plan_starttime date,
plan_period char(6), plan_content text, plan_registman char(16),
plan_id int DEFAULT 0 NOT NULL auto_increment,  PRIMARY KEY (plan_id))
```

（7）项目工程进度表的创建。

```
CREATE TABLE evolvedb (
project_number char(18), evolve_date date, evolve_content text,
evolve_summarize text,  evolve_registman char(16),
evolve_id int DEFAULT 0 NOT NULL auto_increment,
PRIMARY KEY (evolve_id))
```

（8）项目售后服务信息表的创建。

```
CREATE TABLE  servedb (
report_client char(80),  report_linkman char(16),
report_linkman_phone char(18), report_mail char(30),
report_address char(100),report_postcode char(8),
report_date date,  service_date date,
report_mode char(12),  reception_man char(16),
failure_phenomena text, service_record text,
service_man char(16), service_feedback text,
service_feedback_man char(16), phone_feedback text,
manage_comment text,manage_name char(16),
service_status tinyint DEFAULT 0,
service_id int DEFAULT 0 NOT NULL auto_increment,
PRIMARY KEY (service_id))
```

（9）员工每周工作计划表的创建。

```
CREATE TABLE jobplandb (
job_emp_name int, job_date date, job_mon1 text,
job_mon2 text,job_tue1 text,job_tue2 text,job_wed1 text,
job_wed2 text,job_thu1 text,job_thu2 text,job_fri1 text,
job_fri2 text,job_sat1 text,job_sat2 text,job_sun1 text,
```

job_sun2 text, job_finished text,job_unfinished text,

job_issue text,job_solution text,job_summarize text,

job_nextweek text,

job_comment,job_status tinyint DEFAULT 0,

job_id int DEFAULT 0 NOT NULL auto_increment,

PRIMARY KEY (job_id))

（10）留言表的创建。

CREATE TABLE messagedb (

message_title char(50)   NOT NULL,

message_user_name char(16)

NOT NULL,

message_user_mail char(30), message_datetime timestamp(14),

message_content char(255),

message_id int DEFAULT 0 NOT NULL auto_increment,

message_if_delete tinyint(1) DEFAULT 0,

PRIMARY KEY (message_id))

10.4.6　窗体

本系统的主窗口为 IE 浏览器，其主窗口视图如图 10.18 所示。不同的员工登录系统后窗口内容不同，但是窗口形式都是相同的。窗口左侧是系统具有的各种功能选项，单击左边的一个功能选项，就能在窗口右侧中出现该功能的执行内容；窗口右侧是进行查询、显示表格内容、填写工作计划、汇报项目进程等功能的主界面。

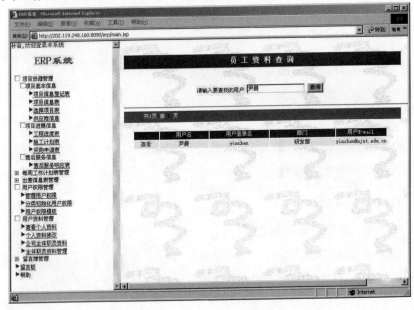

图 10.18　系统主窗口

10.4.7　查询

查询功能主要的使用对象是管理人员,如部门经理、总经理。

(1)项目查询。

在数据库中具有很多项目记录的情况下,查询用于了解具体某个项目的信息。它的使用者是总经理。例如,在项目信息表中查询项目名称中包含有"材料"的所有项目,使用的查询命令如下,查询结果如图 10.19 所示。

SELECT * FROM projectdb WHERE project_name like ′材料′

图 10.19　项目名称包括"材料"的查询结果

(2)员工资料查询。

用于查看员工的个人资料信息,它的使用者是行政部门经理和总经理。例如,在员工信息表中查询用户名为"尹晨"的所有信息,使用的查询命令如下,查询结果如图 10.20 所示。

SELECT * FROM userdb WHERE user_name = ′尹晨′;

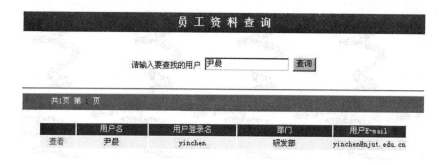

图 10.20　用户名为"尹晨"的个人信息查询结果

(3)用户个人工作计划查询。

用于查看员工的工作计划。它的使用者是部门经理或者总经理。使用的查询命令为:

SELECT p2.job_id,p1.user_name, p2.job_date,p1.user_department FROM userdb AS p1,jobplandb AS p2 WHERE　p2.job_emp_name = p1.user_id AND p1.user_name like ′孙宙′

首先在程序中定义中间变量 pg_user_department,使 pg_user_department=p1.user_department,这里的 pg_user_department 是部门的 id 号;然后查询 departmentdb,SELECT ＊ FROM departmentdb WHERE department_id=pg_user_department,从而获得部门的名称。最后的查询结果如图 10.21 所示。

图 10.21　某员工每周工作计划查询结果

10.5　本章小结

本章通过 3 个以数据库驱动的 Web 网站后台数据库的设计开发实例,详细介绍了本书的主要教学内容的实际应用。

10.6　本章习题

1. 按照本章给出的流程,完成一个网上物流管理系统的开发工作。
2. 结合学校实际情况,按照本章给出的流程,开发一个校内食堂网上订餐系统。

10.7　本章参考文献

1. 石道元.电子商务网站开发实务[M].北京:电子工业出版社,2010.
2. 赵姝颖.Delphi 数据库管理信息系统开发案例精选[M].北京:清华大学出版社,2007.
3. 王长松,等.数据库应用课程设计案例精编[M].北京:清华大学出版社,2009.
4. 谭红杨.Visual FoxPro 数据库设计案例教程[M].北京:北京大学出版社,2011.
5. 邵丽萍,张后扬,王馨迪.Access 数据库技术与应用案例汇编[M].北京:清华大学出版社,2011.